U0176689

建设工程计量与计价实务
（安装工程）

全国二级造价工程师（湖北地区）职业资格考试培训教材编审委员会　组织编写

中国建筑工业出版社

图书在版编目（CIP）数据

建设工程计量与计价实务. 安装工程 / 全国二级造价工程师（湖北地区）职业资格考试培训教材编审委员会组织编写. — 北京：中国建筑工业出版社，2022.4

全国二级造价工程师（湖北地区）职业资格考试培训教材

ISBN 978-7-112-27242-6

Ⅰ. ①建… Ⅱ. ①全… Ⅲ. ①建筑安装－建筑造价管理－资格考试－教材 Ⅳ. ①TU723.3

中国版本图书馆 CIP 数据核字（2022）第 047644 号

本书为全国二级造价工程师（湖北地区）职业资格考试培训教材之一，其主要内容包括安装工程专业基础知识、安装工程计量和安装工程工程计价。

本书主要作为湖北地区二级造价工程师职业资格考试培训用书，也可作为安装工程造价及造价管理人员、项目经理、监理工程师以及与工程造价相关的从业人员参考用书。

责任编辑：杜　川
责任校对：张　颖

全国二级造价工程师（湖北地区）职业资格考试培训教材

建设工程计量与计价实务（安装工程）

全国二级造价工程师（湖北地区）职业资格考试培训教材编审委员会　组织编写

*

中国建筑工业出版社出版、发行（北京海淀三里河路9号）

各地新华书店、建筑书店经销

北京红光制版公司制版

河北鹏润印刷有限公司印刷

*

开本：787毫米×1092毫米　1/16　印张：16¼　字数：402千字

2022年4月第一版　　2022年4月第一次印刷

定价：**65.00**元

ISBN 978-7-112-27242-6

（39071）

全国二级造价工程师（湖北地区）职业资格考试培训教材

编 审 委 员 会

主　　任：危道军　朱杰峰

副 主 任：吴庆军　罗晶晶　邓　辉

成　　员：王延该　华　均　周业梅　武　敬　顾　娟　景巧玲

本 书 编 委 会

主　　编：景巧玲　危道军

副 主 编：丁文华　杜丽丽　李兴怀　李　军

参编人员：胡红英　韩　升　华　均　刘剑英　许大茂

前　言

根据《造价工程师职业资格制度规定》和《造价工程师职业资格考试实施办法》，造价工程师分为一级造价工程师和二级造价工程师。为了更好地贯彻国家工程造价管理有关方针政策，帮助造价从业人员学习、掌握二级造价工程师职业资格考试的内容和要求，教材编写委员会依据《全国二级造价工程师职业资格考试大纲》，于 2019 年编写了二级造价工程师（湖北地区）职业资格考试培训教材，受到广泛好评和很好的应用。经过几年的应用，加上国家和湖北地区工程造价转型升级改革发展很快，必须进行全面修订。

此次修订过程中，我们充实增加了编审委员会成员，吸纳了部分行业和本科院校专家参加编写，以期收到更好效果。本次修订，主要依据 2021 年 11 月住房和城乡建设部标准定额司对《建设工程工程量清单计价规范》GB 50500—2013 进行修订后形成的《建设工程工程量清单计价标准》（征求意见稿）GB/T 50500—202×、2021 年 12 月湖北省住房和城乡建设厅发布的"关于调整我省现行建设工程计价依据定额人工单价的通知"精神编写的，力求教材内容反映最新政策法规和规范性文件，做到前沿性、规范性和实用性。本教材不仅可以帮助参考人员深入理解考试大纲的要求，通过二级造价工程师职业资格考试，而且可作为高职院校工程造价相关专业学生综合实习实训教材。

本次修订，在原有《建设工程计量与计价实务》两个分册的基础上，增加了《建设工程计量与计价实务习题集》（土木建筑工程）和《建设工程计量与计价实务习题集》（安装工程）两册，形成系列教材。4 本教材由湖北城市建设职业技术学院"数字造价产业学院"主持开发，并吸纳行业企业专家参加编写。系列教材编审委员会由危道军、朱杰峰担任主任，吴庆军、罗晶晶、邓辉担任副主任，全书由危道军教授统稿定稿。

《建筑工程计量与计价实务》（安装工程）（2022 版）由景巧玲、危道军主编，丁文华、杜丽丽、李兴怀、李军副主编。本次修订主要由危道军、景巧玲、李兴怀、李军担任，参加修订工作的还有杜丽丽、胡红英、韩升等。教材编审过程中，得到了湖北城市建设职业技术学院、湖北省建设工程标准定额管理总站、湖北省建设工程造价咨询协会、武汉瑞兴项目管理咨询有限公司、天宇中开工程咨询有限公司、湖北中诚信达工程造价咨询有限责任公司、武汉城市职业学院、武汉职业技术学院、湖北工程学院、黄冈职业技术学院的大力支持，在此，表示衷心的感谢。

本教材在编写过程中，参阅和引用了不少专家学者的著作，在此一并表示衷心的感谢。由于修订工作时间仓促，编者水平有限，书中难免存在不足之处，敬请读者批评指正。

编者

2022 年 2 月

目　录

第1章 安装工程专业基础知识

第1节 安装工程分类、特点及基本工作内容

1.1.1 安装工程分类概述

在工程建设领域，安装工程是指各种设备、装置的安装工程。学科知识面广和涉及的行业种类较多。

现行《通用安装工程工程量计算规范》GB 50856（以下简称安装工程计量规范）规定：安装工程是指各种设备、装置的安装工程。安装工程包括工业、民用设备，电气、智能化控制设备，自动化控制仪表，通风空调，工业、消防、给排水、采暖燃气管道以及通信设备安装。

1.1.2 常用安装工程的特点及基本工作内容

1. 安装工程特点

安装工程项目实体主要有以下特点：

（1）具有建设项目普遍的特点，如工程实体的单件性、固着性和建设的长期性，大部分形体的庞大性。

（2）设计的多样性、工程运行的危险性、环境条件苛刻性。

1）设计的多样性。由于安装工程涉及许多行业，每个行业各有设计标准及独立的设计风格，因而决定了安装工程项目设计的多样性。

2）工程运行的危险性。安装工程大部分要动态运行，有高温、高压、易燃、易爆的特点，工程实体要能经受住这些危险因素的考验。

3）环境条件苛刻性。有些项目建在水下、高山、高寒、多尘沙、多盐雾地区，工程实体要能经受住这些恶劣环境的考验，如超高压输变电，长输管道项目。

2. 建筑电气设备安装工程主要工作内容

建筑电气设备安装工程主要工作内容包括变配电系统、电气照明及动力系统、防雷接地系统、电气调整实验等部分。本节主要介绍电气照明设备工程、常用低压电气设备工程、防雷接地系统的工作内容。

（1）电气照明设备工程

电气照明是现代人工照明极其重要的手段，是现代建筑的重要组成部分。建筑电气照明系统一般是由变配电设施通过线路连接各用电器具组成的一个完整的照明供电系统，由进户装置、室内配电装置、室内配管配线、照明器具（灯具、开关、插座、风扇、电铃等）组成。

1）进户装置

电源进户方式有两种方式：低压架空进线和电缆埋地进线。

2）照明控制设备

电气照明工程中的控制设备有照明配电箱（盘）、配电板等。户线进入室内后，先经总配电箱，再到供电干线，然后到分配电箱，最终送到各用电设备回路。配电箱（盘）的作用是对各回路电能进行分配、控制，同时对各回路用电进行计量和保护。

3）电缆

电缆作为传送和分配电能之用，被越来越多地用于工业与民用建筑，特别是高层建筑的配电线路中。

电缆的常见敷设方式有：

①埋地敷设

埋地敷设又称电缆直埋，指电缆直接埋设于土壤中的敷设方式。沿已确定的电缆线路挖掘沟道，将电缆埋在挖好的地下沟道内。电缆直接埋设在地下不需要其他设施，施工简单、成本低、电缆的散热性能好。

②电缆沟敷设

电缆采用电缆沟敷设时，沟内装有电缆支架，电缆均挂在支架上，支架可以为单侧也可以为双侧。电缆隧道是尺寸较大的电缆沟，是用砖砌或用混凝土浇筑而成的，沟顶部用钢筋混凝土盖板盖住。

③电缆明敷设

电缆明敷可以直接敷设在构架上，也可以使用支架或者钢索敷设，一般在车间、厂房内，在安装的支架上用卡子将电缆固定。

④电缆穿保护管敷设

电缆穿保护管敷设时，应先将保护管敷设好，再将电缆穿入管内。保护管的管材有多种，如铸铁管、混凝土管、石棉水泥管、钢管、塑料管等。

⑤电缆桥架敷设

电缆桥架也称为电缆托架，广泛应用于宾馆饭店、办公大楼、工矿企业的供配电线路中，特别是在高层建筑中。常用桥架有槽式电缆桥架、梯级式电缆桥架、托盘式电缆桥架和组合桥架等。

⑥电缆接头

电缆敷设好后，为使其成为一个连续的线路，各线段必须连接为一个整体，这些连接点则称为接头。电缆线路两末端的接头称为终端头，中间的接头称为中间头。电缆接头按线芯材料可分为铝芯电缆头和铜芯电缆头；按安装场所分为户内式和户外式；按电缆头制作材料分为干包式、环氧树脂浇注式和热缩式。

4）室内配管、配线

敷设在建筑物内的配线，统称室内配线工程。根据房屋建筑结构及要求的不同，室内配线又分为明配和暗配两种。明配是敷设于墙壁、顶棚的表面等处，暗配是敷设于墙壁、顶棚、地面及楼板等处的内部，一般是先预埋管子，然后再向管内穿线。根据线路用途和供电安全要求，配线可分为线管配线、夹板配线、绝缘子配线、槽板配线、线槽配线、塑料钢钉线卡配线等形式。线管配线包括配管和管内穿线两项工程内容。

5）照明器具

照明器具种类繁多，灯具安装方式有三种，即吊式、吸顶式、壁装式。其中吊式又分线吊式、链吊式、管吊式三种方式。吸顶式又分一般吸顶式、嵌入吸顶式两种方式。壁装式又分一般壁装式、嵌入壁装式两种方式。

（2）常用低压电气设备工程

低压电器指电压在 1kV 以下的各种控制设备、继电器及保护设备等。低压配电电器有熔断器、转换开关和自动开关等。低压控制电器有接触器、控制继电器、启动器、控制器、主令电器、电阻器、变阻器和电磁铁等，主要用于电力拖动和自动控制系统中。

（3）防雷接地系统

防雷接地装置一般由接闪器、引下线和接地体三大部分组成。

1）接闪器

接闪器是指直接接受雷击的金属构件。根据被保护物体形状及接闪器形状的不同，可分为避雷针、避雷带、避雷网。

①避雷针

避雷针是装在细高的建筑物或构筑物突出部位或独立装设的针形导体，通常用圆钢或钢管加工而成，所用圆钢或钢管的直径随着避雷针的长度增加而增大，一般要求圆钢直径不小于 12mm，钢管直径不小于 20mm，壁厚不小于 3mm。

②避雷带

避雷带是利用小截面圆钢或扁钢做成的条形长带，作为接闪器装于建筑物易遭受雷击的部位。如屋脊、屋檐、屋角、女儿墙和高层建筑物的上部垂直墙面上，是建筑物防直击雷普遍采用的装置。避雷带由避雷线和支持卡子组成，支持卡子常埋设于女儿墙上或混凝土支座上。高层建筑物的上部垂直墙面上，每三层在结构圈梁内敷设一条扁钢与引下线焊接成环状水平避雷带，以防止侧向雷击。

2）引下线

引下线是指连接接闪器与接地装置的金属导体，可以用圆钢或扁钢做单独的引下线，也可以利用建筑物柱筋或其他钢筋做引下线。

3）接地体

接地体是指埋入土壤或混凝土基础中作为散流用的金属导体。接地体分自然接地体和人工接地体。人工接地体一般由接地母线、接地极组成。常用的接地极可以是钢管、角钢、钢板、铜板等，自然接地体是利用基础里的钢筋做接地体的一种方式。

3. 通风空调工程主要工作内容

（1）通风工程

建筑通风的任务是把室内被污染的空气直接或经过净化后排至室外，把室外新鲜空气或经过净化的空气补充进来，以保持室内的空气环境满足卫生标准和生产工艺的要求。通风系统分为送风系统和排风系统。

通风系统主要设备和附件有：风口、风道、风机、排风的净化处理设备。

（2）空调工程

空气工程是对空气温度、湿度、空气流动速度及清洁度进行调节，以满足人体舒适和工艺生产过程的要求。

空调系统通常由以下几部分组成。

1）工作区

工作区又称为空调区。工作区通常是指距地面1m，离墙0.5m的空间。在此空间内，应保持所要求的室内空气参数，即空调房间的温度和湿度要求。

2）空气的输送和分配设施

空气的输送和分配设施主要由输送和分配空气的送、回风机，送、回风管和送、回风口等设备组成。

3）空气的处理设备

空气的处理设备由各种对空气进行加热、冷却、加湿、减湿和净化等处理的设备组成。

4）处理空气所需的冷热源

处理空气所需的冷热源是指为空气处理提供冷量和热量的设备，如锅炉房、冷冻站、冷水机组等。

4. 消防工程

消防工程按灭火介质不同，可以分为水灭火系统和非水灭火系统；按照灭火设备构造不同，可以分为消火栓灭火系统和自动喷洒灭火系统。

（1）水灭火系统

1）消火栓灭火系统

室外消火栓，传统的有地上式、地下式消火栓，新型的有室外直埋伸缩式消火栓。

室内消火栓灭火系统分为室外系统和室内系统。室外系统包括室外给水管网、消防水泵接合器及室外消火栓等；室内系统包括室内消防给水管网、室内消火栓、储水设备、升压设备、管路附件等。

①消火栓设备

消火栓设备由水枪、水带和消火栓组成，均安装于消火栓箱内。室内消火栓应布置在建筑物内各层明显、易于取用和经常有人出入的地方，如楼梯间、走廊、大厅、车间的出入口和消防电梯的前室等处。设有室内消火栓的建筑如为平屋顶时，宜在平屋顶上设置试验消火栓。

②消防管网

建筑物内消防管网包括干管和支管。其常用管材为钢管，以环状布置为佳。

③消防水泵接合器

水泵接合器是连接消防车向室内消防给水系统加压供水的装置，一端由消防给水管网水平干管引出，另一端设于消防车易于接近的地方。水泵接合器分为地上式、地下式和墙壁式三种。

2）喷水灭火系统

①自动喷水灭火

自动喷水灭火系统是在发生火灾时，能自动打开喷头喷水灭火并同时发出火警信号的消防灭火设施，用于公共建筑、工厂、仓库等一切可以用水灭火的场所。自动喷水灭火系统由管网、报警装置、水流指示器、喷头、消防水泵等组成。

根据使用要求和环境的不同，自动喷水灭火系统管网可以分为湿式喷水系统、干式喷水系统、干湿式喷水系统、预作用喷水系统等。

②水喷雾灭火系统

水喷雾灭火系统由水源、供水设备、管道、雨淋阀组、过滤器、水雾喷头和火灾自动探测控制设备等组成。它利用水雾喷头在较高的水压力作用下，将水流分离成细小水雾滴，喷射到正在燃烧的物质表面时，产生表面冷却、窒息、乳化和稀释的综合效应，从而实现灭火。水喷雾灭火系统有较好的冷却、窒息与电绝缘效果，灭火效率高，在扑灭可燃液体火灾、电气火灾中均得到广泛的应用。

（2）气体灭火系统

气体灭火系统是以气体作为灭火介质的灭火系统。我国目前常用的气体灭火系统主要有二氧化碳灭火系统、七氟丙烷灭火系统、IG541 混合气体灭火系统和热气溶胶预制灭火系统。

气体灭火系统灭火后不留任何痕迹，无二次污染，但由于气体灭火系统大都采用高压贮存、高压输送，相比水喷淋系统危险系数要大。

（3）泡沫灭火系统

泡沫灭火系统是采用泡沫液作为灭火剂，主要用于扑救非水溶性可燃液体和一般固体火灾，如商品油库、煤矿、大型飞机库等，具有安全可靠、灭火效率高的特点。对于水溶性可燃液体火灾，应采用抗溶性泡沫灭火剂灭火。

泡沫灭火系统有多种类型。按泡沫发泡倍数分类有低、中、高倍数泡沫灭火系统；按泡沫灭火剂的使用特点可分为 A 类泡沫灭火剂、B 类泡沫灭火剂、非水溶性泡沫灭火剂、抗溶性泡沫灭火剂等；按设备安装使用方式分类有固定式、半固定式和移动式泡沫灭火系统；按泡沫喷射位置分类有液上喷射和液下喷射泡沫灭火系统。

（4）火灾报警系统

火灾自动报警系统是贯穿整个消防系统的关键流程，包括火灾预警系统、火灾探测报警及联动控制系统。其中联动控制系统包括了消火栓按钮、火灾警报器、各类输入输出模块、消防电气控制装置、消防广播系统、消防电话系统、图形显示装置、应急照明疏散指示系统等。火灾自动报警系统能在火灾初期，将燃烧产生的烟雾、热量、火焰等物理量，通过火灾探测器变成电信号，传输到火灾报警控制器，并同时以声或光的形式通知整个楼层疏散，控制器记录火灾发生的部位、时间等，使人们能够及时发现火灾，并及时采取有效措施，扑灭初期火灾。

1）火灾预警系统

火灾预警系统属于火灾自动报警系统的独立子系统，主要包括可燃气体探测系统和电气火灾监控系统。可燃气体探测报警系统主要应用在使用、生产可燃气体或可燃蒸汽的场所，当保护区域的可燃气体浓度达到设定值时报警。电气火灾监控系统的目的是消除电力设备的火灾隐患，通过探测电力线路的剩余电流值，或者探测电气部件的温升，超出安全值即发生报警，防止漏电、短路、过载等情况的发生。火灾预警系统的目的是消除火灾隐患，一旦发生火灾，就需要火灾探测报警系统和消防联动控制系统来发挥作用。

2）火灾探测报警及联动控制系统

火灾探测报警及联动控制系统，是实现火灾探测报警、向各类消防设备发出控制信号并接收设备反馈信号，进而实现预定消防功能的自动消防设施。实际应用中，火灾报警控制器和消防联动控制器为一体化产品，称为火灾报警控制器（联动型）。

火灾报警联动控制系统主要包括火灾探测器、手动火灾报警按钮、消火栓按钮、火灾警报器、各类输入输出模块、消防电气控制装置、消防广播系统、消防电话系统、图形显示装置。火灾探测器是能对火灾参数（如烟、温、光、火焰辐射等）响应，并自动产生火灾报警信号的器件。常见的探测器有：感烟类火灾探测器、感温类火灾探测器、感光类火灾探测器、一氧化碳火灾探测器、图像型火灾探测器等。

在火灾报警联动控制中，通过各类探测器、报警按钮以及模块，可以实现自动喷水灭火系统，消火栓系统、泡沫灭火系统、气体灭火系统、防排烟系统、防火卷帘系统、应急照明和疏散指示系统、消防应急广播系统等各类消防设施的联动控制。

5. 给排水工程

给排水工程包括给水工程和排水工程两个系统。按照其所处位置的不同，可分为城市给水排水工程和建筑给水排水工程。

建筑给排水系统是将城镇给水管网或自备水源的水经引入管送至建筑内的生活、生产和消防设备，并通过室内排水系统将污水、废水从卫生器具、排水管网排出到室外排水管网的给水排水系统。

（1）建筑给水系统

自建筑物的给水引入管至室内各用水及配水设施部分，称为室内给水系统。

建筑给水系统按用途可分以下三类：生活给水系统；生产给水系统；消防给水系统。

建筑给水系统主要由引入管、水表节点、给水管网、给水附件、升压和储水设备等组成。

根据供水用途和对水量、水压要求和建筑物条件，给水系统有不同的给水方式。常用室内给水方式如图 1-1-1 所示。

① 直接给水方式

直接给水方式是室外管网供水由引入管进入经水表后，直接供给用户。用于外网水压、水量能满足用水要求，室内给水无特殊要求的单层和多层建筑。

这种给水方式的特点是供水较可靠，系统简单，投资小，安装、维护简单，可以充分利用外网水压，节省能量。但是内部无贮水设备，外网停水时内部立即断水。

当室外给水管网水质、水量、水压均能满足建筑物内部用水要求时，应首先考虑采用这种给水方式。当外管网的水压不能满足整个建筑物的用水要求时，室内管网可采用分区供水方式，低区管网采用直接供水方式，高区管网采用其他供水方式。

② 单设水箱给水方式

单设水箱的供水方式是在直接给水方式中增加高位水箱，水箱设置在建筑物最高处。此方式中室内管网与外网直接连接，利用外网压力供水，同时设置高位水箱调节流量和压力。适用于外网水压周期性不足，室内要求水压稳定，允许设置高位水箱的建筑。

单设水箱供水方式供水较可靠，系统较简单，投资较小，安装、维护较简单，可充分利用外网水压，节省能量。设置高位水箱，增加结构荷载，若水箱容积不足，可能造成停水。

③ 水泵、水箱联合供水方式

水泵自贮水池抽水加压，利用高位水箱调节流量，在外网水压高时也可以直接供水。适用于外网水压经常或间断不足，允许设置高位水箱的建筑。可以延时供水，供水可靠，充分利用外网水压，节省能量。缺点是安装、维护较麻烦，投资较大；有水泵振动和噪声

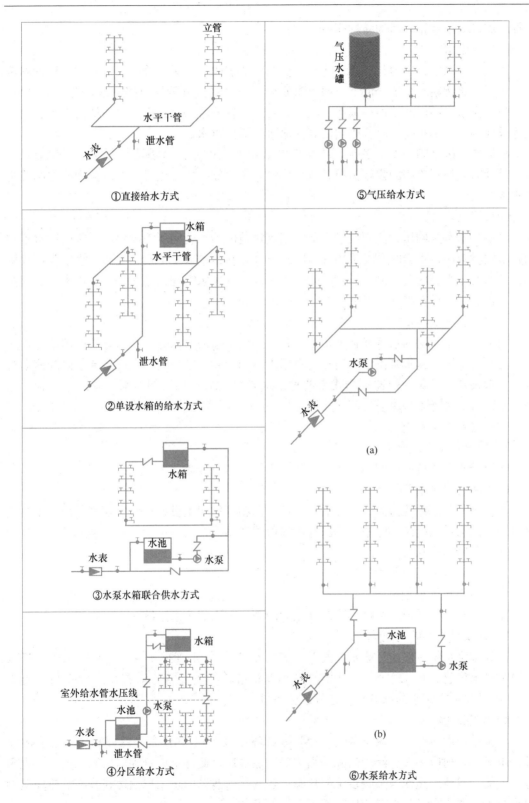

图 1-1-1　室内给水方式

干扰；需设高位水箱，增加结构荷载。

④分区给水方式

当室外管网给水压力只能满足建筑下层供水要求时，为了充分有效地利用室外管网水压，常将建筑物给水系统分成上下两个供水区。下区由室外管网直接供水，上区由水泵、水箱联合供水。两区间可由一根或几根立管相连，在分区处设阀门，以备低区进水管发生故障或外网压力不足时，打开阀门由高区水箱向低区供水。

根据各分区之间的相互关系，高层建筑给水方式可分为串联给水方式、并联给水方式。设计时应根据工程的实际情况，按照供水安全可靠、技术先进、经济合理的原则确定给水方式。

⑤气压给水方式

当室外给水管网压力低于或经常不能满足建筑内给水管网所需的水压，室内用水不均匀且不宜设置高位水箱时，可采用气压给水方式。在给水系统中设置气压给水设备，利用该设备的气压水罐内气体的可压缩性，升压供水。气压水罐的作用相当于高位水箱，但其位置可根据需要设在高处或低处。

⑥水泵、水池给水方式

当室外给水管网的水压经常不足时，宜采用设水泵的给水方式；当建筑内用水量大且较均匀时，可用恒速水泵供水；当建筑内用水不均匀时，宜采用一台或多台水泵变速运行供水。水泵与室外管网的连接方式有两种：水泵直接从室外管网抽水，应设旁通管，见图1-1-1（a）；水泵与室外管网间接连接方式，室内给水系统增设储水池，见图1-1-1（b）。

（2）建筑排水系统

1）建筑排水系统分类

建筑排水系统按所接纳污、废水的性质不同，可以分为以下三类：

①生活污水排水系统

粪便污水排水系统为大、小便器及用途与此相似的卫生设备污水的管道系统；生活废水排水系统为排除盥洗、沐浴、洗涤等废水的管道系统。

②工业废水排水系统

工业废水排水系统是指排除生产污水或生产废水的管道系统。

③屋面雨水排水系统

屋面雨水排水系统是指排除降落在屋面的雨、雪水的管道系统。

2）建筑排水系统的组成

建筑排水系统一般由污废水收集器（卫生器具）、排水管道系统（器具排水管、排水支管、排水横管、排水立管、排出管）、通气管道、清通设备（清扫口、检查口、检查井）、抽升设备、污水局部处理设备等部分组成。

6. 采暖工程

采暖系统由热源（热媒制备）、热网（热媒输送）和散热设备（热媒利用）三个主要部分组成。目前应用最广泛的热源是锅炉房和热电厂，此外也可以利用核能、地热、太阳能、电能、工业余热作为采暖系统的热源；热网是由热源向热用户输送和分配供热介质的管道系统；散热设备是将热量传至所需空间的设备。

（1）热源

采暖系统常用热媒是水、蒸汽和空气。热媒的选择应根据安全、卫生、经济、建筑物性质和地区供暖条件等因素综合考虑。

供热锅炉是最常见的为采暖及生活提供蒸汽或热水的设备。

地源热泵是以水为热源的可进行制冷/制热循环的一种热泵型整体式水-空气式或水-水式空调装置，制热时以水为热源，制冷时以水为排热源。用于热泵机组的热（冷）源有水源、地源、风源等多种。

（2）热网的组成和分类

热网包括管道系统和附件，管道附件主要有管件、阀门、补偿器、支座和部件（放气、放水、疏水、除污等）等。

（3）采暖系统的组成和分类

1）采暖系统的组成

室内采暖系统（以热水采暖系统为例），一般由主立管、水平干管、支立管、散热器、横支管、散热器、排气装置、阀门等组成。热水由入口经主立管、供水干管、各支立管、散热器供水支管进入散热器，释放热量后经散热器回水支管、立管、回水干管流出系统。排气装置用于排除系统内的空气，阀门起调节和启闭作用。

2）采暖系统的分类

按热媒种类分类：热水采暖系统、蒸汽采暖系统、热风采暖系统。

按循环动力分类：重力循环系统、机械循环系统。重力循环系统靠热媒本身温差所产生的密度差而进行循环。机械循环系统靠水泵（热风系统依靠风机）所产生的压力作用来进行循环。

按供暖范围分类：局部采暖系统，集中采暖系统，区域采暖系统。

①局部采暖系统：热源，热网及散热设备三个主要组成部分在一起的供暖系统，称局部供暖系统。该系统是以煤火炉、户用燃气炉、电加热器等作为热源，作用于分散平房或独立别墅（独立小楼）。

②以锅炉房为热源，作用于一栋或几栋建筑物的采暖系统。集中采暖系统：热源和散热设备分开设置由管网将它们连接。

③区域供暖系统：以热电厂、热力站或大型锅炉房为热源，作用于群楼、住宅小区等大面积供暖的采暖系统。

④辐射采暖系统：辐射采暖是利用建筑物内的屋顶面、地面、墙面或其他表面的辐射散热器设备散出的热量来达到房间或局部工作点采暖要求的采暖系统。

按供热范围分为：局部辐射采暖（如燃气器具或电炉）、集中辐射采暖。

按辐射面温度分为：高、中、低温辐射采暖。按热媒分为：热水、蒸汽、空气和电辐射采暖。

第 2 节　安装工程常用工程材料的分类、基本性能及用途

1.2.1　概　述

安装工程是介于土建工程和装潢工程之间的工作，通常包含电气照明及动力设备工

程、通风空调工程、消防工程、给排水、采暖及燃气工程、工业管道工程及建筑智能化工程等。安装工程中常用的工程材料品种、规格、型号繁多，根据其形貌和用途大致可以分为型材、板材、管材、管件、阀门、焊接材料、防腐蚀材料、绝热材料、电气材料及通信材料等类型。

不同类型的安装工程常用材料的基本性能和用途各不相同，如防腐材料中的玻璃钢是以玻璃纤维为增强剂，以合成树脂为胶粘剂制成的复合材料，主要用于石油化工耐腐蚀耐压容器及管道等。

1.2.2　型材、板材和管材

1. 型材

型材是通过轧制、挤出、铸造等工艺将钢或铁及具有一定强度和韧性的材料（如塑料、型材铝、玻璃纤维等）制成的具有一定几何形状的材料。常见的有普通型钢和塑钢型材等。

普通型钢可以通过轧制方式的不同，分为冷轧型钢和热轧型钢，其中最为常见的是热轧型钢。型钢按其断面形状分为圆钢、角钢、六角钢、方钢、扁钢、工字钢、H 型钢和槽钢等，见表 1-2-1。

常见的不同类型的型钢　　　　　　　　　　　　表 1-2-1

型钢名称	断面情况	规格表示方法	型钢名称	断面情况	规格表示方法
圆钢		直径 d	扁钢		厚度×宽度
等边角钢		边宽×边宽×边厚 $b \times b \times d$	工字钢		高×腿宽×腰厚 $h \times b \times d$
不等边角钢		长边×短边×边厚 $B \times b \times d$	六角钢		内切圆直径 a （即对边距离）
方钢		边长 a	槽钢		高×腿宽×腰厚 $h \times b \times d$

型钢的表示方法是通过反应断面形状的主要轮廓来确定的，如型钢圆钢是通过断面直径（mm）来表示，六角钢是通过其断面的对边距离（mm）来表示，工字钢和槽钢是通

过其断面的高 (mm)×腿宽 (mm)×腰厚 (mm) 来表示, 扁钢是通过其断面的厚度 (mm)×宽边 (mm) 来表示。

2. 板材

在安装工程中常用的板材主要有钢板、钢带、铝合金板和塑料复合钢板等。

(1) 钢板。按其材质不同可分为普通碳素结构钢板、低合金高强度结构钢板、不锈钢板和镀锌薄钢板等。按照《碳素结构钢》GB/T 700—2006 和《冷轧钢板和钢带的尺寸、外形、重量及允许偏差》GB/T 708—2006 的规定,钢板按轧制方式分为热轧钢板和冷轧钢板。

碳素结构钢即普碳钢,在国家标准《碳素结构钢》GB/T 700—2006 中,根据碳素结构钢的屈服强度下限值将其分为 Q195、Q215、Q235、Q275 四个级别,其中 Q 代表屈服强度,数字代表屈服强度的下限值,数字后面的字母 A、B、C、D 表示钢材质量等级,即硫、磷质量分数不同,A 级钢中硫、磷含量最高,D 级钢中硫、磷含量最低。C、D 级碳素钢可用于对韧性和焊接性要求较高的钢结构。

钢板规格表示方法为宽度 (mm)×厚度 (mm)×长度 (mm)。钢板分厚板 (厚度> 4mm) 和薄板 (厚度≤4mm) 两种。

1) 厚钢板。厚钢板的厚度一般为 4～60mm。厚钢板按钢的质量可分为普通钢厚钢板、优质钢厚钢板和复合钢厚钢板。

普通钢厚钢板以普通碳素结构钢为原料热轧而成,多用于容器、桥梁、船舶、管线、建筑结构和设备外壳的焊接、铆接、栓接等。优质钢厚钢板主要是优质碳素结构钢厚钢板和不锈耐酸厚钢板等。优质碳素结构钢厚钢板是用优质碳素结构钢热轧而成;不锈耐酸厚钢板是用合金结构钢 12Cr13、20Cr13 等热轧而成,主要用于化工高温环境下的耐腐蚀通风系统。复合钢厚钢板是由不同钢号的表层钢板和心部钢板复合而成。

2) 薄钢板。按生产方法可分为热轧薄钢板和冷轧薄钢板。在安装工程中金属薄板是应用较多的材料,如制作风管、气柜、水箱及维护结构。常用的金属薄钢板有普通钢板 (黑铁皮)、镀锌钢板 (白铁皮)、塑料复合钢板和不锈耐酸钢板等。普通钢板具有良好的加工性能,结构强度较高,且价格便宜,应用广泛。常用厚度为 0.5～1.5mm 的薄板制作风管及机器外壳防护罩等,厚度为 2.0～4.0mm 的薄板制作空调机箱、水箱和气柜等。空调、超净等防尘要求较高的通风系统一般采用镀锌钢板和塑料复合钢板制作。镀锌钢板表面有保护层,起防锈作用,一般不再刷防锈漆。

(2) 钢带。钢带按钢的质量分为优质钢带和普通钢带两类,按轧制方法分为热轧钢带和冷轧钢带两类。热轧钢带的厚度为 2.0～6.0mm,宽度为 20～300mm;其长度规定为:厚度为 2.0～4.0mm 的钢带,其长度大于 6.0m;厚度为 4.0～6.0mm 的钢带,其长度大于 4.0m。冷轧普通钢带的分类比较复杂,它是按照制造精度、表面状态和边缘状态等进行分类,并以一定代号表示。

钢带可用碳素结构钢、弹簧钢、工具钢和不锈钢等钢种制造,大多成卷供应,广泛应用于制造焊缝钢管、弹簧、锯条、刀片和电缆外壳等。

(3) 铝合金板。延展性能好,耐腐蚀,适宜咬口连接,且具有传热性能良好、在摩擦时不易产生火花的特性,所以铝合金板常用于防爆的通风系统。

(4) 塑料复合钢板。是在普通薄钢板表面喷涂一层 0.2～0.4mm 厚的塑料层制作而成，塑料层具有较好的耐蚀性和装饰性能。塑料复合钢板在建筑工程中应用广泛。

3. 管材

（1）金属管材

安装工程中常用的金属管材有无缝钢管、焊接钢管、合金钢管、铸铁管和有色金属管等，根据其类型和特点，应用的场景也各有不同。

1）无缝钢管。无缝钢管的型号是由外径×壁厚来表示，是由普通碳素结构钢、普通低合金高强度结构钢、优质碳素结构钢、优质合金钢和不锈钢经一定尺寸的钢坯通过穿孔机、热轧或冷拔等工序制成的中空而横截面封闭的无焊接缝的钢管。无缝钢管比有焊缝钢管具有更高的强度，一般能承受 3.2~7.0MPa 的压力。

在实际应用中，高压供热系统和高层建筑的冷、热水管和蒸汽管道以及各种机械零件的坯料，通常压力在 0.6MPa 以上的管路都应采用无缝钢管；过热蒸汽和高温高压热水管使用的无缝钢管通常为专用无缝钢管；用于化工、石油和机械用管道的防腐蚀部位，以及输送强腐蚀性介质、低温或高温介质、纯度要求很高的其他介质的为不锈钢无缝钢管。

2）焊接钢管。焊接钢管的型号由公称直径×壁厚来表示，按材质分为焊接钢管和镀锌钢管；按焊缝的形状分为直缝钢管、螺纹缝钢管和双层卷焊钢管；按其用途不同可分为水、煤气输送钢管；按壁厚可分为薄壁管和加厚管等。

在实际应用中，用于输送水、暖气和煤气等低压流体和制作结构零件等的为直缝钢管；用于保护电线的套管一般使用的是薄壁焊接钢管；螺旋缝钢管按照生产方法可以分为单面螺旋缝焊管和双面螺旋缝焊管两种，用于输送水等一般用途的为单面螺旋缝焊管，用于输送石油和天然气等特殊用途的为双面螺旋焊管；用于汽车、冷冻设备和电热电器中的刹车管、燃料管、润滑油管、加热器或冷却器等的为双层卷焊钢管。

3）合金钢管。耐热合金钢管具有强度高、耐热的优点，其焊接采用特殊工艺，焊后要对焊接接口部位采取热处理。各种锅炉耐热管道及过热器管道使用的便是 12CrMo 合金钢。

4）铸铁管。铸铁管的型号由公称直径×壁厚来表示，具有经久耐用、抗腐蚀性强、质较脆等特点，按照运输介质可分为给水铸铁管和排水铸铁管；按照连接形式可分为承插式铸铁管和法兰式铸铁管。

在实际应用中，污水排放使用承插铸铁管，输送硫酸和碱类等介质使用双盘法兰铸铁管。

5）有色金属管。有色金属管的型号由外径×壁厚来表示，其中铅及铅合金管具有耐蚀性强的特点，铜及铜合金管具有导热性能好，耐高温的特点。

在实际应用中，在化工、医药等方面多使用铅管；在制造换热器、压缩机输油管、自控仪表以及保温伴热管和氧气管道等方面多使用铜及铜合金管。

（2）非金属管材

安装工程中常用的非金属管道主要有混凝土管、陶瓷管、玻璃钢管、石墨管、橡胶管和塑料管等，本节主要介绍塑料管。

塑料管的特点是重量轻、耐腐蚀、易成型和施工方便等。安装工程中常用的塑料管有聚氯乙烯（PVC）管、硬聚氯乙烯（UPVC）管、氯化聚氯乙烯（CPVC）管、聚乙烯（PE）管、交联聚乙烯（PEX）管、无规共聚聚丙烯（PP-R）管、聚丁烯（PB）管、工程塑料（ABS）和耐酸酚醛塑料管等。

1）硬聚氯乙烯管（UPVC）。分为轻型管和重型管两种，安装时通常采用承插焊（粘）接、法兰连接、丝扣连接和热熔焊接等方法，最主要的特点是耐蚀性强、重量轻、绝热和绝缘性能好、易加工安装等。

在实际应用中，在温度范围为－10～40℃时，输送多种酸、碱、盐和有机溶剂。

2）氯化聚氯乙烯管（CPVC）。属于新型输水管道，与其他塑料管材相比，具有刚度大、耐腐蚀、阻燃性能好、导热性能低、线膨胀系数低及安装方便等特点。

3）聚乙烯管（PE）。其主要特点是无毒、重量轻、韧性好、可盘绕、耐腐蚀，在常温下不溶于任何溶剂，低温性能、抗冲击性和耐久性均比聚氯乙烯好。

在实际应用中，适用于压力较低的工作环境，如饮用水管、雨水管、气体管道、工业耐腐蚀管道等。由于聚乙烯管耐热性能不好，不能作为热水管使用。

4）超高分子量聚乙烯管（UHMWPE）。具有许多有优越性能，是普通塑料管无法相比的，如耐磨性为塑料之冠，断裂伸长率可达 410%～470%，管材柔性、抗冲击性能优良，低温下能保持优异的冲击强度，抗冻性及抗震性好，摩擦系数小，具有自润滑性，耐化学腐蚀，热性能优异，可在－169～110℃下长期使用。

在实际应用中，主要用于寒冷地区输送散物料、输送浆体、冷热水、气体等。

5）交联聚乙烯管（PEX）。是在普通聚乙烯原料中加入硅烷接枝料后制作而成的，其主要特点是耐温范围广（－70～110℃）、耐压、化学性能稳定、重量轻、流体阻力小、安装简便、使用寿命可长达 50 年，且无味、无毒等。

在实际应用中，主要用于建筑冷热水管道、供暖管道、雨水管道、燃气管道，以及工业用的管道等。

6）聚丙烯管（PP-R）。其主要特点在于是最轻的热塑性塑料管，无毒、耐化学腐蚀，在常温下无任何溶剂能溶解，相对聚氯乙烯管、聚乙烯管来说，PP-R 管具有较高的强度，较好的耐热性（95℃）。但其低温脆化温度仅为－15～0℃，在我国北方地区的应用受到一定限制。每段长度有限，且不能弯曲施工。

在实际应用中，主要用于冷热水供应系统中的管道。

7）聚丁烯管（PB）。其主要特点在于具有很高的耐久性、化学稳定性和可塑性，重量轻，柔韧性好，用于压力管道时耐高温特性尤为突出（－30～100℃），抗腐蚀性能好，可冷弯，使用、安装、维修方便，寿命长（可达 50～100 年）。

在实际应用中，主要用于输送生活用的冷热水。

8）工程塑料管（ABS）。其主要特点是属于热塑性塑料管、质优耐用，对于流体介质温度一般要求小于 60℃。

在实际应用中，主要用于中央空调、纯水制备和水处理系统中的用水管道，输送饮用水、生活用水、污水、雨水，以及化工、食品、医药工程中的各种介质。

（3）复合管材

安装工程中常用的复合管道主要有铝塑复合管、钢塑复合管、钢骨架聚乙烯（PE）管、涂塑钢管、玻璃钢管（FRP 管）和硬聚氯乙烯/玻璃钢（UPVC/FRP）复合管等。

1）铝塑复合管。铝塑复合管按聚乙烯材料的不同分为适用于热水的交联聚乙烯铝塑复合管和适用于冷水的高密度聚乙烯铝塑复合管两种。其主要特点是具有聚乙烯塑料管的耐腐蚀和金属管的耐高压优点，采用卡套式铜配件连接。

在实际应用中，铝塑复合管用于建筑内配水支管和热水器管。

2）钢塑复合管。是由钢管内壁置放一定厚度的 UPVC 塑料而成。其主要特点在于同时具有钢管和塑料管材的优越性。

在实际应用中，管径为 15～150mm，以成品配件丝扣连接，使用水温为 50℃ 以下，多用作建筑给水冷水管。

3）涂塑钢管。其主要特点在于不但具有钢管的高强度、易连接、耐水流冲击等优点，还克服了钢管遇水易腐蚀、污染、结垢及塑料管强度不高、消防性能差等缺点。

在实际应用中，主要规格有 $\phi15\sim\phi100$mm，设计寿命可达 50 年，但具有安装时不得进行弯曲、热加工和热切割等作业的缺点。

4）玻璃钢管（FRP 管）。是通过利用合成树脂与玻璃纤维材料，使用模具复合制造而成。其特点在于耐酸碱气体腐蚀，表面光滑，重量轻，强度大，坚固耐用等。

在实际应用中，可输送氢氟酸和除热浓碱以外的腐蚀性介质和有机溶剂。

5）硬聚氯乙烯/玻璃钢（UPVC/FRP）复合管。其主要特点在于具有 UPVC 耐腐蚀和 FRP 强度高、耐温性好的优点，能在小于 80℃ 时耐受一定压力。

在实际应用中，主要应用于油田、化工、机械、轻工和电力等行业。

1.2.3　管件、阀门及焊接材料

1. 管件

在安装工程中，在布设管道时会出现连接、分支、转弯、变径等部位，这些部位用到的便是管件。常用的管件有直接头、弯头、三通头、活接头和变径头等。在安装工程中，这些管件大多采用螺纹连接，一般均通过可锻铸铁制造而成。常用的管件相关应用特点如表 1-2-2 所示。

常用管件的应用特点　　　　　　　　　　　　　　　　　　　　　表 1-2-2

序号	管件名称	应用特点
1	直接头	用于两根相同管径的管子连接或与其他管件的连接
2	活接头	用于需经常拆卸的管道上
3	弯头	用于管道的转向连接
4	三通头	用于两根管子平面垂直交叉时的连接
5	变径头（大小头）	用于连接两根直径不同的管子

其中弯头根据制作工艺可以分为冲压无缝弯头、冲压焊接弯头和焊接弯头，除此之外，还有一种特殊条件用的高压弯头。这几种弯头的特性如表 1-2-3 所示。

几种弯头的特性　　　　　　　　　　　　　　　　　　　　　　　表 1-2-3

序号	弯头类型	特　　性
1	冲压无缝弯头	采用优质碳素钢、不锈耐酸钢和低合金高强度钢无缝钢管在特制的模具内压制成型的，有 90° 和 45° 两种
2	冲压焊接弯头	采用与管道材质相同的板材用模具冲压成半块环形弯头，然后组对焊接而成。通常按组对的半成品出厂，施工时根据管道焊缝等级进行焊接

续表

序号	弯头类型	特　性
3	焊接弯头	有两种不同的制作方法，一种是采用钢板下料，切割后卷制焊接成形，多用于钢板卷管的配套；另一种是采用管材下料，经组对焊接成形
4	高压弯头	采用优质碳素结构钢或低合金高强度结构钢锻造而成。根据管道连接形式，弯头两端加工成螺纹或坡口，加工精度很高

2. 阀门

阀门的组成结构主要有阀体、阀瓣、阀盖、阀杆和手轮等。阀门的分类方式主要有两种：

（1）按照阀门动作特点分类，有驱动阀门和自动阀门。驱动阀门是用手或其他动力操纵的阀门，如截止阀、节流阀（针型阀）、闸阀、旋塞阀等。自动阀门是借助介质本身的流量、压力或温度参数发生变化而自行动作的阀门，如止回阀（逆止阀、单流阀）、安全阀、浮球阀、减压阀、跑风阀和疏水器等。

（2）按照阀门压力划分，工程中阀门的公称压力划分为：$0 < p \leqslant 1.60$MPa 为低压，$1.60 < p \leqslant 10.00$MPa 为中压，$10.00 < p \leqslant 42.00$MPa 为高压。蒸汽管道 $p \geqslant 9.00$MPa、工作温度 $\geqslant 500$℃时，在管路中的阀门升为高压。一般水、暖工程均为低压系统，大型电站锅炉及各种工业管道采用中压、高压或超高压系统。

在安装工程中的阀门常见于冷热水、蒸汽管路中，下面仅对安装工程中常用的阀门特点及应用作相关说明，如表 1-2-4 所示。

安装工程中常用阀门的特点及应用 表 1-2-4

名称	特　点	应　用
球阀	由旋塞阀（热水龙头）演变而来，具有结构紧凑、密封性能好、结构简单、体积较小、重量轻、材料耗用少、安装尺寸小、驱动力矩小、操作简便、易快速启闭、维修方便等特点	适用于水、溶剂、酸和天然气等一般工作介质，工作条件恶劣的介质（如氧气、过氧化氢、甲烷和乙烯等），含纤维、微小固体颗粒等介质
闸阀	又称闸门或闸板阀，它是利用闸板升降控制开闭的阀门，流体通过阀门时流向不变，因此阻力小；闸阀和截止阀相比，在开启和关闭闸阀时省力，水流阻力较小；闸阀的缺点是严密性较差，尤其在启闭频繁时；另外，在不完全开启时，水流阻力仍然较大	闸阀一般只作为截断装置，即用于完全开启或完全关闭的管路中，而不宜用于需要调节大小和启闭频繁的管路上；广泛用于冷、热水管道系统中；主要用在一些大口径管道上
旋塞阀	结构简单，外形尺寸小，启闭迅速，操作方便，流体阻力小，便于制造三通或四通阀门，可作分配换向用。但密封面易磨损，开关力较大	通常用于温度和压力不高的管路上。热水龙头也属于旋塞阀的一种
蝶阀	结构简单、体积小、重量轻，只由少数几个零件组成，只需旋转 90° 即可快速启闭，操作简单，具有良好的流体控制特性	适合安装在大口径管道上

续表

名称	特　点	应　用
止回阀	根据结构不同，止回阀分为升降式和旋启式；一般适用于清洁介质，不适用于带固体颗粒和黏性较大的介质	升降式止回阀只能用在水平管道上；水平和垂直管道均可用旋启式止回阀
截止阀	结构比闸阀简单，制造、维修方便，可调节流量；安装时低进高出，不能反装	适用于热水供应及高压蒸汽管路中，流阻力大，为防止堵塞和磨损，不适用于带颗粒和黏性较大的介质
安全阀	一种安全装置，当管路系统或设备中介质的压力超过规定数值时，便自动开启阀门排气降压，以免发生爆炸危险。当介质的压力恢复正常后，安全阀又自动关闭；安全阀的主要参数是排泄量	适用于锅炉、冷凝器等设备中

3. 焊接材料

针对不同品种的母材和施焊工况、条件，选择与之相适应的焊接材料是保证焊接质量、提高焊接效率、降低焊接成本的关键。焊接材料主要有焊条、焊丝、保护气体和焊剂，下面将分别介绍。

（1）焊条

焊条是指供电弧焊使用的熔化电极，由药皮和焊芯两部分组成。

1）焊条的分类

① 按药皮成分可分为：不定型、氧化钛型、铁钙型、氧化铁型、低氢钾型、低氢钠型、纤维类型、石墨型、钛铁矿型、盐基型十大类。

② 按焊渣性质可分为：酸性焊条、碱性焊条两大类。

酸性焊条对水、铁锈的敏感性不大；电弧稳定，可用交流或直流施焊；焊接电流较大；合金元素过渡效果差；熔深较浅，焊缝成型好；熔渣成玻璃状，脱渣较方便；焊缝的常、低温冲击韧性一般；焊缝的抗裂性较差；焊缝的含氢量比较高，影响塑性；焊接时烟尘较少。

碱性焊条氧化性弱；焊缝的冲击值比酸性焊条高；焊缝合金元素多；对锈、水、油污等敏感性大；不易产生热裂纹。

③ 按焊条用途可分为：结构钢焊条、钼及钼合金焊条、不锈钢焊条、堆焊焊条、低温钢焊条、铸铁焊条、镍及镍合金焊条、铜及铜合金焊条、铝及铝合金焊条和特殊用途焊条十大类。

④ 按特殊性能分为：超低氢焊条、低尘低毒焊条、立向下焊条、底层焊条、铁粉高效焊条、抗潮焊条、水下焊焊条、重力焊焊条、仰焊焊条等。

2）焊条的选用原则

① 考虑焊缝金属的力学性能和化学成分：对于普通结构钢，通常要求焊缝金属与母材等强度，应选用熔敷金属抗拉强度等于或稍高于母材的焊条。对于合金结构钢有时还要求合金成分与母材相同或接近。在焊接结构刚性大、接头应力高、焊缝易产生裂纹的不利情况下，应考虑选用比母材强度低的焊条。当母材中碳、硫、磷等元素的含量偏高时，焊

缝中易产生裂纹，应选用抗裂性能好的低氢型焊条。

② 考虑焊接构件的使用性能和工作条件：对承受动载荷和冲击载荷的焊件，除满足强度要求外，主要应保证焊缝金属具有较高的塑性和韧性，可选用塑、韧性指标较高的低氢型焊条。接触腐蚀介质的焊件，应根据介质的性质及腐蚀特征选用不锈钢类焊条或其他耐腐蚀焊条。在高温、低温、耐磨或其他特殊条件下工作的焊件，应选用相应的耐热钢、低温钢、堆焊或其他特殊用途焊条。

③ 考虑焊接结构特点及受力条件：对结构形状复杂、刚性大的厚大焊件，在焊接过程中，冷却速度快，收缩应力大，易产生裂纹，应选用抗裂性好、韧性好、塑性高、氢裂纹倾向低的焊条。如低氢型焊条、超低氢型焊条和高韧性焊条等。

④ 考虑施焊条件：当焊件的焊接部位不能翻转时，应选用适用于全位置焊接的焊条。对受力不大、焊接部位难以清理的焊件，应选用对铁锈、氧化皮、油污不敏感的酸性焊条。没有直流焊机时，必须选用可交、直流两用的焊条。在狭小或通风条件差的场合，在满足使用性能要求的条件下，应选用酸性焊条或低尘焊条。

⑤ 考虑生产效率和经济性：在酸性焊条和碱性焊条都可满足要求时，应尽量选用酸性焊条。对焊接工作量大的结构，有条件时应尽量选用高效率焊条，如铁粉焊条、重力焊条、底层焊条、立向下焊条和高效不锈钢焊条等。这不仅有利于生产率的提高，而且也有利于焊接质量的稳定和提高。

（2）焊丝

焊丝是指既可以作为填充金属又可以作为导电电极的焊接材料，分实心焊丝和药芯焊丝。

1）实心焊丝：分钨极惰性气体保护焊和熔化极惰性气体保护焊。

① 钨极惰性气体保护焊是在惰性气体的保护下，利用钨电极与工件间产生的电弧热熔化母材和填充焊丝的一种焊接方法。焊接时保护气体从焊枪的喷嘴中连续喷出，在电弧周围形成气体保护层隔绝空气，以防止其对钨极、熔池及邻近热影响区的有害影响，从而可获得优质的焊缝。保护气体主要采用氩气。

② 熔化极惰性气体保护焊是使用熔化电极，以外加气体作为电弧介质，并保护金属熔滴、焊接熔池和焊接区高温金属的电弧焊方法。

③ 选择实心焊丝的成分主要考虑焊缝金属应与母材力学性能或物理性能的良好匹配，如耐磨性、耐蚀性。焊缝应是致密的和无缺陷的。

2）药芯焊丝：药芯焊丝又分为有缝和无缝药芯焊丝。无缝药芯焊丝的成品丝可进行镀铜处理，焊丝保管过程中的防潮性能以及焊接过程中的导电性均优于有缝药芯焊丝。药芯焊丝按不同的情况有不同的分类方法。

① 按保护情况可分为气体保护（CO_2、富 Ar 混合气体）和自保护以及埋弧堆焊三种。

② 按焊丝直径可分为细直径（2.0mm 以下）和粗直径（2.0mm 以上）。

③ 按焊丝断面可分为简单断面和复杂断面。

④ 按使用电源可分为交流陡降特性电源和直流平特性电源。

⑤ 按填充材料可分为造渣型药芯焊丝（氧化铁钛型、钛钙型、氟钙型）和金属粉药芯焊丝。

3）药芯焊丝与钨极惰性气体保护焊丝的比较。

① 把断续的焊接过程变为连续的生产方式，从而减少了焊接接头的数目，提高了焊缝质量，也提高了生产效率，节约了能源。

② 对各种钢材的焊接适应性强，通过调整焊剂（针对特定的药芯焊丝）的成分和比例，可极为方便和容易地提供所要求的焊缝化学成分。

③ 工艺性能好，焊缝成形美观。采用气渣联合保护，获得良好成形。加入稳弧剂使电弧稳定，熔滴过渡均匀。

④ 熔敷速度快，生产效率高。在相同焊接电流下药芯焊丝的电流密度大，熔化速度快，其熔敷率约为 $85\%\sim90\%$，生产率比焊条电弧焊高约 $3\sim5$ 倍。

⑤ 可用较大焊接电流进行全位置焊接。

⑥ 焊丝制造过程复杂；焊接时，送丝较实心焊丝困难；焊丝外表容易锈蚀，粉剂易吸潮，因此对药芯焊丝保存和管理的要求更为严格。

随着我国经济的腾飞，各类装备制造业、基础设施和重点工程的品质提升，焊接材料产品的战略也逐步转移，由机械化程度较高的高效优质型产品逐步替代手工型产品，焊条产品逐步向高强、高韧、低氢、绿色、环保方向发展。焊接机器人的应用促进了焊丝生产厂家大力发展桶装焊丝。其中无镀铜焊丝在美国、日本、欧洲等工业发达国家有迅速发展之势，已部分取代镀铜焊丝，是焊丝发展的一个风向标。

（3）保护气体

空气中有些成分会对特定的焊接熔池产生有害影响，保护气体的主要作用就是隔离空气中的这些成分，使其对焊缝的影响减小或杜绝，实现对焊缝和近缝区的保护。

1）惰性气体：主要有氩气和氦气及其混合气体，用以焊接有色金属、不锈钢和质量要求高的低碳钢和低合金钢。

2）惰性气体与氧化性气体的混合气体：如 $Ar+CO_2$、$Ar+CO_2+O_2$ 等。

3）CO_2 气体：是唯一适合于焊接的单一活性气体，CO_2 气体保护焊具有焊速高、熔深大、成本低和全空间位置焊接的特点，广泛应用于碳钢和低合金钢的焊接。

4）保护气体还可来自其他方面，如焊条药皮就可以产生保护气体，产生气体的主要有纤维素、碳酸盐等。埋弧焊焊剂也能产生少量的保护气体。

（4）焊剂

1）焊剂的分类

① 按制造方法可分为熔炼焊剂、烧结焊剂、粘结焊剂三大类。

熔炼焊剂是指将一定比例的各种配料放在炉内熔炼，然后经过水冷，使焊剂形成颗粒状，经烘干，筛选而形成的一种焊剂。其主要优点是化学成分均匀，可以获得性能均匀的焊缝。由于焊剂在高温熔炼过程中合金元素会被氧化，所以焊剂中不能添加合金，因此不能依靠焊剂向焊缝大量添加合金元素。熔炼焊剂是目前生产中使用最为广泛的一种焊剂。

烧结焊剂是指将一定比例的各种粉状配料加入适量胶粘剂，混合搅拌后经过高温烘干烧结成块，然后粉碎、筛选而制成的一种焊剂。

粘结焊剂是指将一定比例的各种粉状配料加入适量胶粘剂，经过混合搅拌、粒化和低温烘干而制成的一种焊剂，以前称之为陶质焊剂。

后两种焊剂都是属于非熔炼焊剂，由于没有熔炼过程，所以化学成分不均匀，容易造成焊缝性能不均匀，但可以在焊剂中添加铁合金，增大焊缝金属合金化能力，灵活调整焊缝金属的合金成分，目前这两种焊剂在国外已经广泛用于焊接碳钢、高强度钢和高合金钢，但国内生产中应用还不够广泛，具有较高的发展前景。

② 按化学成分可分为高锰焊剂、中锰焊剂、低锰焊剂和无锰焊剂。

③ 按化学特性可分为酸性焊剂、碱性焊剂和中性焊剂。

④ 按焊剂用途可分为埋弧焊剂和电渣焊剂。

2）焊剂的作用：焊剂在焊接电弧的高温区内熔化反应生成熔渣和气体，对熔化金属起保护和冶金作用。

3）焊剂使用的注意事项

① 焊剂应放在干燥的库房内。库房内应装有去湿机，控制室内湿度，防止焊剂受潮，影响焊接质量。

② 焊剂使用前应按说明书所规定的参数进行烘焙，通常在 250～300℃下烘焙 2h。

③ 为防止产生气孔，焊前接缝处及其附近 20mm 的焊件表面应清除铁锈、油污、水分等杂质。

④ 回收的焊剂，应过筛清除渣壳、碎粉及其他杂物，与新焊剂按比例（如 1：3）混合均匀后使用。

⑤ 埋弧焊的焊剂必须与所焊钢种和焊丝相匹配，保证焊接质量和焊缝性能。电渣焊的焊剂应具有适当的导电率，适当的黏度，较高的蒸发温度，良好的脱渣性、抗裂性和抗气孔的能力。

1.2.4　防腐蚀和绝热材料

1. 防腐材料

材料是保证设备及管道防腐蚀工程质量的物质基础，安装工程项目中常用的防腐材料有各种涂料、橡胶制品、无机板材等。

（1）涂料

涂料根据其成膜物质可以分为油基漆和树脂基漆两大类，主要由成膜物质、颜填料和溶剂三部分组成。涂料经过固化在设备及管道表面而形成薄涂层，从而起到保护设备及管道的作用。常用的防腐涂料类型及性能如表 1-2-5 所示。

不同类型涂料及其性能　　　　　　　　　　　　　　　　　　表 1-2-5

序号	类型名称	性能特点
1	环氧树脂涂料	具有良好的耐腐蚀性能，特别是耐碱性，并有较好的耐磨性，漆膜有良好的弹性和硬度，收缩率较低，使用温度一般为 90～100℃
2	过氯乙烯涂料	具有良好的耐工业大气、耐海水、耐酸、耐油、耐盐雾、防霉、防燃烧等性能，但不耐酚类、酮类、脂类和苯类等有机溶剂介质的腐蚀。最高使用温度约 70℃，此外它与金属表面附着力不强
3	沥青漆	价格低廉、应用广泛，常温下能耐氧化氮、二氧化硫、三氧化硫、氨气、酸雾、氯气、低浓度的无机盐和浓度 40% 以下的碱、海水、土壤、盐类溶液以及酸性气体等介质腐蚀，但不耐油类、醇类、脂类、烃类等有机溶剂和强氧化剂等介质腐蚀，并且阳光下稳定性较差，耐热度在 60℃

序号	类型名称	性能特点
4	呋喃树脂漆	具有优良的耐酸、耐碱、耐温性，原料来源广泛，价格低廉。缺点是漆膜韧性差、与金属附着力差、干燥后会收缩
5	聚氨基甲酸酯漆	最高耐热度为 155℃，有良好的耐化学腐蚀性、耐油性、耐磨性和附着力，漆膜韧性和电绝缘性均较好
6	无机富锌漆	施工简单，价格便宜，具有良好的耐水性、耐油性、耐溶剂性及耐干湿交替的盐雾，适用于海水、清水、海洋大气、工业大气和油类等介质，耐热度为 160℃ 左右
7	环氧煤沥青	主要由环氧树脂、煤沥青、填料和固化剂组成。它综合了环氧树脂的机械强度高、粘结力大、耐化学介质侵蚀和煤沥青耐腐蚀等优点。涂层使用温度在 −40～150℃ 之间，在酸、碱、盐、水、汽油、煤油、柴油等一般稀释剂中长期浸泡无变化
8	新型涂料（聚氨酯漆等）	聚氨酯漆施工方便、无毒、造价低，并且耐酸、耐盐、耐各种稀释剂

（2）各种砖、板和管材衬里

各种砖、板和管材衬里材料按照材质不同可分为非金属类和金属类两大类，常用的几种如表 1-2-6 所示。

不同类型的砖、板和管材衬里的性能特点　　　　　　　　　　　　　表 1-2-6

序号	名　称	性能特点
1	辉绿岩板	由辉绿岩石熔融铸成。主要成分是二氧化硅，是一种灰黑色质地密实的材料。优点是耐酸碱性好，除氢氟酸、300℃ 以上磷酸及熔融的碱外，对所有的有机酸、无机酸、碱类均耐腐蚀且耐磨性好；缺点是脆性大，不宜承受重物的冲击，温差急变性较差，板材难于切割加工
2	耐酸陶瓷砖、板	由耐火结土、长石及石英以干成型法焙烧而成。主要成分是二氧化硅。优点是耐酸性好，除氢氟酸、300℃ 以上磷酸及强碱外，对所有的酸类都耐腐蚀，结构致密，表面光滑平整；缺点是脆性较大、韧性差和温差急变性较差
3	不透性石墨板	由人造石墨浸渍酚醛或呋喃树脂而成。优点是导热性优良、温差急变性好、易于机械加工；缺点是机械强度低，价格昂贵
4	铅衬里	适用于常压或压力不高、温度较低和静载荷作用下工作的设备；真空操作的设备、受振动和有冲击的设备不宜采用。铅衬里常用在制作输送硫酸的泵、管道和阀等

对于管材衬里，根据其不同的组成成分，适用于上表中的性能特点。

（3）胶合剂

安装工程中的设备及管道防腐蚀工程中用到的胶合剂主要是指用在衬里施工中的各种胶泥。各种胶泥的特性如表 1-2-7 所示。

几种常见胶泥的性能特点　　　　　　　　　　　　　　　　表 1-2-7

序号	名　称	性能特点
1	酚醛胶泥	由酚醛树脂为粘合剂，以酸性物质为固化剂，加入耐酸填料，按一定比例拌合而成
2	水玻璃胶泥	由水玻璃为粘合剂、氟硅酸钠为固化剂和耐酸填料按一定比例拌合而成的，尤其耐强氧化性酸（硝酸、铬酸等）的腐蚀
3	呋喃胶泥	由呋喃系树脂为粘合剂，以酸性物质为固化剂，加入耐酸填料按一定比例拌合而成的

（4）金属热喷涂材料

金属热喷涂材料主要有铝与铝合金、锌与锌合金。其中铝与铝合金热喷涂材料在中性和近中性的水中以及大气中有很高的稳定性，在氧化性的酸或盐溶液中也十分稳定；锌与锌合金热喷涂材料喷涂在金属表面既可以保护金属基体，又可以起到牺牲阳极的作用来防止金属腐蚀。

金属热喷涂材料的基本性能如表 1-2-8 所示。

金属热喷涂材料的基本性能　　　　　　　　　　　　　　　　表 1-2-8

序号	性能名称	性　能
1	力学性能	线材的力学性能应使线材在送进和喷涂中不出现问题。热喷涂线材应硬度适中，太硬的线材难以操纵、校直，并引起喷枪的重要零件，如送丝轮、导管、导电管或喷嘴过快磨损。另一方面，过软的热喷涂线材可造成送进困难
2	表面性能	热喷涂线材的表面一定要光滑，没有腐蚀产物、毛刺和开裂、缩孔、搭接、鳞片、颈缩、焊缝和卷边等缺陷。此外，应除去影响热喷涂材料性能或热喷涂涂层性能的异物
3	可使用性	线材应以一整根缠绕在线轴、线盘上，或绕成线卷，或嵌入桶中。应避免扭绞或急剧的弯曲。线材头部应扎牢，防止散开。线材的起端应做标记以便于找到。线轴上线材的最外层距离线轴凸缘的边缘至少应有 3mm。任一放松的单圈线材的直径，应不大于线轴外直径的 1.2 倍，且应不小于线轴的内直径。线材应没有扭绞。散开后的线卷放在地上应保持平展。线卷散开不影响正常使用

2. 绝热材料

绝热材料是指在室温下导热系数低于 0.2W/(m·K) 的材料。而对于设备及管道绝热，国家标准的界定是：当用于保温时，其绝热材料及制品在平均温度小于等于 623K（350℃）时，导热系数值不得大于 0.12W/(m·K)；当用于保冷时，其绝热材料及制品在平均温度小于等于 300K(27℃) 时，导热系数值不得大于 0.064W/(m·K)。

绝热材料根据不同方式可以划分为不同种类，如按材料基础原料划分，可分为无机类和有机类；按结构划分，可分为纤维类、颗粒类和发泡类；按产品形态划分，有板、块、管壳、毡、毯、棉、带、绳以及散料等；按密度划分，有特轻类（$\rho = 60 \sim 80 \text{kg/m}^3$）和轻质类（$\rho = 80 \sim 350 \text{kg/m}^3$）；按可压缩性划分，可分为硬质、半硬质和软质。

安装工程中常用绝热材料制品及相关特性如表 1-2-9 所示。

安装工程中常用绝热材料制品及特性　　　表 1-2-9

序号	绝热制品名称	特　性
1	矿（岩）棉制品	矿渣棉是以工业矿渣如高炉矿渣、粉煤灰等为主原料，经过重熔、纤维化而制成的一种无机纤维；岩棉则是以天然岩石如玄武岩、辉绿岩等为主原料，经熔化、纤维化而制成的一种无机纤维。适用温度低，寿命短；结合剂挥发污染环境；板材类产品用于管道施工不方便，接缝传热率高，绝热性能差
2	玻璃棉制品	是采用天然矿石如石英砂、石灰石等，配以其他化工原料如纯碱、硼酸等粉状玻璃原料，在熔炉内经高温熔化，然后借助离心力及火焰喷吹的双重作用，使熔融玻璃液纤维化，形成的棉状材料。耐酸性、化学稳定性好，价格便宜，施工方便，但对皮肤具有刺激作用
3	硅酸钙制品	是以石英砂粉、硅藻土等氧化硅为主要成分的材料，消石灰、电石渣等氧化钙为主要成分的材料，以及石棉、玻璃纤维等增强纤维为主要原料，经过搅拌、加热、凝胶、成型、蒸压硬化、干燥等工序制成的一种高强、轻质的硬质绝热材料。耐高温，最高使用温度可达到 1000℃ 左右，但是硅酸钙绝热制品具有质脆、易碎、施工破损率高（约 15%～30%）、保温效果较差等缺点
4	膨胀珍珠岩制品	是以珍珠岩矿石为原料，经过破碎、分级、预热、高温蜡烧、瞬时急剧加热膨胀而成的一种轻质、多功能绝热材料。该类产品密度小，热导率小，化学稳定性强，不燃、不腐蚀、无毒、无味，价格便宜，适用范围广
5	泡沫玻璃制品	是以磨细玻璃粉为主要原料，通过添加发泡剂，经烧熔、发泡、退火冷却、加工处理而制成的保温材料。不吸水，是理想的保冷绝热材料。具有优良的抗压性能，较其他材料更能经受住外部环境的侵蚀和负荷，不会自燃也不会被烧毁，是优良的防火材料
6	硬质聚氨酯泡沫塑料	是以聚酯或聚醚多元醇与多异氰酸酯为主要原料，再加胶类和有机物催化剂、有机硅油类泡沫稳定剂、低沸点氟炬类发泡剂等，经混合、搅拌产生化学反应而形成的发泡体。密度小，热导率小，施工方便，不耐高温，可燃、防火性差
7	聚苯乙烯热固性泡沫塑料	是以一定速度、蒸汽压力、温度将聚苯乙烯原料在发泡机中预发泡，然后通过流化干燥床进行熟化处理，再注入模具中，通过蒸汽发泡，冷却固化后制成成品，具有封闭的多面体蜂窝结构。具有优异、持久的保温、隔热性能；独特的抗震缓冲性能；抗老化性能；防水性能

1.2.5　常用电气和通信材料

1. 常用电气材料

（1）导线

导线一般采用铜、铝、铝合金和钢等材料制造。导线按照线芯结构一般可以分为单股导线和多股导线两大类，按照有无绝缘和导线结构可以分为裸导线和绝缘导线两大类。

1）裸导线

裸导线是没有绝缘层的导线，包括铜线、铝线、铝绞线、铜绞线、钢芯铝绞线和各种型线等。裸导线主要用于户外架空电力线路以及室内汇流排和配电柜、箱内连接等，包括单圆线、裸绞线、软接线和型线。

裸导线的表示方法：裸导线的型号、类别和用途等用汉语拼音表示。裸导线产品型号各部分代号及其含义见表 1-2-10。

裸导线产品型号各部分代号及其含义　　　　　　　　表 1-2-10

类别	特　征			
	形　状	加　工	类　型	软　硬
C—电车线 G—钢（铁线） HL—热处理型 镁硅合金线 L—铝线 M—母线 S—电刷线 T—天线 TY—银铜合金	B—扁形 D—带形 G—沟形 K—空心 P—排状 T—梯形 Y—圆形	F—防腐 J—绞制 X—纤维编织 XD—镀锡 YD—镀银 Z—编织	J—加强型 K—扩径型 Q—轻型 Z—支撑式 C—触头用	R—柔软 Y—硬 YB—半硬

在架空线路中，铜绞线因其具有优良的导电性能和较高的机械强度，且耐蚀性强，一般应用于电流密度较大或化学腐蚀较严重的地区；铝绞线的导电性能和机械强度不及铜导线，一般应用于档距比较小的架空线路；钢芯铝绞线具有较高的机械强度，导电性能良好，适用于大档距架空线路敷设。

2）绝缘导线

绝缘导线由导电线芯、绝缘层和保护层组成，常用于电气设备、照明装置、电工仪表和输配电线路的连接等。

常用绝缘导线型号、名称和用途见表 1-2-11。

常用绝缘导线型号、名称和用途　　　　　　　　表 1-2-11

型　号	名　称	用　途
BX（BLX） BXF（BLXF） BXR	铜（铝）芯橡胶绝缘线 铜（铝）芯氯丁橡胶绝缘线 铜芯橡胶绝缘软线	适用于交流 500V 及以下，或直流 1000V 及以下的电气设备及照明装置
BV（BLV） BVV（BLVV） BVVB（BLVVB） BVR BV-105	铜（铝）芯聚氯乙烯绝缘线 铜（铝）芯聚氯乙烯绝缘氯乙烯护套圆形电线 铜（铝）芯聚氯乙烯绝缘氯乙烯护套平型电线 铜芯聚氯乙烯绝缘软线 铜芯耐热 105℃聚氯乙烯绝缘软线	适用于各种交流、直流电气装置，电工仪表、仪器，电信设备，动力及照明线路固定敷设
RV RVB RVS RV-105 RXS RX	铜芯聚氯乙烯绝缘软线 铜芯聚氯乙烯绝缘平型软线 铜芯聚氯乙烯绝缘绞型软线 铜芯耐热 105℃聚氯乙烯绝缘连接软电线 铜芯橡胶绝缘棉纱编织绞型软电线 铜芯橡胶绝缘棉纱编织圆形软电线	适用于各种交、直流电器，电工仪器，家用电器，小型电动工具，动力及照明装置的连接；适用电压有 500V 及 250V 两种，用于室内、外明装固定敷设或穿管敷设
BBX BBLX	铜芯橡胶绝缘玻璃丝编织电线 铝芯橡胶绝缘玻璃丝编织电线	

在架空线路中，绝缘导线按其结构型式一般可分为高、低压分相式绝缘导线，低压集束型绝缘导线，高压集束型半导体屏蔽绝缘导线和高压集束型金属屏蔽绝缘导线等。

（2）电力电缆

电缆型号的内容包含有用途类别、绝缘材料、导体材料和铠装保护层等。电缆型号含义见表1-2-12。

电缆型号含义　　　　　　　　　　　　　表 1-2-12

类　别	导　体	绝　缘	内护套	特　征
电力电缆（省略） K：控制电缆 P：信号电缆 YT：电梯电缆 U：矿用电缆 Y：移动式软缆 H：市内电话缆 UZ：电钻电缆	T：铜（可省略） L：铝线	Z：油浸纸 X：天然橡胶 （X）D：丁基橡胶 （X）E：乙丙橡胶 VV：聚氯乙烯 Y：聚乙烯 YJ：交联聚乙烯 E：乙丙胶	Q：铅套 L：铝套 H：橡胶套 （H）P：非燃性 HF：氯丁胶 V：聚氯乙烯护套 Y：聚乙烯护套 VF：复合物	D：不滴油 F：分相 CY：充油 P：屏蔽 C：滤尘用或重型 G：高压

当电缆有外护层时，其表示方法是在表示型号的汉语拼音字母后面用两个阿拉伯数字来表示外护层的结构。其外护层的结构按铠装层和外被层的结构顺序用阿拉伯数字表示，两个数字依次表示铠装结构和外被层结构类型。电缆通用外护层和非金属套电缆外护层型号中的数字含义见表1-2-13。

电缆通用外护层和非金属套电缆外护层型号中的数字含义　　　　　表 1-2-13

第一个数字		第二个数字	
代号	铠装层类型	代号	外皮层类型
0	无	0	无
1	钢带	1	纤维线包
2	双钢带	2	聚氯乙烯护套
3	细圆钢丝	3	聚乙烯护套
4	粗圆钢丝		

常见的电力电缆有聚氯乙烯绝缘电力电缆和交联聚乙烯绝缘电力电缆。

聚氯乙烯绝缘电力电缆的特性如下：

1）长期工作温度不超过70℃；

2）电缆导体的最高温度不超过160℃；

3）短路最长持续时间不超过5s；

4）施工敷设最低温度不得低于0℃；

5）最小弯曲半径不小于电缆直径的10倍。

交联聚乙烯绝缘电力电缆具有电场分布均匀，没有切向应力，重量轻，载流量大等特点，常用于500kV及以下的电缆线路中，具有优越的电气性能，良好的耐热性和机械性能，敷设安全方便等优点。交联聚乙烯绝缘电力电缆的型号及名称如表1-2-14所示。

交联聚乙烯绝缘电力电缆的型号及名称　　　　　　　　　　　　表 1-2-14

电缆型号		名　　称	适用范围
铜芯	铝芯		
YJV	YJLV	交联聚乙烯绝缘聚氯乙烯护套电力电缆	室内、隧道、穿管、埋入土内（不受机械力）
YJY	YJLY	交联聚乙烯绝缘聚乙烯护套电力电缆	
YJV$_{22}$	YJLV$_{22}$	交联聚乙烯绝缘聚氯乙烯护套双钢带铠装电力电缆	室内、隧道、穿管、埋入土内
YJV$_{23}$	YJLV$_{23}$	交联聚乙烯绝缘聚乙烯护套双钢带铠装电力电缆	
YJV$_{32}$	YJLV$_{32}$	交联聚乙烯绝缘聚氯乙烯护套细钢丝铠装电力电缆	竖井、水中、有落差的地方，能承受外力
YJV$_{33}$	YJLV$_{33}$	交联聚乙烯绝缘聚乙烯护套细钢丝铠装电力电缆	

（3）控制电缆

控制电缆适用于交流 50Hz，额定电压在 450/750V、600/1000V 及以下的工矿企业、现代化高层建筑等的远距离操作、控制、信号及保护测量回路，起到在各类电气仪表及自动化仪表装置之间传递各种电气信号，从而保障系统安全、可靠运行的作用。

控制电缆通过工作类别进行分类，可分为普通、阻燃（ZR）、耐火（NH）、低烟低卤（DLD）、低烟无卤（DW）、高阻燃类（GZR）、耐温类和耐寒类控制电缆等。

（4）综合布线电缆

综合布线电缆用于传输语言、数据、影像和其他信息的标准结构化布线系统，其主要目的是在网络技术不断升级的条件下，仍能实现高速率数据的传输要求。只要各种传输信号的速率符合综合布线电缆规定的范围，则各种通信业务都可以使用综合布线系统。

（5）母线

母线是各级电压配电装置的中间环节，它的作用是汇集、分配和传输电能。主要用于电厂发电机出线至主变压器、厂用变压器以及配电箱之间的电气主回路的连接，又称为汇流排。

母线分为裸母线和封闭母线两大类。裸母线分为两类：一类是软母线（多股铜绞线或钢芯铝线），用于电压较高（350kV 以上）的户外配电装置；另一类是硬母线，用于电压较低的户内外配电装置和配电箱之间电气回路的连接。母线的型号如表 1-2-15 所示。

母线的型号　　　　　　　　　　　　　　　　　　　　　　表 1-2-15

型　　号	状　　态	名　　称
TMR	0 退火的	软铜母线
TMY	H 硬的	硬铜母线
LMR	0 退火的	软铝母线
LMY	H 硬的	硬铝母线

通过金属外壳将导体连同绝缘等封闭起来的母线是封闭母线。封闭母线包括离相封闭母线、共箱（含共箱隔相）封闭母线和电缆母线，广泛用于发电厂、变电所、工业和民用电源的引线。

2. 常用通信材料

传输介质是设备、终端间连接的中间介质，也是信号传输的媒体。有线传输通常以双绞线、同轴电缆和光缆为介质。接续设备是系统中各种连接硬件的统称，包括连接器、连接模块、配线架和管理器等。其中，双绞线和同轴电缆传输电信号，光缆传输光信号。

（1）同轴电缆

常用同轴电缆的主要参数如表 1-2-16 所示。

常用同轴电缆的主要参数 表 1-2-16

字母		绝缘材料		护套材料	
符号	含义	符号	含义	符号	含义
S	同轴射频电缆	Y	聚乙烯	V	聚氯乙烯
SE	对称射频电缆	W	稳定聚乙烯	Y	聚乙烯
SJ	强力射频电缆	F	氟塑料	F	氟塑料
SG	高压射频电缆	X	橡胶	M	棉纱
SZ	延迟射频电缆	I	聚乙烯空气绝缘	B	玻璃丝编织浸硅
ST	特性射频电缆	D	稳定聚乙烯空气绝缘	H	橡胶
SS	电视电缆	K	藕芯	—	—

（2）双绞电缆

双绞线按其电气特性的不同进行分级或分类。根据美国电子工业协会/电信工业协会（EIA/TIA）的规定，各类双绞线和双绞电缆的应用范围如表 1-2-17 所示。

双绞线、双绞电缆的分类和应用范围 表 1-2-17

分类	描述性名称	技术参数	应用范围
3 类线	ANSI/EIA/TIA-568A 和 ISO 3 类/B 级标准中专用于 10BASE-T 以太网的非屏蔽双绞线电缆	传输频率为 16MHz，传输速率可达 10Mb/s	专用于 10BASE-T 以太网络
4 类线	ANSI/EIA/TIA-568A 和 ISO 4 类/C 级标准中用于令牌环网络的非屏蔽双绞线电缆	传输频率为 20MHz，传输速率达 16Mb/s	主要用于基于令牌的局域网和基于 10BASE-T/100BASE-T 标准的以太网
5 类线	ANSI/EIA/TIA-568A 和 ISO 5 类/D 级标准中用于运行 CDDI（CDDI 是基于双绞铜线的 FDDI 网络）和快速以太网的非屏蔽双绞线电缆	传输频率为 100MHz，传输速率达 100Mb/s	
6 类线	ANSI/EIA/TIA-568B.2 和 ISO 6 类/E 级标准中规定的一种非屏蔽双绞线电缆	传输频率可达 200～250MHz，是超 5 类线带宽的 2 倍，最大速率可达到 1000Mb/s，满足千兆位以太网需求	主要应用于百兆位快速以太网和千兆位以太网中
超 6 类线	6 类线的改进版，同样是 ANSI/EIA/TIA-568B.2 和 ISO 6 类/E 级标准中规定的一种非屏蔽双绞线电缆	传输频率方面与 6 类线一样，也是 200～250MHz，最大传输速率也可达到 1000Mb/s，只是在串扰、衰减和信噪比等方面有较大改善	主要应用于千兆位网络中

（3）光缆

光缆的组成部分是光导纤维（细如头发的玻璃丝）、塑料保护套管及塑料外皮等。光缆外包有护套，有的还包覆外护层，用以实现光信号传输的一种通信线路。按光在光纤中的传输模式可分为多模光纤和单模光纤。

光缆传输信号的优点是传输损耗小、频带宽、传输容量大、频率特性好、抗干扰能力强、安全可靠等，是信号传输技术手段的发展方向。光缆型号和含义如表 1-2-18 所示。

光缆型号及含义 表 1-2-18

光缆型号构成		代号	含义
分类		GY	通信用室（野）外光缆
		GM	通信用移动式光缆
		GJ	通信用室（局）内光缆
		GS	通信用设备内光缆
		GH	通信用海底光缆
		GT	通信用特殊光缆
光纤	芯数		直接由阿拉伯数字写出
	类别	A	多模光纤（因模间色散的原因不能进行长距离光传输，几乎被淘汰）
		B	单模光纤
		B1.1	非色散位移型光纤
		B1.2	截止波长位移型光纤
		B2	色散位移型光纤
		B4	非零色散位移型光纤

第3节 安装工程主要施工的基本程序、工艺流程及施工方法

1.3.1 电气照明及动力设备工程

1. 建筑电气系统组成

建筑电气系统主要由 4 个部分组成：变配电系统、动力系统、照明系统、防雷接地系统。

（1）变配电系统

1）变配电系统的基本概念

变配电系统是电力系统的一个组成部分。电力系统是由发电厂、电力网和电能用户组成的一个发电、输电、变配电和用电的整体。如图 1-3-1 所示是电力系统的组成示意图。

2）变配电所的类别

变配电所是供配电系统的中枢，它是进行变换电压和分配电能的场所。

① 按在供配电系统中的地位和作用以及装设位置，变配电所可分为总降压变电所、

车间变电所、独立变电所、杆上变电所、建筑物及高层建筑物变电所。

② 变配电系统根据电压高低分为高压配电系统和低压配电系统。

低压配电系统由配电装置（配电盘）及配电线路组成。根据对供电可靠性的要求、变压器的容量及分布、地理环境等情况，配电方式有放射式、树干式及环形式三种。

低压配电系统的电压等级一般为 380/220V 中性点直接接地系统，低压配电系统的基本接线方式主要有：放射式、树干式、链式。如图 1-3-2 所示为放射式配电系统。如图 1-3-3 所示为树干式配电系统。

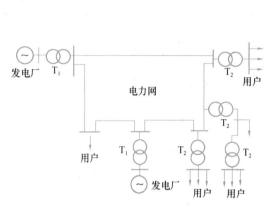

图 1-3-1　电力系统的组成示意图

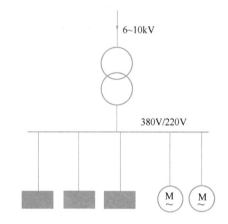

图 1-3-2　放射式配电系统

如图 1-3-4 所示为链式配电系统。

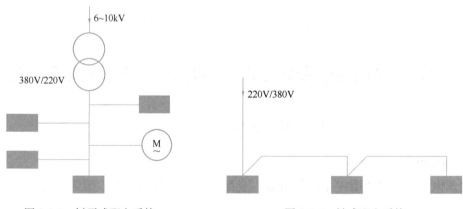

图 1-3-3　树干式配电系统　　　　图 1-3-4　链式配电系统

实际上，大多数低压配电系统是放射式、树干式、链式或这几种基本接线的组合形式。如图 1-3-5 所示是某住宅小区竖向配电系统，该系统就是放射式、树干式组合接线形式。

（2）动力系统

建筑物内有很多动力设备，如水泵、锅炉、空气调节设备、送风和排风机、电梯、试验装置等。这些设备及其供电线路、控制电器、保护继电器等，组成动力设备系统。如图 1-3-6 所示为某二类建筑水泵动力配电系统。

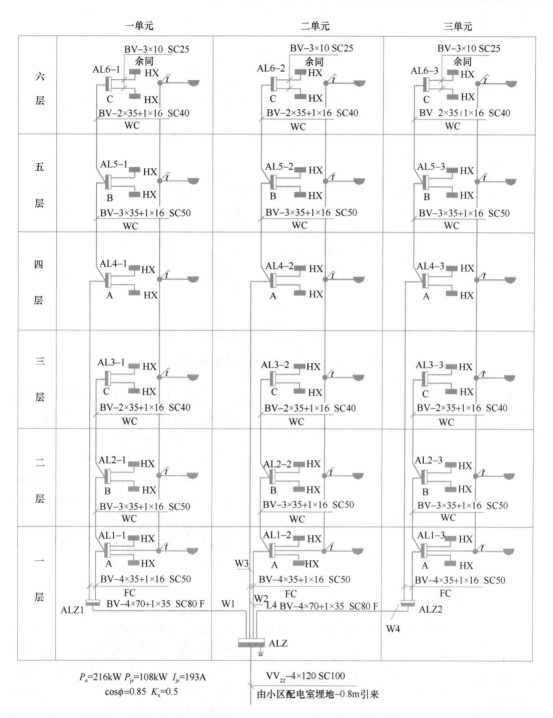

图 1-3-5　某住宅小区竖向配电系统

（3）照明系统

照明系统包括电光源、灯具和照明线路。如图 1-3-7 所示是某办公室的照明系统。

照明按照用途可分为：一般照明，如住宅楼户内照明；装饰照明，如酒店、宾馆大厅照明；局部照明，如卫生间镜前灯照明和楼梯间照明以及事故照明。

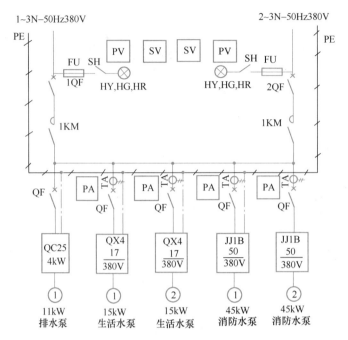

图 1-3-6 某二类建筑水泵动力配电系统

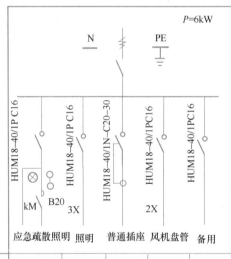

编号	N1	N2~N5	N6	N7,N8	N9
进线回路开关	HUM18~40/3P C25				
配电箱编号	AL32				
尺寸	宽×高×厚:500×600×200				
数量	1 底距地1.5m暗装				

图 1-3-7 某办公室的照明系统

室内照明配电线路一般组成：进户线、照明配电箱、干线、支线。

（4）防雷接地系统

1）建筑物的防雷分级

建筑物根据其重要性、使用性质、发生雷电事故的可能性和后果，按防雷要求分为三级，即一级防雷的建筑物、二级防雷的建筑物和三级防雷的建筑物。

2）接地的分类及作用

电气设备或其他设置的某一部位，通过金属导体与大地的良好接触称为接地。接地按其接地的主要目的可以分为防雷接地、工作接地、保护接地、防静电接地、保护接零、重复接地等接地种类。如图 1-3-8 所示是工作接地、保护接地、重复接地的示意图。

3）等电位联结的种类

等电位联结分为三类：总等电位联结、辅助等电位联结、局部等电位

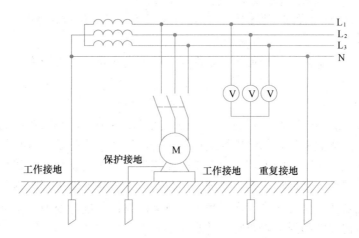

图 1-3-8　工作接地、保护接地、重复接地示意图

联结。

　　如图 1-3-9 显示了在建筑物中将各个要保护的设备连接到接地母排上形成总等电位联结的示意图。

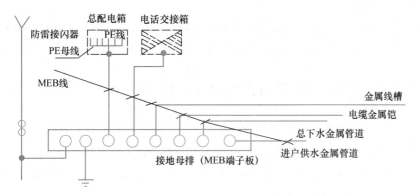

图 1-3-9　总等电位联结示意图

2. 建筑电气工程安装

（1）一般施工程序

电气施工程序大致可分为准备阶段、施工阶段、收尾调试阶段。

1）准备阶段

　　① 熟悉和审查电气工程图纸文件，了解与电气工程有关的土建情况，进行图纸会审确定施工方案，制定电气安装进度计划，编制施工预算等。

　　② 熟悉施工图。对施工图的施工说明、电气平面图、配电系统图、电气原理图、接线图等进行熟悉学习。

　　③ 施工前一般先组成管理机构，并根据电气安装项目配置人员，向施工人员进行技术交底，使施工人员了解工程内容、施工方案、施工方法和安全施工的条例、措施等。必要时组织技术培训。

　　④ 应按设计或工程预算提供的材料进行备料，准备施工设备和机具等。施工前应检查落实设备、材料等物资的准备情况。

⑤ 根据工程平面布置图，提供设备、材料及工具的存放仓库或地点，落实加工场所。

2）施工阶段

当施工准备工作已完成、具备施工条件后，就可进入安装工程的施工阶段。施工阶段需要做好以下工作：

① 做好预埋工作

预埋工作的特点是时间性强，须与土建施工交叉配合进行，并应密切配合主体工程的施工进度。隐蔽工程的施工，如电气埋地保护管等，须在土建铺设地坪时预先敷设好；一些固定支撑的预埋，如固定配电箱、避雷带的支座等，须在土建砌墙时同时埋设。预埋工作相当重要，如漏敷、漏埋或错敷、错埋，不仅会给安装带来困难，影响工程的进度和质量，有时还会使安装工程无法进行而不得不重新修改设计。进行预埋工作时，应注意不要破坏建筑物的结构强度和损坏建筑物的外观。

② 电气线路和设备的敷设

电气线路和设备的敷设是按照电气设备的安装方法和电气管线的敷设方法进行安装施工的，它包括定位划线、配件加工及安装、管线的敷设、电器的安装、电气系统的连接及接地方式的连接等。

3）收尾调试阶段

当各电气项目施工完成后，要进行系统的检查和调试，如线路、开关、用电设备相互连接的情况；检查线路的绝缘和保护整定情况；动力装置的空载调试等，发现问题应及时进行整改。

进行施工资料的整理和竣工图的绘制，准备竣工验收工作。

（2）施工技术要求

1）变压器的安装要求

① 变压器安装之前的检查。检查变压器的混凝土基础轨距是否与变压器的轨距相一致。

② 变压器器身检查。变压器到达现场后应进行器身检查，器身检查可以吊罩或吊器身，或者不吊罩直接进入油箱内检查。

③ 变压器干燥。安装变压器是否需要进行干燥，应根据施工及验收规范的要求进行综合分析判断后确定。

④ 变压器安装。变压器安装分室外、柱上、室内三种场所的安装。

室外安装：变压器、电压互感器、电流互感器、避雷器、隔离开关、断路器一般都装在室外。

柱上安装：变压器安装高度应离地面 2.5m 以上，台架采用槽钢制作，变压器外壳、中性点和避雷器三者合用一组接地引下线接地装置。接地极根数和土壤的电阻率有关，每组一般 2～3 根。要求变压器台架及所有金属构件均做防腐处理。

室内安装：安装在变压器混凝土基础上时，基础上的构件和预埋件由土建施工用扁钢与钢筋焊接，这种安装方式适合于小容量变压器的安装。变压器安装在双层空心楼板上，这种结构使变压器室内空气流通，有助于变压器散热。变压器安装时要求变压器中性点、外壳及金属支架必须可靠接地。

2）照明灯具的安装要求

照明灯具按安装方式可分为吊灯、吸顶灯、荧光灯、壁灯、嵌入式灯具等。

照明灯具应在安装前先进行位置的确定,再根据不同安装方式的要求进行安装。如将吊灯安装在混凝土顶棚上时,要事先预埋铁件或置放穿透螺栓,还可以用胀管螺栓紧固。小型吊灯在吊棚上安装时,必须在吊棚主龙骨上装设灯具紧固装置。

(3) 电气线路工程安装

1) 配管配线

配管配线分为明配和暗配两种。导线沿墙壁、天花板、梁、柱等明敷,称为明配线;导线在顶棚内,用瓷夹或瓷瓶配线,称为暗配线。明配管是指将管子固定在墙壁、天花板、梁、柱、钢结构、支架上;暗配管是指配合土建施工,将管子预埋在墙壁、楼板或顶板内。

根据线路用途和用电安全的要求,配线工程常用的敷设方式有瓷夹配线、塑料夹配线、瓷珠配线、瓷瓶配线、针式绝缘子配线、塑料槽板配线等管内穿线。配管工程分为沿砖或混凝土结构明配、沿砖或混凝土结构暗配、钢结构支架配管、钢索配管等。

2) 电缆安装

电缆敷设可采用直接埋地敷设、穿导管敷设、顶管敷设、在电缆沟内敷设(又分无支架和有支架敷设)。

电缆在室内敷设可采用穿导管敷设、桥架敷设、在电缆竖井内敷设、电缆沿支架敷设、电缆沿墙吊挂敷设和卡设、电缆沿柱卡设、电缆沿钢索卡设、电缆在电缆沟内敷设。

在三相四线制系统,必须采用四芯电力电缆,不应采用三芯电缆另加一根单芯电缆或以导线、电缆金属护套作中性线的方式。在三相系统中,不得将三芯电缆中的一芯接地运行。

电缆敷设时,在电缆终端头与电源接头附近均应留有备用长度,以便在故障时提供检修。直埋电缆尚应在全长上留少量裕度,并做波浪形敷设,以补偿运行时因热胀冷缩而引起的长度变化。

电缆各支持点的距离应按设计要求执行。

电缆的弯曲半径不应小于现行国家标准的规定。

电缆顶管敷设是指,当埋地电缆横过厂内马路或厂外公路,且不允许挖开马路或公路路面时,则应采用将钢管从马路的底部顶穿过去的方式。

3) 配电箱的安装

配电箱有动力配电箱与照明配电箱之分。

配电箱可采用落地安装,落地式配电箱可以直接安装在地面上,也可以安装在混凝土台上。安装时要预先埋设地脚螺栓,以固定配电箱。

配电箱有明装和暗装之分。配电箱明装时,可以直接安装在墙上,也可以安装在支架上或柱上。配电箱暗装时,一般将其嵌入在墙壁内。当墙壁的厚度不能满足嵌入式安装的需要时,可采用半嵌入式安装,使配电箱的箱体一半在墙面外,一半嵌入墙内。

配电箱的安装高度及安装位置,应根据图纸设计确定。一般情况下,暗装配电箱底边距地面的高度为 1.4~1.5m,明装配电箱的安装高度不应小于 1.8m。配电箱安装的垂直偏差不应大于 3mm,操作手柄距侧墙的距离不应小于 200mm。

配电箱内的母线应有黄(L1)、绿(L2)、红(L3)等分相标志,可用刷漆涂色或采用与分相标志颜色相应的绝缘导线。

4) 防雷装置的安装

防雷装置由接闪器、引下线和接地装置组成。

接闪器可采用避雷针、避雷带、避雷网和避雷线等。建筑物顶部的避雷针、避雷带等必须与顶部外露的其他金属物体连成一个整体的电气通路，且与避雷引下线连接可靠。避雷带应平正顺直，固定点支持件间距均匀、固定可靠。

引下线分为明敷设和暗敷设。引下线暗敷设时，一般利用建筑物本身的可导电的材料，如混凝土中钢筋作引下线。引下线暗敷设时，引下线必须在距地面 1.5~1.8m 处做断接卡子（一条引下线除外）。引下线明敷设时，一般采用专用的镀锌圆钢或扁钢，每隔一定间距设置固定卡子。

通过接地线、接地支线、接地干线将接地体联接起来，形成防雷接地装置。接地体可采用人工接地体或自然接地体。

5) 电气接地装置的安装

应合理选择电气接地装置的埋设地点。接地装置应埋在距建筑物或人行道 3m 以外的地方。若不能满足要求，应在埋设处铺设不小于 50mm 厚的沥青，以形成沥青地面。接地装置所在位置应不妨碍有关设备的拆装或检修。接地装置与防雷接地装置之间，要保持足够的距离，一般不小于 3m，以免发生雷击时，防雷装置向电气接地装置进行火花放电而引起火灾。

6) 接零线的安装

三相四线制 380V/220V 电源系统中的中性点必须接地良好，接地电阻不应大于 4Ω，而零线必须重复接地。否则若零线断开，则在零线回路上的接零设备中，只要有一台设备的外壳带电，就会造成全部接零设备的金属外壳上出现约等于相电压的对地电压，这是非常危险的。零线上不得安装熔断器和开关，以免零线回路断线时，零线上出现相电压而引起触电事故。

在同一低压电网中，不准一部分电气设备实行保护接地，另一部分实行保护接零。避免接地设备发生碰壳短路时，零线电位升高，而接触电压可达到相电压 220V，增加了触电的危险性。

对单相三孔插座，插座上接电源中性线的孔不得与接地线的串联，以免接零线路松脱或折断，可能造成设备金属外壳带电，或零线与相线接反，会使外壳带电。

(4) 电气调整试验

电气调整试验的目的是在电气安装工作基本完成且保证人身和设备安全的前提下，使电气装置的性能较好地满足设计和生产工艺要求。可以分以下步骤：准备工作与外观检查、单体调试、分系统调试和整体调试。

1) 电气调整的几个阶段

准备工作与外观检查：技术理论准备与施工图准备。编写调试方案。检查设备及其元件的型号、规格应符合设计要求，其外观完整无缺损。设备及其元件的质量和安装质量应符合安装质量要求。

单体调试：指电气设备及元件的本体试验和调校。如变压器、电机、开关装置、继电器、仪表、电缆、绝缘子等元件的本体绝缘、耐压和特性等试验和调校。

分系统调试：指可以独立运行的一个小电气系统的调试。如一台变压器的分系统调试，包括该系统中的一次开关装置、变压器和二次开关装置等主回路调试以及它的控制保护回路的系统调试。

整体调试：指成套电气设备的整套启动调试。如一套发电机组的电气整体调试；1 个变电所的整体调试；一套轧钢电机的整体调试或一条送电线路的整体调试等。

2）电气设备试验

① 绝缘电阻的测试。通常用 100V、250V、500V、1000V、2500V 和 5000V 等兆欧表之一进行绝缘电阻的测试，绝缘电阻值的大小能有效地反映绝缘的整体受潮、污秽以及严重过热老化等缺陷。

② 泄漏电流的测试。测量设备的泄漏电流和绝缘电阻本质上没有多大区别，但是泄漏电流的测量有如下特点：试验电压比兆欧表高，绝缘本身的缺陷容易暴露，能发现一些尚未贯通的集中性缺陷。通过测量泄漏电流和外加电压的关系有助于分析绝缘的缺陷类型。泄漏电流测量用的微安表要比兆欧表精度高。

③ 直流耐压试验。直流耐压试验电压较高，对发现某些绝缘局部缺陷具有特殊的作用，可与泄漏电流试验同时进行。直流耐压试验与交流耐压试验相比，具有试验设备轻便、对绝缘损伤小和易于发现设备的局部缺陷等优点。

④ 交流耐压试验。能有效地发现较危险的集中性缺陷。它是鉴定电气设备绝缘强度最直接的方法，是保证设备绝缘水平、避免发生绝缘事故的重要手段。

⑤ 介质损耗因数测试。介质损耗因数是反映绝缘性能的基本指标之一。它是反映绝缘损耗的特征参数，可以很灵敏地发现电气设备绝缘整体受潮、劣化变质以及小体积设备贯通和未贯通的局部缺陷。

⑥ 电容比的测量。因变压器等其绝缘为纤维材料的线圈绕组很容易吸收水分，使介质常数增大，随之引起其电容增大，故用测量电容比法来检验纤维绝缘的受潮状态。

⑦ 三倍频及工频感应耐压试验。对变压器、电抗器等设备的主绝缘进行感应高电压耐压试验，以考核绕组间、匝间绝缘耐压能力。又因三次谐波的三相叠加等于三相三次波的代数和，其感应电压最高，对绝缘的破坏性也最大，故需作三倍频的感应耐压试验。

⑧ 冲击波试验。电气设备在运行中可能遇到雷电压及操作过程电压的冲击作用，故冲击波试验能检验电气设备承受雷电压和操作过电压的绝缘性能和保护性能。

⑨ 局部放电试验。由于绝缘材料本身的缺陷，在工作电压下形成局部放电是造成绝缘老化并发展到击穿的主要原因，检测局部放电程度，可为决定和采取预防措施提供依据。

⑩ 接地电阻测试。用接地电阻测试仪测试接地装置的接地电阻值。按设计要求，针式接地极的接地电阻应小于 4Ω；板式接地极的接地电阻不应大于 1Ω。如接地装置的接地电阻达不到上述标准，应加"降阻剂"或增加接地极的数量或更换接地极的位置后，再测试接地电阻，直到符合标准为止。

1.3.2　通风空调工程

通风与空调工程是建筑工程的一个分部工程，包括送、排风系统，防、排烟系统，除尘系统，空调系统，净化空调系统，制冷系统和空调水系统七个独立的子分部工程。

1. 通风与空调系统的分类及组成

按通风的范围可分为全面通风和局部通风。

按通风动力分为自然通风和使用机械动力进行有组织的机械通风。例如：热车间排除余热的全面通风，通常在建筑物上设有天窗与风帽，依靠风压使空气流动，是不消耗机械动力、经济的通风方式。

按空气处理设备、通风管道以及空气分配装置的组成可分为：集中进行空气处理、输送和分配的单风管、双风管、变风量等集中式空调系统；集中进行空气处理，房间末端再安装处理设备组成的半集中系统；各房间各自的整体式空调机组承担空气处理的分散系统。

完善的通风与空调系统由冷热源、空气处理设备、空气输送管网、室内空气分配装置调节控制设备。

2. 安装前的检验

通风与空调工程所使用的主要原材料、成品、半成品和设备的材质、规格及性能应符合设计文件和国家现行标准的规定，不得采用国家明令禁止使用或淘汰的材料与设备。

通风与空调工程采用的新技术、新工艺、新材料与新设备，均应有通过专项技术鉴定验收合格的证明文件。

3. 施工准备工作

（1）制定工程施工的工艺文件和技术措施，按规范要求规定所需验证的工序交接点和相应的质量记录，以保证施工过程质量的可追溯性。

（2）根据施工现场的实际条件，综合考虑土建、装饰，其他各机电专业等对公用空间的要求。核对相关施工图，从满足使用功能和感观要求出发，进行管线空间管理、支架综合设置和系统优化路径的深化设计，以免在施工中造成不必要的材料浪费和返工损失。

（3）深化设计如有重大设计变更，应征得原设计人员的确认。

（4）与设备和阀部件的供应商及时沟通，确定接口形式、尺寸、风管与设备连接端部的做法。进口设备及连接件采购周期较长，必须提前了解其接口方式，以免影响工程进度。

（5）对进入施工现场的主要原材料、成品、半成品和设备进行验收。一般应由供货商、监理、施工单位的代表共同参加，验收必须得到监理工程师的认可，并形成文件。

（6）认真复核预留孔、洞的形状尺寸及位置，预埋支、吊件的位置和尺寸，以及梁柱的结构形式等。确定风管支、吊架的固定形式，配合土建工程进行留槽留洞，避免施工中过多的剔凿。

4. 施工流程及安装技术要求

（1）施工流程

施工前的准备→风管、部件、法兰的预制和组装→风管、部件、法兰的预制和组装的中间质量验收→支吊架制作安装→风管系统安装→通风空调设备安装→空调水系统管道安装→通风空调设备试运转、单机调试→风管，部件及空调设备绝热施工→通风与空调工程系统调试与工验收→通风与空调工程综合效能测定与调整。

（2）风管系统安装的技术要求

风管系统主要由输送空气的管道、阀部件、支吊架及连接件等组成。

风管按材质分：金属风管、非金属风管及复合材料风管。金属风管一般采用镀锌钢板、普通钢板、铝板、不锈钢板等材质；非金属风管采用玻璃钢、聚氯乙烯等非金属材料制成；复合风管采用不燃材料覆面与绝热材料内板复合而成，主要包括聚氨酯铝箔、酚醛铝箔、玻璃纤维复合板风管等。

风管系统安装包括风管及部件制作、风管及部件安装和风管系统强度及严密性试验。

1）风管系统制作的技术要求

通风与空调工程的风管及配件的制作属非标产品制作，加工前应按设计图纸和现场情况进行放样制图。目前，风管及配件制作普遍在施工现场采用单机加工成型，也有些在预制加工厂采用自动流水线生产制作。

风管及部件的板材厚度与材质应符合施工质量验收规范规定。非金属复合风管的覆面材料必须为不燃材料。风管系统的绝热材料应采用不燃或难燃材料，其材质、密度、规格与厚度应符合设计要求。

防排烟系统防火风管的板材厚度按高压系统的规定选用。风管的本体、框架连接固定材料与密封垫料、阀部件、保温材料以及柔性短管、消声器的制作材料，必须为不燃材料。风管的耐火等级应符合设计规定，其防火涂层的耐热温度应高于设计规定的耐热温度。

板材拼接按规定可采用咬接、铆接和焊接。

风管应根据断面尺寸，长度、板材厚度以及管内工作压力等级，按规范要求采取加固措施。

2）风管系统安装的主要技术要求

金属矩形风管连接宜采用角钢法兰、薄钢板法兰、C形或S形插条、立咬口等连接形式；金属圆形风管宜采用角钢法兰连接、芯管连接。除无机玻璃钢风管，其他非金属及复合材料风管穿过需密封的楼板或墙体时，应采用金属短管连接或外包金属套管安装；金属圆形柔性风管宜采用抱箍将风管与法兰紧固。风管系统安装的主要技术要求如下：

① 风管接口不得安装在墙内或楼板内，风管沿墙体或楼板安装时，距墙面不宜小于200mm；距楼板宜大于150mm。

② 安装在易燃、易爆环境或输送含有易燃、易爆气体的风管系统应设置可靠的防静电接地装置；输送含有易燃、易爆气体的风管系统应在通过生活区或其他辅助生产房间外部设置接口。

③ 风管穿过封闭的防火、防爆的墙体或楼板时，应设置钢制防护套管，防护套管厚度不小于1.6mm，风管与防护套管之间应采用不燃柔性材料封堵严密。穿墙套管与墙体两面平齐、穿楼板套管底端与楼板底面平齐，顶端应高出楼板面30mm。

④ 风管内不应有其他管线穿越。

⑤ 不应利用避雷针或避雷网作为室外风管系统拉索的金属固定件。

⑥ 输送空气温度高于80℃的风管应按设计规定采取安全可靠的防护措施。

⑦ 风管与建筑结构风道的连接接口，应顺气流方向插入，并应采取密封措施。

⑧ 风口、阀门、检查门及自控机构处不得设置支、吊架；不锈钢板、铝板风管与碳索钢支、吊架的接触处应采取防腐绝缘或隔绝措施。

⑨ 防排烟系统的柔性短管必须采用不燃材料。

⑩ 风管应根据设计及规范的要求，进行风管强度及严密性的测试。

（3）空调冷热源系统安装技术要求

空调制冷系统制冷机组的动力源，已经发展成为多种能源的新格局。空调制冷设备新能源，如燃油、燃气与蒸汽的安装，都具有较大的特殊性。空调制冷系统分部工程中制冷机组的本体安装，遵循现行《制冷设备、空气分离设备安装工程施工及验收规范》GB 50274 有关规定；太阳能空调安装遵循现行《民用建筑太阳能空调工程技术规范》GB 50787 的有关规定。燃油管道系统必须设置可靠的防静电接地装置。燃气系统管道与机组的连接不得使用非金属软管。当燃气供气管道压力大于 5kPa 时，焊缝无损检测应按设计要求执行；当设计无规定时，应对全部焊缝进行无损检测并合格。燃气管道吹扫和压力试验的介质应采用空气或氮气，严禁使用水。

（4）空调水系统的安装技术要求

空调水系统包括冷（热）水、冷却水、凝结水系统的管道及附件。镀锌钢管及带有防腐涂层的钢管不得采用焊接连接，应采用螺纹连接。当管径大于 DN100 时，可采用卡箍或法兰连接。空调用蒸汽管道工程施工质量的验收应符合现行国家标准《建筑给水排水及采暖工程施工质量验收规范》GB 50242 的有关规定。温度高于 100℃的热水系统应按国家有关压力管道工程施工的规定及相关技术文件执行。其他技术要求：

管道系统安装完毕，外观检查合格后，应按设计要求进行水压试验。当设计无要求时，应符合相关规定。

阀门安装应符合的技术要求：阀门安装前应进行外观检查，阀门的铭牌应符合现行国家标准《工业阀门　标志》GB/T 12220 的有关规定。工作压力大于 10MPa 及在主干管上起到切断作用和系统冷、热水运行转换调节功能的阀门和止回阀，应进行壳体强度和阀瓣密封性能的试验，且应试验合格。其他阀门可不单独进行试验。壳体强度试验压力应为常温条件下公称压力的 1.5 倍，持续时间不应少于 5min，阀门的壳体、填料应无渗漏。严密性试验压力应为公称压力的 1.1 倍，在试验持续的时间内应保持压力不变，阀门压力试验持续时间与允许泄漏量应符合表 1-3-1 的规定。

阀门压力试验持续时间与允许泄漏量　　　　　　　　　表 1-3-1

公称直径 DN（mm）	最短试验持续时间（s）	
	严密性试验（水）	
	止回阀	其他阀门
≤50	60	15
65～150	60	60
200～300	60	120
≥350	120	120
允许泄漏量	3 滴×(DN/25)/min	小于 DN65 为 0 滴，其他为 2 滴×(DN/25)/min

蓄能系统设备、地源热泵系统热交换器、水泵、冷却塔安装等均应符合设计文件及规范要求。

（5）通风与空调工程设备安装的技术要求

通风与空调工程设备安装包括通风机、空调机组、除尘器，整体式、组装式及单元式制冷设备（包括热泵），制冷附属设备以及冷（热）水、冷却水、凝结水系统的设备等，这些设备均属于通用设备，施工中应按现行国家标准《机械设备安装工程施工及验收通用规范》GB 50231 的规定执行。设备就位前应对其基础进行验收，合格后方能安装。设备的搬运和吊装必须符合产品说明书的有关规定，做好设备的保护工作，防止因搬运或吊装而造成设备损伤。

（6）风管、部件及空调设备防腐绝热工程施工要求

普通薄钢板在制作风管前，宜预涂防锈漆一遍，支、吊架的防腐处理应与风管或管道相一致，明装部分最后一遍色漆，宜在安装完毕后进行。风管、部件及空调设备绝热工程施工应在风管系统严密性试验合格后进行。空调水系统和制冷系统管道的绝热施工，应在管路系统强度与严密性检验合格和防腐处理结束后进行。其主要技术要求如下：

1）风管和管道防腐涂料的品种及涂层层数应符合其要求，涂料的底漆和面漆应配套。

2）风管和管道的绝热层、绝热防潮层和保护层，应采用不燃或难燃材料，材质、密度、规格与厚度应符合设计要求。

3）风管和管道的绝热材料进场时，应按现行国家标准《建筑节能工程施工质量验收标准》GB 50411。

4）洁净室（区）内的风管和管道的绝热层，不应采用易产尘的玻璃纤维和短纤维矿棉等材料。

（7）通风与空调系统调试

通风与空调工程安装完毕后应进行系统调试。系统调试应包括：设备单机试运转及调试。系统非设计满负荷条件下的联合试运转及调试。其主要技术要求如下：

1）通风机、空气处理机组中的风机，叶轮旋转方向应正确、运转应平稳、应无异常振动与声响，电机运行功率应符合设备技术文件要求。在额定转速下连续运转 2h 后，滑动轴承外壳最高温度不得大于 70℃，滚动轴承不得大于 80℃。

2）水泵叶轮旋转方向应正确，应无异常振动和声响，紧固连接部位应无松动，电机运行功率应符合设备技术文件要求。水泵连续运转 2h 滑动轴承外壳最高温度不得超过 70℃，滚动轴承不得超过 75℃。

3）冷却塔风机与冷却水系统循环试运行不应小于 2h，运行应无异常。冷却塔本体应稳固、无异常振动。冷却塔中风机的试运转尚应符合本条第 1 款的规定。

4）制冷机组的试运转应符合设备技术文件和现行国家标准《制冷设备、空气分离设备安装工程施工及验收规范》GB 50274 及《通风与空调工程施工质量验收规范》GB 50243 的规定。

5）空调制冷系统、空调水系统与空调风系统的非设计满负荷条件下的联合试运转及调试，正常运转不应少于 8h，除尘系统不应少于 2h。

（8）通风与空调工程综合效能的测定与调整

1）通风与空调工程交工前，在已具备生产试运行的条件下，由建设单位负责组织、设计，施工单位配合，进行系统生产负荷的综合效能试验的测定与调整，使其达到室内环境的要求。

2）调整综合数能测试参数要充分考虑生产设备和产品对环境条件要求的极限值以免对设备和产品造成不必要的损害。调整时首先要保证对温湿度、洁净度等参数要求较高的房间随时做好监测。调整结束还要重新进行一次全面测试，所有参数应满足生产工艺

要求。

3）防排烟系统与火灾自动报警系统联合试运行及调试后，控制功能应正常，信号应正确，风量、正压必须符合设计与消防规范的规定。

1.3.3 消 防 工 程

1. 室内消防给水系统的分类及组成

建筑物发生火灾，根据建筑物性质、功能及燃烧物类型，可通过水、泡沫、干粉、气体等作为灭火剂扑灭火事。建筑消防灭火设施常见的系统有：消火栓灭火系统、自动喷水灭火系统、消防炮灭火系统、水喷雾灭火系统、细水雾灭火系统、泡沫灭火系统、洁净气体灭火系统、干粉灭火系统等。

2. 室内消防系统安装前的检验

（1）全数查验资料

主要设备、系统组件、管材管件及其他设备、材料，应符合国家现行相关产品标准的规定，并应具有出厂合格证或质量认证书。

消防水泵、消火栓、消防水带、消防水枪、消防软管卷盘或轻便水龙、喷头、报警阀组、电动（磁）阀、压力开关、流量开关、消防水泵接合器、沟槽连接件等系统主要设备和组件，应经国家消防产品质量监督检验中心检测合格。

组合式消防水池、稳压泵、气压水罐、屋顶消防水箱、地下水取水和地表水取水设施、自动排气阀、信号阀、止回阀、安全阀、减压阀、倒流防止器、蝶阀、闸阀、流量计、压力表、水位计等，应经相应国家产品质量监督检验中心检测合格。

（2）现场检验

管材、管件应全数在现场进行外观检查，其他管道组件均应进行现场外观检查，查验是否符合设计及现行规范要求；此外，闭式喷头除外观检查外还应进行密封性能试验，以无渗漏、无损伤为合格。试验数量应从每批中抽查1%，并不得少于5只，试验压力应为3.0MPa，保压时间不得少于3min。当两只及两只以上不合格时，不得使用该批喷头。当仅有一只不合格时，应再抽查2%，并不得少于10只，并重新进行密封性能试验；当仍有不合格时，亦不得使用该批喷头。报警阀除应进行渗漏试验。试验压力应为额定工作压力的2倍，保压时间不应小于5min，阀瓣处应无渗漏。

3. 施工条件

系统施工前应具备下列条件：

（1）施工图应经国家相关机构审查审核批准或备案后再施工。

（2）平面图、系统图（展开系统原理图）、详图等图纸及说明书、设备表、材料表等技术文件应齐全。

（3）设计单位应向施工、建设、监理单位进行技术交底。

（4）系统主要设备、组件、管材管件及其他设备、材料，应能保证正常施工。

（5）施工现场及施工中使用的水、电、气应满足施工要求。

4. 消防系统施工工艺流程

消防工程施工工艺基本流程如图1-3-10所示。

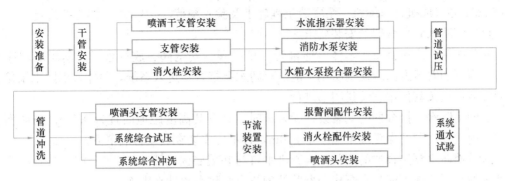

图 1-3-10　消防工程施工工艺基本流程

5. 消防工程安装技术要求

（1）供水设施安装的技术要求

1）消防水泵的安装应符合现行国家标准《机械设备安装工程施工及验收通用规范》GB 50231、《风机、压缩机、泵安装工程施工及验收规范》GB 50275 的有关规定。

2）吸水管及其附件的安装应符合下列要求：吸水管上宜设过滤器，并应安装在控制阀后；吸水管上的控制阀应在消防水泵固定于基础上之后再进行安装，其直径不应小于消防水泵吸水口直径，且不应采用没有可靠锁定装置的蝶阀，蝶阀应采用沟槽式或法兰式蝶阀。

3）当消防水泵和消防水池位于独立的两个基础上且相互为刚性连接时，吸水管上应加设柔性连接管。

4）吸水管水平管段上不应有气囊和漏气现象。变径连接时，应采用偏心异径管件并应采用管顶平接。

5）消防水泵的出水管上应安装止回阀、控制阀和压力表，或安装控制阀、多功能水泵控制阀和压力表；系统的总出水管上还应安装压力表；安装压力表时应加设缓冲装置。缓冲装置的前面应安装旋塞；压力表量程应为工作压力的 2.0～2.5 倍。止回阀或多功能水泵控制阀的安装方向应与水流方向一致。

6）在水泵出水管上，应安装由控制阀、检测供水压力、流量用的仪表及排水管道组成的系统流量压力检测装置或预留可供连接流量压力检测装置的接口，其通水能力应与系统供水能力一致。

7）消防水池、高位消防水箱的施工和安装，应符合现行国家标准《给水排水构筑物工程施工及验收规范》GB 50141、《建筑给水排水及采暖工程施工质量验收规范》GB 50242 的有关规定。

8）钢筋混凝土消防水池或消防水箱的进水管、出水管应加设防水套管，对有振动的管道应加设柔性接头。组合式消防水池或消防水箱的进水管、出水管接头宜采用法兰连接，采用其他连接时应做防锈处理。

9）消防气压给水设备安装位置、进水管及出水管方向应符合设计要求；出水管上应设止回阀，安装时其四周应设检修通道，其宽度不宜小于 0.7m，消防气压给水设备顶部至楼板或梁底的距离不宜小于 0.6m。

10）稳压泵的安装应符合现行国家标准《机械设备安装工程施工及验收通用规范》

GB 50231 和《风机、压缩机、泵安装工程施工及验收规范》GB 50275 的有关规定。

11）消防水泵接合器的安装要求

安装顺序：应按接口、本体、连接管、止回阀、安全阀、放空管、控制阀的顺序进行，止回阀的安装方向应使消防用水能从消防水泵接合器进入系统，整体式消防水泵接合器的安装，应按其使用安装说明书进行。

墙壁消防水泵接合器的安装设计无要求时，其安装高度距地面宜为 0.7m；与墙面上的门、窗、孔、洞的净距离不应小于 2.0m，且不应安装在玻璃幕墙下方。

地下消防水泵接合器的安装，应使进水口与井盖底面的距离不大于 0.4m，且不应小于井盖的半径；地下消防水泵接合器井的砌筑应有防水和排水措施。

水泵接合器处应设置永久性标志铭牌，并应标明供水系统、供水范围和额定压力。

（2）管网的安装技术要求

1）管网安装前应校直管道，并清除管道内部的杂物；在具有腐蚀性的场所，安装前应按设计要求对管道、管件等进行防腐处理；安装时应随时清除管道内部的杂物。

2）不同管材接口形式要求：

① 镀锌钢管、涂覆钢管安装应采用螺纹、沟槽式或法兰连接。

② 薄壁不锈钢管安装应采用环压、卡凸式、卡压、沟槽式、法兰等连接。

③ 铜管安装应采用钎焊、卡套、卡压、沟槽式等连接。

④ 氯化聚氯乙烯（PVC-C）管材与氯化聚氯乙烯（PVC-C）管件的连接应采用承插式粘接连接。

⑤ 氯化聚氯乙烯（PVC-C）管材与法兰式管道、阀门及管件的连接，应采用氯化聚氯乙烯（PVC-C）法兰与其他材质法兰对接连接；氯化聚氯乙烯（PVC-C）管材与螺纹式管道、阀门及管件的连接应采用内丝接头的注塑管件螺纹连接；氯化聚氯乙烯（PVC-C）管材与沟槽式（卡箍）管道、阀门及管件的连接，应采用沟槽（卡箍）注塑管件连接。

⑥ 系统中直径等于或大于 100mm 的管道，应分段采用法兰或沟槽式连接件（卡箍）连接。

3）管道安装应符合设计要求，管道中心与梁、柱、顶棚的最小距离应符合规范要求。

4）管道支架、吊架、防晃支架的安装应符合规范要求。

① 在距离各管件或阀门 100mm 以内应采用管卡牢固固定，特别在干管变支管处。

② 阀门等组件应加设承重支架。

③ 管道支架、吊架与喷头之间的距离不宜小于 300mm；与末端喷头之间的距离不宜大于 750mm。

④ 配水支管上每一直管段、相邻两喷头之间的管段设置的吊架均不宜少于 1 个，吊架的间距不宜大于 3.6m。

⑤ 当管道的公称直径等于或大于 50mm 时，每段配水干管或配水管设置防晃支架不应少于 1 个，且防晃支架的间距不宜大于 15m；当管道改变方向时，应增设防晃支架。

⑥ 铜管、不锈钢管、氯化聚氯乙烯（PVC-C）管应采用配套的支架、吊架。

5）水平管道应有 0.002～0.005m 坡度，坡向泄水点。

6）喷淋配水干管、配水管应做红色或红色环圈标志。红色环圈标志，宽度不应小于

20mm，间隔不宜大于 4m，在一个独立的单元内环圈不宜少于 2 处。

（3）消防组件的安装技术要求

1）消火栓的安装要求

采用暗装或半暗装时应预留孔洞。安装操作时，必须取下箱内的消防水龙带和水枪等部件。不允许用钢钎撬、锤子敲的办法将箱硬塞入预留孔内。

水龙带与水枪和快速接头绑扎好后，应根据箱内构造将水龙带挂放在箱内的挂钉、托盘或支架上。

消火栓栓口应朝外，并不应安装在门轴侧，栓口应与安装墙面垂直，栓口中心距安装地面的高度为 1.1m。

消火栓箱应设在不会冻结处，如有可能冻结，应采取相应的防冻、防寒措施。

2）报警阀组的安装

报警阀组的安装应在供水管网试压、冲洗合格后进行。安装时应先安装水源控制阀、报警阀，然后进行报警阀辅助管道的连接。水源控制阀、报警阀与配水干管的连接，应使水流方向一致。

报警阀组安装的位置应符合设计要求；当设计无要求时，报警阀组应安装在便于操作的明显位置，距室内地面高度宜为 1.2m；两侧与墙的距离不应小于 0.5m；正面与墙的距离不应小于 1.2m；报警阀组凸出部位之间的距离不应小于 0.5m。安装报警阀组的室内地面应有排水设施，排水能力应满足报警阀调试、验收和利用试水阀门泄空系统管道的要求。

干式报警阀组应安装在不发生冰冻的场所；安装完成后，应向报警阀气室注入高度为 50～100mm 的清水；充气连接管接口应在报警阀气室充注水位以上部位，且充气连接管的直径不应小于 15mm；止回阀、截止阀应安装在充气连接管上。安全排气阀应安装在气源与报警阀之间，且应靠近报警阀。加速器应安装在靠近报警阀的位置，且应有防止水进入加速器的措施。低气压预报警装置应安装在配水干管一侧。报警阀充水一侧和充气一侧、空气压缩机的气泵和储气罐上及加速器上应安装压力表。

雨淋阀组可采用电动开启、传动管开启或手动开启，开启控制装置的安装应安全可靠。水传动管的安装应符合湿式系统有关要求。

预作用系统雨淋阀组后的管道若需充气，其安装应按干式报警阀组有关要求进行。

3）喷头安装的技术要求

① 喷头安装必须在系统试压、冲洗合格后进行。

② 喷头安装时，不应对喷头进行拆装、改动，并严禁给喷头、隐蔽式喷头的装饰盖板附加任何装饰性涂层。

③ 喷头安装应使用专用扳手，严禁利用喷头的框架施拧；喷头的框架、溅水盘产生变形或释放原件损伤时，应采用规格、型号相同的喷头更换。

④ 安装在易受机械损伤处的喷头，应加设喷头防护罩。

⑤ 喷头安装时，溅水盘与吊顶、门、窗、洞口或障碍物的距离应符合设计要求。

⑥ 安装前检查喷头的型号、规格、使用场所应符合设计要求。

⑦ 系统采用隐蔽式喷头时，配水支管的标高和吊顶的开口尺寸应准确控制。

⑧ 水流指示器的安装同一隔间内采用热敏性能、规格及安装方式一致的喷头应在管

道试压和冲洗合格后进行，水流指示器的规格、型号应符合设计要求。

4）控制阀的规格、型号和安装位置

应符合设计要求；安装方向应正确，控制阀内应清洁、无堵塞、无渗漏；主要控制阀应加设启闭标志；隐蔽处的控制阀应在明显处设有指示其位置的标志。

5）压力开关

应竖直安装在通往水力警铃的管道上，且不应在安装中拆装改动。管网上的压力控制装置的安装应符合设计要求。

6）水力警铃

应安装在公共通道或值班室附近的外墙上，且应安装检修、测试用的阀门。水力警铃和报警阀的连接应采用热镀锌钢管，当镀锌钢管的公称直径为20mm时，其长度不宜大于20m；安装后的水力警铃启动时，警铃声强度应不小于70dB。

7）末端试水装置和试水阀的安装位置

应便于检查、试验，并应有相应排水能力的排水设施。

8）信号阀

应安装在水流指示器前的管道上，与水流指示器之间的距离不宜小于300mm。

9）排气阀的安装

应在系统管网试压和冲洗合格后进行；排气阀应安装在配水干管顶部、配水管的末端，且应确保无渗漏。

10）减压阀安装

应在供水管网试压、冲洗合格后进行。比例式减压阀宜垂直安装；当水平安装时，单呼吸孔减压阀其孔口应向下，双呼吸孔减压阀其孔口应呈水平位置。

11）多功能水泵控制阀的安装

水流方向应与供水管网水流方向一致。宜水平安装，且阀盖向上。

12）倒流防止器的安装

应在管道冲洗合格以后进行。不应在倒流防止器的进口前安装过滤器或者使用带过滤器的倒流防止器。宜安装在水平位置，当竖直安装时，排水口应配备专用弯头。倒流防止器宜安装在便于调试和维护的位置。倒流防止器上的泄水阀不宜反向安装，泄水阀应采取间接排水方式，其排水管不应直接与排水管（沟）连接。

（4）水压试验及冲洗

消防管网安装完毕后，应对其进行强度试验、冲洗和严密性试验。强度试验和严密性试验宜用水进行。干式消火栓系统或干式自动喷水灭火系统应做水压试验和气压试验。试验压力应满足压力管道水压强度试验的试验压力要求。消防给水系统的水源干管、进户管和室内埋地管道应在回填前单独或与系统同时进行水压强度试验和水压严密性试验。

水压强度试验的测试点应设在系统管网的最低点。对管网注水时，应将管网内的空气排净，并应缓慢升压，达到试验压力后，稳压30min后，管网应无泄漏、无变形，且压力降不应大于0.05MPa。

管网冲洗应在试压合格后分段进行。水平管网冲洗时，其排水管位置应低于配水支管。管网冲洗的水流方向应与灭火时管网的水流方向一致。冲洗顺序应先室外，后室内；先地下，后地上；室内部分的冲洗应按供水干管、水平管和立管的顺序进行。管网冲洗的水流流速、流量不应小于系统设计的水流流速、流量；管网的地上管道与地下管道连接前，应在管道连接处加设堵头后，对地下管道进行冲洗。

水压严密性试验应在水压强度试验和管网冲洗合格后进行。试验压力应为系统工作压力，稳压 24h，应无泄漏。

气压严密性试验的介质宜采用空气或氮气，试验压力应为 0.28MPa，且稳压 24h，压力降不应大于 0.01MPa。

（5）系统调试

系统调试应在系统施工完成后并具备规范规定的条件下进行。消防给水及消火栓系统调试应包括下列内容：水源调试和测试；消防水泵调试；稳压泵或稳压设施调试；减压阀调试；消火栓调试；自动控制探测器调试；干式消火栓系统的报警阀等快速启闭装置调试，并应包含报警阀的附件电动或电磁阀等阀门的调试；排水设施调试；联锁控制试验。自动喷水灭火系统调试的内容：水源测试、消防水泵测试、稳压泵试验、报警阀组调试、排水装置调试、联动试验。

1.3.4 给水排水、采暖工程及燃气工程

给水排水、采暖及燃气工程均为建筑工程的（子）分部工程，均由管道、附件及设备构成，安装程序及工艺方法相似。但因系统功能不同，具体器具、设备、施工依据有所不同。给水排水工程、采暖工程安装遵循《建筑给水排水及采暖工程施工质量验收规范》GB 50242—2002 及相关技术标准的施工要求，燃气工程安装遵循《城镇燃气室内工程施工与质量验收规范》CJJ 94—2009 及相关技术标准的相关规定。

1. 系统分类及组成

建筑给水系统根据供水用途不同，可分为以下三类基本系统：生活给水系统、生产给水系统、消防给水系统。生活给水系统按具体用途又分为：生活饮用水系统、管道直饮水系统、生活杂用水系统。建筑给水系统的组成：引入管（进户管）、水表节点、给水管道、给水附件（控制附件和配水附件）、升压和贮水设备、室内消防设备等。

建筑排水系统按照污水的类别分为：生活排水系统、生产排水系统、屋面雨水系统；按照排水收集的方式分为：分流制排水系统、合流制排水系统。建筑排水系统的组成：卫生器具、排水管道、通气管道、清通装置、污水局部提升装置等、污水局部处理装置等。

建筑采暖系统按照按作用范围分：局部供暖系统、集中供暖系统、区域供暖系统。集中供暖系统由热源、散热器、供热管网及回水管网组成。

燃气分类：人工煤气、液化石油气、天然气。室内燃气系统由燃气用具、燃气管道、燃气表、阀门等组成。

2. 管道系统安装施工条件

（1）施工图纸及有关技术文件应齐备；

（2）施工方案应经过批准；

（3）管道组成件和工具应齐备，且能保证正常施工；

（4）管道安装前的土建工程，应能满足管道施工安装的要求；

（5）应对施工现场进行清理，清除垃圾、杂物。

3. 安装准备工作

(1) 图纸会审：图纸是施工的依据，审图主要是找出图纸上的错误和不明确部分，在现场施工中无法实现或者很难实现的以及与现场实际情况不符的问题。修改设计应有设计单位出具的设计变更通知单。

(2) 编制施工方案：施工前由技术员编制施工方案，并进行技术、质量、安全交底，提出备料计划。

(3) 预留预埋：根据土建施工进度完成系统所必须的预留预埋。管道穿越地下室或地下构筑物的外墙处预埋防水套管；穿楼板及墙体等预埋套管。预留预埋应符合规范或设计要求。

(4) 备料与检验：工程中所使用的主要材料、成品、半成品、配件、器具和设备必须具有质量合格证明文件，规格、型号及性能检测报告应符合国家技术标准或设计要求。主要器具和设备要有完整的安装使用说明书。

(5) 施工机具准备：管道及设备安装所需的机械设备及安装工具按施工方案要求准备。

(6) 人员准备：安装工人应有上岗证书。从事燃气钢质管道焊接的人员必须具有锅炉压力容器压力管道特种设备操作人员资格证书，且应在证书的有效期及合格范围内从事焊接工作。间断焊接时间超过六个月，再次上岗前应重新考试合格。从事燃气铜管钎焊焊接的人员应经专业技术培训合格，并持相关部门签发的特种作业人员上岗证书，方可上岗操作。从事燃气管道机械连接的安装人员应经专业技术培训合格，并持相关部门签发的上岗证书，方可上岗操作。

4. 施工工艺流程

给水系统：安装准备→预制加工→支架安装→干管安装→立管安装→支管安装及阀门安装→管道试压→防腐、保温→管道冲洗、消毒。

排水系统：安装准备→预制加工→支架安装→干管安装→立管安装→支管安装→封堵洞口→管道通水。

采暖系统：安装准备→预制加工→支架安装→干管安装→立管安装→散热器安装→支管安装→管道试压→冲洗→防腐、保温→调试。

燃气系统：安装准备→预制加工→支架安装→干管安装→立管安装→支管安装→气表安装→管道吹扫试压→防腐。

5. 安装技术要求

(1) 给水管道安装的技术要求

1) 给水引入管穿过建筑物基础时，应预留孔洞或预埋套管。管道穿地下构筑物时考虑防水措施。

2) 给水干管的坡度应不小于 0.003m，坡向室外，并在最低点设泄水阀或管堵。

3) 明装管道成排安装时，直线部分要平行；直线部分和弯曲部分要保持一定距离。冷、热水管平行敷设时，热水在上、冷水在下；热水在左、冷水在右。

4) 支架（包括托架、管卡、吊架）安装位置要准确，埋设平整牢固，与管子接触紧密，间距不应大于规范规定的最大间距。立管管卡安装必须符合规定：当层高小于或等于 5m 时，每层安装一个，安装高度为 1.5~1.8m；楼层高度大于 5m 时，每层不得少于

2 个。

5）套管设置：顶部高出装饰地面 20mm，卫生间设的套管时顶部高出装饰地面 50mm，下面与楼板底面平齐。

6）给水支管装有 3 个或 3 个以上的配水点的支管始端，均装可拆卸连接件。

7）阀门安装前，应做强度和严密性试验。试验应在每批（同牌号、同型号、同规格）数量中抽查 10%，且不少于一个。对于安装在主干管上起切断作用的闭路阀门，应逐个做强度和严密性试验。

8）水压试验及冲洗消毒

① 水压试验必须符合设计要求。未注明时，水压试验压力均为工作压力的 1.5 倍，但不小于 0.6MPa。金属及复合管给水管道系统在试验压力下观测 10min，压力降不大于 0.02MPa，然后降到工作压力进行检查，应不渗不漏。塑料管给水系统应在试验压力下稳压 1h，压力降不得超过 0.05MPa，然后在工作压力的 1.15 倍状态下稳压 2h，压力降不得超过 0.03MPa，同时检查各连接处不得渗漏。

② 给水系统交付使用前必须进行通水试验并做好记录。

③ 生活给水管道交付使用前必须进行消毒，并经有关部门验收、符合国家生活饮用水标准方可使用。

（2）水泵安装要求

给水设备包括升压设备及贮水设备。给水最常见的升压设备为离心泵。离心泵的管路附件如图 1-3-11 所示。图中离心泵为卧式泵，吸水管上设有真空表，出水管上设压力表、止回阀及闸板阀，若贮水池最低水位高于水泵吸水管，则吸水管路上应设阀门。

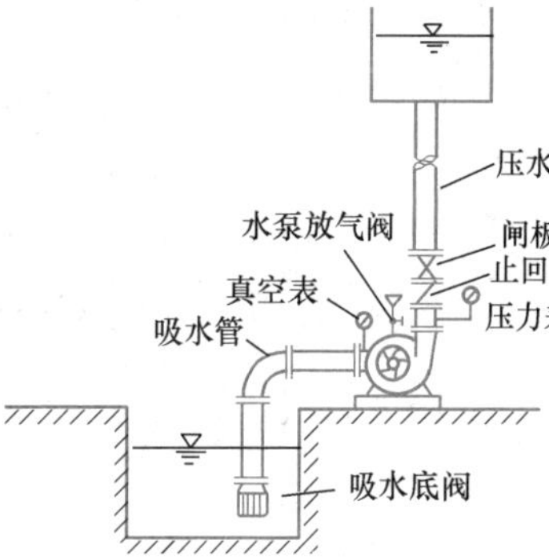

图 1-3-11　水泵装置示意图

水泵的安装程序是：放线定位→基础预制→水泵安装→配管及附件安装→水泵的试运转。

水泵安装遵循《机械设备安装工程施工及验收通用规范》GB 50231—2009 及《压缩机、风机、泵安装工程施工及验收规范》GB 50275—2010 等的施工要求：

1）就位前的基础混凝土的强度、坐标、标高、尺寸和螺栓孔位置必须符合设计要求，不得有麻坑、露筋、裂缝等缺陷。

2）清除水泵底座底面脏物，将水泵连同底座吊起，放在水泵基础上用地脚螺栓和螺母固定，在底座与基础之间放上垫铁。

3）底座上的中心点与基础的中心线重合。

4）二次灌浆

水泵就位各项调整合格后，将地脚螺栓上的螺母拧好，然后将细石混凝土捣入基础螺栓孔内，浇灌地脚螺栓孔的混凝土强度等级应比基础混凝土强度等级高一级。

5）配管及附件安装

吸入管直径不应小于入口直径，吸水管路宜短并尽力减少转弯。入口前的直管段长度不应小于管径的 3 倍。当泵的安装位置高于吸水液面，泵的入口直径小于 350mm 时，应设底阀；入口直径大于或等于 350mm 时，应设真空引入装置。自灌式安装时应装闸阀。

当吸水管路装设过滤网时，过滤网的总过滤面积不应小于吸入管口面积的 2~3 倍；为防止滤网阻塞，可在吸水池进口或吸水管周围加设拦污网或拦污格栅。

压水管路的直径不应小于水泵的出口直径，压水管路上应安装闸阀和止回阀。所有与水泵连接的管路应具有独立、牢固的支架。高温管路应设置膨胀节。水泵的进、出水管多采用挠性接头连接。

6）水泵的试运转

水泵及管路安装完毕，具备试运转条件后，应进行试运转。水泵在额定工况点连续试运转的时间不应小于 2h；

高速泵及特殊要求的泵试运转时间应符合设计技术文件的规定。水泵试运转的轴承温升必须符合设备说明。

（3）水箱（池）安装要求

1）膨胀水箱的安装

膨胀水箱的作用：在热水采暖系统中起着容纳系统膨胀水量，排除系统中的空气，为系统补充水量及定压的作用。某膨胀水箱的安装图如图 1-3-12 所示。其安装要求如下：

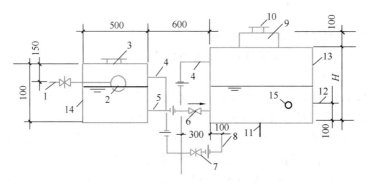

图 1-3-12　膨胀水箱及补水箱配管图

1—给水管；2—浮球阀；3—水箱盖；4—溢水管；5—补水管；6—止回阀；
7—阀门；8—排污管；9—人孔；10—人孔盖；11—膨胀管；12—循环管；
13—膨胀水箱；14—补水箱；15—检查管

一般置于水箱间内，水箱间净高≥2.2m，并应有良好的采光通风措施，室内温度≥5℃，如有冻结可能时，箱体应做保温处理。

水箱安装应位置正确，端正平稳。所用枕木、型钢应符合国家标准。

当不设补给水箱时，膨胀水箱可和补给水泵连锁以自动补水，检查管可不装，当膨胀水箱置于采暖房间时，循环管可不装。

膨胀水箱配管时，膨胀管、溢流管、循环管上均不得安装阀门。膨胀管应接于系统的回水干管上，并位于循环水泵的吸水口侧。膨胀管、循环管在回水干管上的连接间距应不小于 1.5~2.0m。排污管可与溢流管接通，并一起引向排水管道或附近的排水池槽。当装检查管时，只允许在水泵房的池槽检查点处装阀门。

2）给水箱的安装

给水箱作用：在给水系统中起贮水、稳压作用。一般置于建筑物最高层的水箱间内，对水箱间及水箱保温要求与膨胀水箱相同。给水箱配管如图 1-3-13、图 1-3-14 所示。

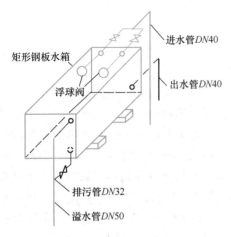

图 1-3-13　水箱管道安装示意图

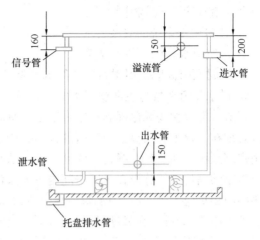

图 1-3-14　水箱托盘及排水

各配管安装要求如下：

进水管：应接在水箱一侧距箱顶 200mm 处，并与水箱内的浮球阀接通，进水管上应安装阀门以控制和调节进水量。

出水管：于距箱底 100mm 处接出，连接于室内给水干管上。其上应安装阀门。当进水管和其相连，共用一根管道时，出水管的水平管段上应安装止回阀。

溢水管：从水箱顶部以下 100mm 处接出，其直径比进水管直径大 2 号。其上不得安装阀门，并应将管道引至排水池槽处，但不得与排水管直接连接。

排污管：从箱底接出，一般直径应为 40～50mm，应安装阀门，可与溢水管相接。

信号管作用：检查水箱水位情况，当信号管出水时应立即停泵。接在水箱一侧，其高度与溢水管相同，管路引至水泵间的池槽处。管径一般为 25mm，管路上不装阀门。当水泵与水箱采用连锁自动控制时，可不设信号管。

3）膨胀水箱、给水水箱配管时，所有连接管道均应以法兰或活接头与水箱连接，以便于拆卸。水箱之间及水箱与建筑物结构之间的最小距离应符合规范要求。水箱的制作应符合国家标准要求。

4）水箱的满水试验和水压试验

敞口水箱的满水试验和密闭水箱的水压试验必须符合设计与施工规范的规定。

检验方法：满水试验静置观察 24h，不渗不漏；水压试验在试验压力下 10min 压力不下降，不渗不漏。

（4）建筑中水系统安装

中水系统是由中水原水的收集、储存、处理和中水供给等工程设施组成的有机结合体，是建筑物或建筑小区的功能配套设施之一。中水可用于冲洗厕所、绿化、汽车冲洗、道路浇洒、消防灭火、水景、小区环境用水（如小区垃圾场地冲洗）等。中水系统按范围可分建筑中水系统及小区中水系统。中水系统基本组成：中水原水收集系统、中水原水处理系统、中水供水系统。

1）建筑中水系统安装的一般规定

系统中原水管道管材及配件要求与室内排水管道系统相同。中水系统给水管道检验标准与室内给水管道系统相同。

2）建筑中水系统的安装要求

① 建筑中水系统必须独立设置。

② 管材及附件应采用耐腐蚀的给水管材及附件。

③ 供水管道严禁与生活饮用水给水管道连接，并应采用下列措施：

管道外壁应涂浅绿色标志；中水管道不宜暗装于墙体和楼板内，如必须暗装于墙槽内时，必须在管道上有明显且不脱落的标志；中水给水管道不得装设取水水嘴，便器冲洗宜采用密闭型设备和器具；绿化、浇洒、汽车清洗宜用壁式或地下式的给水栓；中水高位水箱应与生活高位水箱分设在不同房间内，如条件不允许只能设在同一房间时，与生活高位水箱的净距离应大于 2m；中水管道与生活饮用水管道、排水管道平行埋设时，其水平净距离不得小于 0.5m；交叉埋设时，中水管道应位于生活饮用水管道下面，排水管道的上面，其净距离不应小于 0.15m；中水管道的干管始端、各支管的始端、进户管始端应安装阀门，并设阀门井，根据需要安装水表。

（5）排水管道安装技术要求

1）生活污水管道应使用塑料管、铸铁管或混凝土管。成组洗脸盆或饮水器到共用水封之间的排水管和连接卫生器具的排水短管，可使用钢管。

2）雨水管道宜使用塑料管、铸铁管、镀锌和非镀锌钢管或混凝土管等。悬吊式雨水管道应选用钢管、铸铁管或塑料管。易受振动的雨水管道（如锻造车间等）应使用钢管。

3）排水管道的坡度必须符合设计要求。

4）排水塑料管必须按设计要求及位置装设伸缩节。如设计无要求时，伸缩节间距不得大于 4m。

5）高层建筑中明设排水塑料管道应按设计要求设置阻火圈或防火套管。

6）在排水管道上设置的检查口或清扫口，当设计无要求时，应符合规范规定。

7）埋在地下或地板下的排水管道的检查口，应设在检查井内。井底表面标高与检查口的法兰相平，井底表面应有 5% 的坡度，坡向检查口。

8）排水通气管不得与风道或烟道连接，不得接触任何污水。在经常上人的平屋顶，通气管应高出屋面 2m，并应根据防雷要求设置防雷装置。

9）雨水管道不得与生活污水管道相连接。

10）雨水斗的连接应固定在屋面承重结构上。雨水斗边缘与屋面相连处应严密不漏。连接管道当设计无要求时，不得小于 100mm。

11）悬吊式雨水管道的检查口或带法兰堵口的三通的间距是：当 $DN \leqslant 150$mm 不超过 15m，当 $DN > 150$mm 时不超过 20m。

12）灌水试验及通球试验要求：

① 隐蔽或埋地的排水管道在隐蔽前必须做灌水试验，其灌水高度应不低于底层卫生器具的上边缘或底层地面高度。检验方法：满水 15min 水面下降后，再灌满观察 5min，以液面不降，管道及接口无渗漏为合格。

② 安装在室内的雨水管道安装后应做灌水试验，灌水高度必须到每根立管上部的雨水斗。

③ 排水主立管及水平干管管道均应做通球试验，通球球径不小于排水管道管径的2/3，通球率必须达到100%。

（6）卫生器具的安装技术要求

1）与卫生器具连接的冷热水管道经试压已合格，排水管道已进行灌水试验并合格，排水管口及其附近地面清理打扫干净。

2）卫生器具的安装位置、标高，连接管管径，均应符合设计要求或规范规定。卫生器具及配件的安装高度在设计无要求时，应符合规范规定。

3）卫生器具应采用预埋支架、螺栓或膨胀螺栓安装固定。

4）在器具和给水支管连接时，必须装设阀门和可拆卸的活接头。器具排水口和排水短管、存水弯管连接处应用油灰填塞，以便于拆卸。

5）除大便器外的其他卫生器具排水口处均应设置排水栓或十字栏栅，以防止排水管道堵塞。

6）卫生器具排水口与排水管道的连接处应密封良好，不渗漏。

7）卫生器具与给水配件连接的开洞处应使用橡胶板；与排水管、排水栓连接的排水口应使用油灰；与墙面靠接时，应使用油灰或白水泥填缝。

8）卫生器具安装完毕交工前应做满水和通球试验，并应采取一定的保护措施。

（7）供暖系统的安装要求

1）管材及接口要求：

① 管径小于或等于40mm时，应使用焊接钢管；

② 管径为50mm～200mm时，应使用焊接钢管或无缝钢管；

③ 管径大于200mm时，应使用螺旋焊接钢管；

④ 室外供热管道连接均应采用焊接连接。

2）管道安装坡度要求：

① 汽、水同向流动的热水采暖管道和汽、水同向流动的蒸汽管道及凝结水管道，坡度应为3‰，不得小于2‰；

② 汽、水逆向流动的热水采暖管道和汽、水逆向流动的蒸汽管道，坡度不应小于5‰；

③ 散热器支管的坡度应为1%，坡向应有利于排气和泄水。

3）散热器安装

散热器组对后，以及整组出厂的散热器在安装之前应做水压试验。试验压力如设计无要求时应为工作压力的1.5倍，但不小于0.6MPa。检验方法：试验时间为2～3min，压力不降且不渗不漏。

4）辐射板安装

① 安装前应作水压试验，如设计无要求时试验压力应为工作压力的1.5倍，但不得小于0.6MPa。检验方法：试验压力下2～3min压力不降且不渗不漏。

② 水平安装的辐射板应有不小于5‰的坡度坡向回水管。

5）低温地板辐射采暖系统安装要求

① 地面下敷设的盘管埋地部分不应有接头。

② 盘管隐蔽前必须进行水压试验，试验压力为工作压力的1.5倍，但不小于

0.6MPa。检验方法：稳压 1h 内压力降不大于 0.05MPa 且不渗不漏。

6）补偿器的型号、安装位置及预拉伸和固定支架的构造及安装位置应符合设计要求

7）平衡阀及调节阀型号、规格及公称压力应符合设计要求。安装后应根据系统要求进行调试，并做出标志。

8）蒸汽减压阀和管道及设备上安全阀的型号、规格、公称压力及安装位置应符合设计要求。安装完毕后应根据系统工作压力进行调试，并做出标志。

9）直埋管道的保温应符合设计要求，接口在现场发泡时，接头处厚度应与管道保温层厚度一致，接头处保护层必须与管道保护层成一体，符合防潮防水要求。

10）水压试验与调试要求：采暖系统安装完毕，管道保温之前应进行水压试验。试验压力应符合设计要求。当设计未注明时，应符合下列规定：

① 蒸汽、热水采暖系统，应以系统顶点工作压力加 0.1MPa 作水压试验，同时在系统顶点的试验压力不小于 0.3MPa。

② 高温热水采暖系统，试验压力应为系统顶点工作压力加 0.4MPa。

③ 使用塑料管及复合管的热水采暖系统；应以系统顶点工作压力加 0.2MPa 做水压试验，同时在系统顶点的试验压力不小于 0.4MPa。

检验方法：使用钢管及复合管的采暖系统应在试验压力下 10min 内压力降不大于 0.02MPa，降至工作压力后检查，不渗、不漏；使用塑料管的采暖系统应在试验压力下 1h 内压力降不大于 0.05MPa，然后降压至工作压力的 1.15 倍，稳压 2h，压力降不大于 0.03MPa，同时各连接处不渗、不漏。

④ 系统试压合格后，应对系统进行冲洗并清扫过滤器及除污器。检验方法：现场观察，直至排出水不含泥沙、铁屑等杂质，且水色不浑浊为合格。

⑤ 系统冲洗完毕应充水、加热，进行试运行和调试。观察、测量室温应满足设计要求。

（8）燃气管道安装技术要求

1）燃气引入管安装要求：在地下室、半地下室、设备层和地上密闭房间以及地下车库安装燃气引入管道时应符合设计文件的规定；当设计文件无明确要求时，应符合下列规定：

① 引入管道应使用钢号为 10、20 的无缝钢管或具有同等及同等以上性能的其他金属管材。

② 管道的敷设位置应便于检修，不得影响车辆的正常通行，且应避免被碰撞。

③ 管道的连接必须采用焊接连接。其焊缝外观质量应按现行国家标准《现场设备、工业管道焊接工程施工规范》GB 50236 进行评定，Ⅲ级合格；焊缝内部质量检查应按现行国家标准《无损检测 金属管道熔化焊环向对接接头射线照相检测方法》GB/T 12605 进行评定，Ⅲ级合格。检查数量：100％检查。检查方法：目视检查和查看无损检测报告。

2）室内燃气管材选择要求

① 当管子公称尺寸小于或等于 DN50，且管道设计压力为低压时，宜采用热镀锌钢管和镀锌管件；

② 当管子公称尺寸大于 DN50 时，宜采用无缝钢管或焊接钢管；

③ 铜管宜采用牌号为 TP2 的铜管及铜管件；当采用暗埋形式敷设时，应采用塑覆铜管或包有绝缘保护材料的铜管；

④ 当采用薄壁不锈钢管时，其厚度不应小于 0.6mm；

⑤ 不锈钢波纹软管的管材及管件的材质应符合国家现行相关标准的规定；

⑥ 薄壁不锈钢管和不锈钢波纹软管用于暗埋形式敷设或穿墙时，应具有外包覆层；

⑦ 当工作压力小于 10kPa，且环境温度不高于 60℃时，可在户内计量装置后使用燃气用铝塑复合管及专用管件。

3）管材接口要求

① 公称尺寸不大于 DN50 的镀锌钢管应采用螺纹连接；当必须采用其他连接形式时，应采取相应的措施。

② 无缝钢管或焊接钢管应采用焊接或法兰连接。

③ 铜管应采用承插式硬钎焊连接，不得采用对接钎焊和软钎焊。

④ 薄壁不锈钢管应采用承插氩弧焊式管件连接或卡套式、卡压式、环压式等管件机械连接。

⑤ 不锈钢波纹软管及非金属软管应采用专用管件连接。

⑥ 燃气用铝塑复合管应采用专用的卡套式、卡压式连接方式。

⑦ 当设计文件无明确规定时，设计压力大于或等于 10kPa 的管道以及布置在地下室、半地下室或地上密闭空间内的管道，除采用加厚的低压管或与专用设备进行螺纹或法兰连接以外，应采用焊接的连接方式。

4）室内燃气管道严禁作为接地导体或电极。

5）沿屋面或外墙明敷的室内燃气管道，不得布置在屋面上的檐角、屋檐、屋脊等易受雷击部位。当安装在建筑物的避雷保护范围内时，应每隔 25m 至少与避雷网采用直径不小于 8mm 的镀锌圆钢进行连接，焊接部位应采取防腐措施，管道任何部位的接地电阻值不得大于 10Ω；当安装在建筑物的避雷保护范围外时，应符合设计文件的规定。

6）燃气计量表的安装要求：位置应符合设计文件的要求。燃气计量表与燃具、电气设施的最小水平净距应符合表 1-3-2 的要求。

燃气计量表与燃具、电气设施之间的最小水平净距（cm）　　　　表 1-3-2

名　　称	与燃气计量表的最小水平净距
相邻管道、燃气管道	便于安装、检查及维修
家用燃气灶具	30（表高位安装时）
热水器	30
电压小于 1000V 的裸露电线	100
配电盘、配电箱或电表	50
电源插座、电源开关	20
燃气计量表	便于安装、检查及维修

安装皮膜燃气表时，应遵循以下规定：

① 高位表表底距地净距不得小于 1.8m；中位表表底距地面不小于 1.4～1.7m；低位

表表底距地面不小于 0.15m。

② 安装在走道内的皮膜式燃气表，必须按高位表安装；室内皮膜煤气表安装以中位表为主，低位表为辅。

③ 皮膜式燃气表背面距墙净距为 10～15mm。

④ 一只皮膜式燃气表一般只在表前安装一个旋塞。

7) 灶具安装

民用灶具安装，应满足以下条件：

① 灶具应水平放置在耐火台上，灶台高度一般为 700mm。

② 当灶具和燃气表之间硬连接时，其连接管道的直径不小于 15mm，并应装活接头一只。采用软管连接时应符合下列要求：软管的长度不得超过 2m，且中间不得有接头和三通分支。软管的耐压能力应大于 4 倍工作压力。软管不得穿墙、门和窗。

③ 公共厨房内当几个灶具并列安装时，灶与灶之间的净距不应小于 500mm。

④ 灶具应安装在有足够光线的地方，但应避免穿堂风直吹。

⑤ 灶具背后与墙面的净距不小于 100mm，侧面与墙或水池的净距不小于 250mm。

8) 强度试验要求

① 严禁用可燃气体和氧气进行试验。

② 进行强度试验前，管内应吹扫干净，吹扫介质宜采用空气或氮气，不得使用可燃气体。

③ 强度试验压力应为设计压力的 1.5 倍且不得低于 0.1MPa。

9) 严密性试验要求

① 范围应为引入管阀门至燃具前阀门之间的管道。通气前还应对燃具前阀门至燃具之间的管道进行检查。

② 室内燃气系统的严密性试验应在强度试验合格之后进行。

③ 低压燃气管道严密性试验的压力计量装置应采用 U 形压力计。

1.3.5　工 业 管 道 工 程

1. 工业管道的分类与分级

工业管道是指在工业生产中输送介质和为生产服务的管道。工业管道由金属管道元件连接或装配而成，在生产装置中用于输送工艺介质的工艺管道、公用工程管道及其他辅助管道。

工业管道工程的类别很多，按管道的材料，输送的介质以及介质的参数（压力、温度）不同可划分为以下几类：

(1) 按管道材料性质分类，有金属管道和非金属管道。

1) 金属管道按标准分类，有 GC1、GC2、GC3 三个等级。

工业金属管道按照国家标准《压力管道安全技术监察规程——工业管道》TSG D0001—2009T 的规定，按照设计压力、设计温度、介质毒性程度、腐蚀性和火灾危险性划分为 GC1、GC2、GC3 三个等级。

例如，GC1 管道有氰化物化合物的气、液介质管道、液氧充装站氧气管道等。

2) 非金属管道按材质分类，有无机非金属材料管道和有机非金属材料管道。

例如，无机非金属材料包括混凝土管、石棉水泥管、陶瓷管等；有机非金属材料管道包括塑料管、玻璃钢管、橡胶管等。石油化工非金属管道包括玻璃钢管道、塑料管道、玻璃钢复合管道和钢骨架聚乙烯复合管道。

（2）按管道设计压力分类，有真空管道、低压管道、中压管道、高压管道和超高压管道。管道工程输送介质的压力范围很广，从真空负压到数百兆帕。工业管道以设计压力为主要参数进行分级。

（3）按管道输送温度分类，有低温管道、常温管道、中温管道和高温管道。工业管道输送介质的温度差异很大，按介质温度分类见表。

（4）按管道输送介质的性质分类，有给排水管道、压缩空气管道、氢气管道、氧气管道、乙炔管道、热力管道、燃气管道、燃油管道、剧毒流体管道、有毒流体管道、酸碱管道、锅炉管道、制冷管道、净化纯气管道、纯水管道等。

2. 工业金属管道的组成

工业金属管道由金属管道元件连接或装配而成，管道元件是指连接或装配管道系统的各种零部件的总称，由管道组成件和管道支承件组成，用以输送、分配、混合、分离、排放、计量、控制或制止流体流动。

（1）管道组成件

1）管道组成件是用于连接或装配成管道的管道元件。例如：管子、管件、法兰、密封件、紧固件、阀门、安全保护设施以及膨胀节、挠性接头、耐压软管、疏水器、过滤器、管路中的节流装置和分离器等。

2）管件是与管子一起构成管道系统本身的零部件的总称。例如：弯头、弯管、三通、异径管、活接头、翻边短节、支管座、堵头、封头等。

（2）管道支承件

管道支承件是将管道的荷载，传递到管架结构上去的管道元件。管道的荷载包括管道的自重、输送流体的重量、由于操作压力和温差所造成的荷载以及振动、风力、地震、雪载、冲击和位移应变引起的荷载等。例如：吊杆、弹簧支吊架、恒力支吊架、斜拉杆、平衡锤、松紧螺栓、支撑杆、链条、导轨、锚固件、鞍座、垫板、滚柱、托座、滑动支架、管吊、吊耳、卡环、管夹、U 形夹和夹板等。

3. 工业金属管道安装前的检验

（1）管道元件及材料的检验

1）管道元件及材料应具有合格的制造厂产品质量证明文件

① 产品质量证明文件内容及特性数据应符合国家现行材料标准、管件元件标准、专业施工规范和设计文件的规定。

② 管子、管件的质量说明文件包括的内容应符合要求。应包括制造厂名称及制造日期；产品名称、标准、规格及材料；产品标准中规定的相关检验试验数据；合同规定的其他检测试验报告；质量检验员的签字及检验日期；制造厂质量检验部门的公章。

③ 质量证明文件中包括的特性内容应符合要求。应包括化学成分、力学性能、耐腐蚀性能、交货状态、质量等级等材料性能指标及检验试验结果。例如：无损检测、理化性能试验、耐压性能、型式试验。

④ 当管道元件及材料出现问题或在异议未解决之前不得使用。例如，质量证明文件

的性能数据不符合相应产品标准和订货技术条件；对质量证明文件的性能数据有异议；实物标识与质量证明文件标识不符；要求复检的材料未经复检或复检不合格等。

2) 使用前核对管道元件及材料的材质、规格、型号、数量和标识，进行外观质量和几何尺寸的检查验收。外观质量应不存在裂纹、凹陷、孔洞、砂眼、重皮、焊缝外观不良、严重锈蚀和局部残损等不允许缺陷，几何尺寸的检查是主要尺寸的检查，例如：直径、壁厚、结构尺寸等。管道元件及材料的标识应清晰完整，能够追溯到产品的质量证明文件，对管道元件和材料应进行抽样检验。

3) 铬钼合金钢、含镍合金钢、镍及镍合金钢、不锈钢、钛及钛合金材料的管道组成件，应采用光谱分析或其他方法对材质进行复查，并做好标记。材质为不锈钢、有色金属的管道元件和材料，在运输和储存期间不得与碳素钢、低合金钢接触。

4) 设计文件规定进行低温冲击韧性试验的管道元件和材料，其试验结果不得低于设计文件的规定。例如，进行晶间腐蚀试验的不锈钢、镍及镍合金钢的管道元件和材料，供货方应提供低温冲击韧性、晶间腐蚀性试验结果的文件，其试验结果不得低于设计文件的规定。

5) GCI 级管道在使用前采用外表面磁粉或渗透无损检测抽样检验，要求检验批应是同炉批号、同型号规格、同时到货。

输送毒性程度为极度危害介质或设计压力大于或等于 10MPa 的管道，对人民生命财产安全和人身健康影响很大，所以规定其管子及管件在使用前采用外表面磁粉或渗透无损检测抽样检验，经磁粉或渗透检测发现的表面缺陷应进行修磨，修磨后的实际壁厚不得小于管子名义壁厚的 90%，且不得小于设计壁厚。

(2) 阀门检验

1) 阀门外观检查。阀门应完好，开启机构应灵活，阀门应无歪斜、变形、卡涩现象，标牌应齐全。

2) 阀门应进行壳体压力试验和密封试验

① 阀门壳体试验压力和密封试验应以洁净水为介质，不锈钢阀门试验时，水中的氯离子含量不得超过 25ppm。

② 阀门的壳体试验压力为阀门在 20℃时最大允许工作压力的 1.5 倍，密封试验为阀门在 20℃时最大允许工作压力的 1.1 倍，试验持续时间不得少于 5min，无特殊规定时，试验温度为 5~40℃，低于 5℃时，应采取升温措施。

③ 安全阀的校验应按照国家现行标准《安全阀安全技术监察规程》TSG ZF001—2006 和设计文件的规定进行整定压力调整和密封试验，委托有资质的检验机构完成，安全阀校验应做好记录、铅封，并出具校验报告。

4. 工业金属管道安装前施工条件

(1) 对施工队伍的要求

1) 承担工业金属管道施工的施工单位应取得相应的施工资质，并应在资质许可范围内从事管道施工。例如：管道施工应取得相应的施工资质包括工程建设施工资质、压力管道安装许可资质和专业施工资质。

2) 施工单位在压力管道施工前，立向管道安装工程所在地的质量技术监督部门办理书面告知，并接受监督检验单位的监督检验。

3）施工单位应建立管道施工现场的质量管理体系，并应具有健全的质量管理制度和相应的施工技术标准。

4）参加工业金属管道施工的人员、施工质量检查、检验的人员应具备相应的资格。施工人员包括施工管理人员和施工作业人员。

（2）现场条件

① 与管道有关的土建工程已检验合格，满足安装要求，并已办理交接手续。

② 与管道连接的设备已找正合格，固定完毕。

③ 管道组成件及管道支承件等已检验合格。

④ 管子、管件、阀门等内部已清理干净、无杂物。对管内有特殊要求的管道，其质量已符合设计文件的规定。

⑤ 在管道安装前应进行的脱脂、内部防腐或衬里等有关工序已进行完毕。

（3）施工前应具备的开工条件

1）工程设计图纸及其他技术文件完整齐全，已按程序进行了工程交底和图纸会审。

2）施工组织设计和施工方案已批准，并已进行了技术和安全交底。

3）施工人员已按有关规定考核合格。

4）已办理工程开工文件。

5）用于管道施工的机械、工器具应安全可靠，计量器具应检定合格并在有效期内。

6）已制定相应的职业健康安全及环境保护应急预案。

5. 工业管道安装的施工程序

管道安装工程一般施工程序见图 1-3-15。

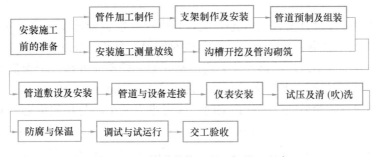

图 1-3-15　管道安装工程一般施工程序

6. 工业管道安装技术要求

（1）一般规定

1）工业管道的坡度、坡向及管道组成件的安装方向应符合设计规定。

2）法兰、焊缝及其他连接件的设置应便于检修，并不得紧贴墙壁、楼板或管架。

3）脱脂后的管道组成件，安装前应进行检查，不得有油迹污染。

4）当工业金属管道穿越道路、墙体、楼板或构筑物时，应加设套管或砌筑涵洞进行保护，应符合设计文件和国家现行有关标准的规定，并应符合下列规定：管道焊缝不应设置在套管内。穿过墙体的套管长度不得小于墙体厚度。穿过楼板的套管应高出楼面50mm。穿过屋面的管道应设置防水肩和防雨帽。管道与套管之间应填塞对管道无害的不燃材料。

5）当工业金属管道安装工作有间断时，应及时封闭敞开的管口。

6）工业金属管道连接时，不得采用强力对口。端面的间隙、偏差、错口或不同心等缺陷不得采用加热管子、加偏垫等方法消除。

7）工业金属管道安装完毕应进行检查，并应按验收规范填写"管道安装记录"。

8）埋地工业金属管道防腐层的施工应在管道安装前进行，焊缝部位未经试压合格不得防腐，在运输和安装时，不得损坏防腐层。

9）埋地工业金属管道安装，应在支承地基或基础检验合格后进行。支承地基和基础的施工应符合设计文件和国家现行有关标准的规定。当有地下水或积水时，应采取排水措施。

10）埋地工业金属管道试压、防腐检验合格后，应及时回填，并应分层夯实，同时应按现行验收规范要求填写"管道隐蔽工程（封闭）记录"。

（2）热力管道安装要求

1）热力管道通常采用架空敷设或地沟敷设。为了便于排水和放气，管道安装时均应设置坡度，室内管道的坡度为 0.002m，室外管道的坡度为 0.003m，蒸汽管道的坡度应与介质流向相同，以避免噪声。每段管道最低点要设排水装置，最高点应设放气装置。与其他管道共架敷设的热力管道，如果常年或季节性连续供气的可不设坡度，但应加装疏水装置。疏水器应安装在以下位置：管道的最低点可能集结冷凝水的地方，流量孔板的前侧及其他容易积水处。

2）补偿器竖直安装时，如管道输送的介质是热水则应在补偿器的最高点安装放气阀，在最低点安装放水阀。如果输送的介质是蒸汽，应在补偿器的最低点安装疏水器或放水阀。

3）固定支架应按设计文件的规定安装，并应在补偿装置预拉伸或预压缩之前固定。没有补偿装置的冷、热管道直管段上，不得同时安置 2 个及 2 个以上的固定支架。

4）管道的底部应用点焊的形式装上高滑动托架，托架高度稍大于保温层的厚度。安装托架两侧的导向支架时，要使滑槽与托架之间有 3～5mm 的间隙。

5）安装导向支架和活动支架的托架时，应考虑支架中心与托架中心一致，不能使活动支架热胀后偏移，靠近补偿器两侧的几个支架安装时应装偏心，其偏心的长度应是该点距固定点的管道热伸量的一半。偏心的方向应以补偿器的中心为基准。

6）弹簧支架一般装在有垂直膨胀伸缩而无横向膨胀伸缩之处，安装时必须保证弹簧能自由伸缩。弹簧吊架一般安装在横向、纵向均有伸缩处。吊架安装时，应偏向膨胀方向相反的一边。

7）管道安装完毕后，按规范要求进行试压、冲洗。

（3）高压管道安装要求

高压管道要有足够的机械强度、耐高温性能和良好的耐腐蚀性能，同时又要求有高度的严密性，防止管道泄漏。

1）所有的管子、管件、阀门及紧固件等，必须附有材料证明、焊接登记表、焊接试样试验结果、焊缝透视结果、配件合格证及其他验收合格证等证明文件。

2）管道支架应按设计图纸制作与安装。管道安装时应使用正式管架固定，不宜使用临时支撑或铁丝绑扎。与管架接触的管子及其附件，应按设计规定或工作温度的要求，安置木垫、软金属垫或橡胶、石棉垫等，并预先在该处支架上涂漆防腐。管线穿过墙壁、楼板或屋面时，应按设计要求在建筑物上留孔和安装套管、支架等。

3）管道安装前应先找正、固定设备、阀门等。同径、同压的管段、管件在安装前要求进行水压强度试验时，可以连通试压；预装成整体吊装的组合件可以单独试压。经水压试验后的管段必须进行清洗和吹洗。

4）高压管道的安装应尽量减少和避免固定焊口，特别是在竖直管道上，一般不应布置固定焊口。

5）焊接连接的直管段长度不得小于 500mm；每 5m 长的管段只允许有一个焊接口，焊口距离弯制高压弯头起弯点的长度应不小于管外径的 2 倍，且不小于 200mm。管子、管件焊接时，应包裹螺纹部分，防止损坏螺纹面。

6）安装管道时不得用强拉、强推、强扭或使用修改密封垫厚度等方法来补偿安装误差。管线安装如有间断，应及时封闭管口。管线上仪表取源部位的零部件应和管道同时安装。

（4）工业管道的基本识别色、识别符号和安全标识

根据国家标准《工业管道的基本识别色、识别符号和安全标识》GB 7231—2003，规定了工业管道的基本识别色、识别符号和安全标识。

1）根据管道内物质的一般性能，基本识别色分为八类，例如：水是艳绿色，水蒸气是大红色，空气是淡灰色，气体是中黄色，酸或碱是紫色，可燃气体是棕色，其他液体是黑色，氧是淡蓝色。

2）工业管道的识别符号由物质名称、流向和主要工艺参数等组成。

1.3.6　建筑智能化工程

1. 建筑智能化工程

在工业与民用智能化工程中，建筑智能化工程根据《通用安装工程工程量计算规范》GB 50856—2013 附录 E 的设置，共有 7 个分部。建筑智能化工程包括：计算机应用、网络系统工程，综合布线系统工程，建筑设备自动化系统工程，建筑信息综合管理系统工程，有线电视、卫星接收系统工程，音频、视频系统工程，安全防范系统工程。

建筑智能化工程按系统分为智能化集成系统、信息网络系统、综合布线系统、卫星通信系统、有线电视及卫星电视接收系统、公共广播系统、会议系统、信息导引发布系统、信息化应用系统、建筑设备监控系统、火灾自动报警系统、安全技术防范系统、机房工程、防雷与接地系统。

下面从系统分类的角度，对建筑智能化工程常用系统进行介绍。

（1）智能化集成系统

1）智能化集成系统组成及分类

智能化系统集成包括了设备的集成、系统软件的集成、应用软件的集成、人员的集成、组织机构的集成和研发、管理方法的集成等各个方面。

集成系统平台与被集成子系统连通需要综合布线设备、网络交换机、计算机网卡、硬线连接、服务器、工作站、网络安全、存储、协议转换设备等。

集成系统平台软件及基于平台的定制功能软件、数据库软件、操作系统、防病毒软

件、网络安全软件、网管软件等。

2）智能化集成系统的主要内容

主要包括用户电话系统、信息网络系统、综合布线系统、卫星通信系统、有线电视及卫星电视接收系统、公共广播系统、会议系统、信息导引及发布系统、时钟系统、信息化应用系统、建筑设备监控系统、火灾自动报警系统、安全技术防范系统、应急响应系统、机房工程。

（2）信息网络系统

1）信息网络系统组成

信息网络系统分为计算机网络系统和网络安全系统。

计算机网络系统设备组成：核心交换机、汇聚交换机、接入交换机、无线控制器、无线主机、无线 AP、POE 供电模块、光纤模块、铜缆模块、集线器、无线管理软件、网络管理软件、网络管理服务器、网络管理工作站。

网络安全系统设备组成：防火墙、防病毒网关、防病毒软件、IDS 设备、IPS 设备、路由器、分路器、网络回溯设备、网络安全审计设备、光纤模块、铜缆模块、网络安全管理软件、网络管理服务器、网络安全管理工作站。

2）计算机网络系统

① 分类

根据网络的覆盖范围与规模分为：局域网、城域网、广域网。

按传输介质分为有线网、光纤网、无线网。有线网：采用双绞线作为传输介质的计算机网络。光纤网：采用光导纤维作为传输介质的计算机网络。无线网：采用电磁波作为载体来实现数据传输的计算机网络。

按服务方式分为：客户机、服务器网络、对等网。

还可以按数据交换方式、通信方式等进行分类。

② 施工技术要求

交换机安装：将交换机安装在机柜内。应检查机柜的接地和稳定性。

无线设备的安装：面板式 AP 的安装是指假定在已有 86 面板盒内安装，用螺丝刀取下墙壁上的 86 面板盒，将网线按照线序安装到 AP 的相应接口。将设备左右两边的螺丝孔对准墙壁上的螺丝孔，然后用螺丝刀固定。进行电源连接，由 POE 交换机通过网线供电，不需要单独的电源线路。

壁挂式 AP 的安装是先确定安装的位置，再进行壁装设备，最后接通电源。

（3）综合布线系统

1）综合布线系统设备组成

工作区：铜缆信息模块、光纤模块、面板、插座、桌面终端产品、布线信息箱、跳线、尾纤。

配线子系统：双绞线、光缆。

干线子系统：大对数电缆、光缆。

建筑群子系统：大对数电缆、光缆、配线间、尾纤、跳线。

入口设施：配线架、尾纤、防雷器。

管理系统：配线间、线管理器、尾纤、电子配线架、电子配线架管理器、跳线、机架、机柜。

2）综合布线系统施工要求

① 线缆敷设

所有铜电缆在线槽或管道内布线，垂直电缆则可直接布放在电缆托架上或线槽内，所有光纤在线槽或管道内布线。线缆的布放应平直，不得产生扭绞、打圈等现象，不受到外力的压挤和损伤，特别是光缆。垂直线槽中，要求每隔 60cm 在线槽上捆扎。线缆两端都要有相同的、牢固的、字迹清楚的统一的编号。线缆在终端出口处要拉出 0.4～0.6m 的接线余量，盘好放在预埋盒内。应防止其他工序施工时损坏线缆。

线缆敷设完毕后要检查：布线无错误、错位和遗漏；布线整齐，线槽（明线槽）盖板皆安装好。

② 机柜安装及机柜内走线

机柜安装：弱电间、机房已完成墙面、地面、顶棚、强电插座照明、空调暖通及消防等工作后，方可进行机柜安装工作。机柜安装前检查机柜排风设备是否完好，设备托板数量是否齐全以及滑轮、支撑柱是否完好等。机柜型号、规格、安装位置符合设计要求。机柜安装垂直偏差度不大于 3mm，水平误差不大于 2mm。

机柜内走线要求：缆线的布放应自然平直，不得产生扭绞、交叉、打圈接头等现象，缆线在弯角处保持顺势转弯，不可散乱，不受外力的挤压和损伤。不同电压等级、不同电流类别的线路分开布置，分隔敷设。机柜内的水平双绞线与电源插座保持 200mm 以上的间距。缆线两端贴有标签，标明编号，标签书写清晰、端正和正确。标签须选用不易损坏的材料。应考虑线缆预留问题。

③ 配线架安装

配线架包含语音、数据及光纤配线架。

配线架安装流程：根据机柜排布图确定配线架的安装位置，将配线架外包装拆开并组装完成，将配线架及理线架按顺序安装在机柜内并将螺丝紧固。

④ 线缆打接及光纤熔接线缆打接

线缆在机柜的底部留 1m 的余量，便于日后维护和机柜的移动。线缆要从机柜的下面向上理，预留在机柜支架下面的线缆也要捆扎整齐，沿机柜后部的理线板捆扎整齐至配线架的托架。线缆绑扎的松紧程度以不损伤传输性能为宜。

光纤熔接流程：光纤面层的剥除→裸纤的清洁→裸纤的切割→光纤熔接→盘纤。

⑤ 跳线的安装

将成品跳线或已经做好的跳线取出并在两端做好标记，跳线两端分别跳接到配线架和交换机上。

⑥ 信息插座的安装

信息插座安装分为墙上安装、地面插座安装等，对于墙上安装要求距地面 0.3m。插座安装位置根据现场实际使用需要和业主、装修单位意见确定。信息点的编号应与对应的配线架端口编号一致，配线架上的编号有规律，标签要求采用激光打印，字迹清楚。

⑦ 室外光缆的施工

先敷设穿线塑料管，敷设前逐段将管孔清刷干净并试通。光缆在敷设时，要采用支架把光缆盘支撑起来，匀速布放。禁止光缆打绞、用力过猛。光缆一次牵引长度一般小于

1000m。每根光缆在每个井内必须有吊牌，吊牌上刻"危险光缆"，以及光缆的名称、走向等。光缆穿放结束，采用发泡剂把穿光缆管孔出口端封堵严密。

⑧ 接地

在所有新安装的电缆框架上，提供一个接地点，并保证能正确与任何现有设施连接。将所有有关的电缆、包合体、机柜、服务箱和框架连接起来，以保证接地的延续性。所有接地由铜线或铜带组成，由一个建筑物接地点供应，并与主要的电气接地点连接，给所有门、盖板等提供线路保护导体。接地铜导体的最小截面积为 $2.5mm^2$。

（4）公共广播系统

1）公共广播系统设备组成

节目源设备：数字调谐器、多媒体播放机、数字节目控制中心、校园广播播放机、数字音源播控机、数控 MP3 播放机、无线电广播、激光唱机和录音卡座、传声器、电子乐器等。

信号放大器和处理设备：均衡器、前置放大器、功率放大器和各种控制器材及音响设备等。

传输线路：模拟音频线路、数字双绞线线路、流媒体（IP）数据网络线路、数控光纤线路。

扬声器：天花喇叭、室内音柱、壁挂音箱、悬挂式音箱、室外音柱、草坪专用音箱、号角等。

2）公共广播系统施工

① 广播扬声器的安装

根据声场设计及现场情况确定广播扬声器的高度及其水平指向和垂直指向。同一室内的吸顶扬声器排列均匀。扬声器箱、控制器、插座等标高一致、平整牢固；扬声器周围不得有破口现象，装饰罩不得有损伤且平整。各设备导线连接正确、可靠、牢固；箱内电缆（线）排列整齐，线路编号正确清晰。线路较多时绑扎成束，并在箱（盒）内留有适当空间。广播扬声器与广播线路之间的接头接触良好。室外安装的广播扬声器采取防潮、防雨和防霉措施，在有盐雾、硫化物等污染区安装时，采取防腐蚀措施。系统的输入、输出不平衡度，音频线的敷设，接地形式及安装质量均应符合设计要求。

② 其他系统设备安装

除广播扬声器外，其他设备安装在机房内的控制台、机柜或机架之上。机柜、机架内，设备的布置应使值班人员从座位上能看清大部分设备的正面，并能方便迅速地对各设备进行操作和调节、监视各设备的运行显示信号。机架的底座与地面固定，机架安装竖直平稳，垂直偏差不超过1‰；几个机柜并排时，面板在同一平面上并与基准线平行，前后偏差不得大于3mm；两个机柜中间间隙不大于3mm。

（5）会议系统设备组成

会议扩声系统：麦克风、功放、音响、声源设备、音频矩阵、音频分配器、调音台、均衡器、回声抑制器、线缆、跳线。

会议视频系统：桌面显示设备（例如桌面智能终端、液晶显示器）、投影机、LED 小间距、液晶显示屏、DLP 显示屏、投影幕、融合主机、视频转换设备、视频矩阵、电视机、电子白板、视频分配器、画面分割器、视频矩阵、电视墙服务器、录播服务器、摄像机、DVD、PC 机、线缆、跳线。

会议灯光系统：会议灯光、会议灯光控制、舞台效果设备、线缆。

会议同声传译系统：中央控制器、红外发射主机、红外发射板、译员机、同传翻译间、同传耳机（代表接收单元）。

会议讨论系统：会议主席机、会议代表机。

会议电视系统：视频会议 MCU 设备、视频会议终端、视频会议管理系统、仿真会议室。

会议表决系统：会议表决器、会议表决主机。

会议集中控制系统：中控主机、中控终端、中控软件、中控服务器、可视化主机、可视化终端、可视化软件、可视化服务器、控制模块、控制网关。

会议摄像系统：会议摄像机、场监摄像机。

会议录播系统：录播一体机、录播管理软件、录播管理服务器。

会议签到管理系统：会议签到设备、会议签到管理设备。

（6）建筑设备监控系统设备组成

1）中央控制系统：中央控制主机、接口转换设备、网络控制引擎、服务器、工作站、软件、软件编程、接口。

2）控制器：控制器（DC）、压差控制器、温度控制器、变风量控制器、风机盘管控制器。

3）传感器：温度传感器、湿度传感器、温湿度传感器、压力传感器、流量计、压差开关、变送器、空气质量传感器、防冻开关、液位开关、光照计等。

4）执行器：水阀调节阀、风阀执行器等。

5）其他设备：电动窗帘、控制箱体、采集器、智能终端、气动模块、接口转换器、接口卡、分线器、连接器、终端电阻等。

（7）安全技术防范系统

1）安全技术防范系统设备组成

① 安全视频技术监控防范系统设备组成：摄像机、摄像机支架、云台、镜头、立杆、编码器、解码器、楼层信号叠加器、光端机、视频矩阵、分割器、分配器、录像机、显示屏、同轴电缆、设备电源、电源箱、电源线、POE 模块、流媒体服务器、管理服务器、存储服务器、存储设备、硬盘、视频监控软件、工作站等。

② 门禁系统设备组成：读卡器、门禁控制器、速通门、梯控设备、卡片、门禁软件、工作站等。

速通门组成一般包括：标准速通门、加宽速通门、读卡器、二维码读卡器、人脸识别摄像机、门禁控制器、读卡立柱等。

③ 一卡通系统设备组成：访客设备、发卡器、制卡打印机、一卡通软件、服务器、工作站、加密设备等。

④ 巡更系统设备组成：巡更信息钮、巡更棒、巡更软件、工作站等。

⑤ 入侵报警系统设备组成：报警探测器、防区模块、报警主机、报警控制键盘、声光报警器、报警软件、工作站、报警接口等。

⑥ 停车场系统设备组成：出入口控制机、道闸、车位显示屏、停车场管理系统、服

务器、工作站、发卡机、车牌识别摄像机、车位探测器、收费终端、远程读卡器、远程卡等。

⑦ 安全设备：光机、车辆底盘检测器、升降柱、阻车器、手持检测器等。

2）安全技术防范系统施工技术要求

摄像机安装方式有悬挂式安装又分为垂吊式和墙壁式两种，可根据不同的使用场所，采用具体的安装方式。

在摄像机安装时，应先将摄像机逐个通电进行检测和粗调，在摄像机处于正常工作状态后，方可安装。摄像装置的安装应牢靠、稳固。从摄像机引出的电缆宜留有足够的余量，不得影响摄像机的转动。摄像机的电缆和电源线均应固定，并不得用插头承受电缆的自重。

3）线路的敷设

电缆敷设时，电缆的弯曲半径应大于电缆直径的 15 倍。电源线宜与信号线、控制线分开敷设。室外设备连接电缆时，宜从设备的下部进线。由室外引入室内的电缆在出入口处应加防水罩。当电缆布线于室外，宜使用特别的电缆和铠装电缆，以防止可能发生的任何机械性破坏。经过拉缆井的铠装电缆，由其他人用沙土覆盖。不容许在地下布线的电缆上有接头。导管、线槽内电缆穿越墙壁地板都应有防火隔离物，所有的电缆都不能有接头。

4）报警器的安装

双鉴探测器安装在一个可以截获侵入者（通过探测范围下方、横穿探测下方和横穿探测范围）的地方。探测器的安装表面坚固，不振动。布线前，确保导线没有通电。将报警探测器的底座安装牢固。将报警器探测器底座直接安装于固定的天花板或安装于方形电盒中。

玻璃破碎探测器安装于可以探测到玻璃振动的地方，安装表面坚固，且不振动。

2. 自动化控制系统

（1）自动控制系统设备

1）传感器

将非电量参数转变成电量参数的装置叫作传感器。利用被测物体固有的特性，形成不同种类的传感器。

① 温度传感器

热电阻传感器：利用导体电阻随温度变化而变化的特性制成的传感器，称为热电阻传感器。通常采用铂热电阻材料的传感器；要求一般、具有较稳定性能的测量回路可用镍电阻传感器；档次低、只有一般要求时，可选用铜电阻传感器。

热电式传感器：以热电偶为材料的热电式传感器。两种不同的导体或半导体连接成闭合回路时，若两个不同材料接点处温度不同，回路中就会出现热电动势，热电动势主要是由接触电势组成。

② 压力传感器

压力传感器是将压力转换成电流或电压的器件，可用于测量压力和物体的位移。

常用的压力传感器有电阻式压差传感器、电容式压差传感器、压电传感器。

流量传感器常用的有节流式、速度式、容积式和电磁式。

③ 液位检测传感器

主要有电阻式液位传感器、电容式液位传感器。

2）终端设备

传感器把温度、湿度、压力等物理量转换成电量后送到控制器中，控制器根据控制要求，把输入的电量与设定值相比较，将其偏差经相应调节后输出终端设备或连续的控制信号，去调节控制相应的调节机构，使其达到控制目的。

其分为执行机构、调节机构。

执行机构按照运动方式，分角行程执行机构和直行程执行机构；按照所用的辅助能源，可分气动、电动和液动三种。

调节机构接受执行机构输出的轴向或转角位移，改变几何位置，达到对被控量的自动控制。常用的有电磁阀、电动调节阀、风门（阀）等。

（2）常用的控制系统

用计算机来代替控制器，就构成了计算机控制系统。在计算机控制器中要有将模拟信号转换为数字信号的模数转换器，以及将数字信号转换为模拟信号的数模转换器。也要有相应的模拟输入和模拟输出接口，不经过模/数或数/模转换的数字输入和数字输出接口。

1）集散控制系统

集散型计算机控制系统又名分布式计算机控制系统（DCS），简称集散控制系统。它是以分布在被控设备现场的计算机控制器完成对被控设备的监视、测量与控制。中央计算机完成集中管理、显示、报警、打印等功能。先进的计算机网络把所有现场的计算机控制器与中央计算机连接在一个系统内，完成对系统集中管理与分散控制的功能。

集散型控制系统由集中管理部分、分散控制部分和通信部分组成。

2）现场总线控制系统

以现场总线技术为基础的现场总线控制系统（FCS）是以网络为基础的集散型控制系统。现场总线是控制现场与智能化现场设备之间数字式、双向传输、多节点、多分支结构的数字通信网络。现场总线控制系统（FCS）把通信线一直连接到现场设备。它把单个分散的测量控制设备变成网络节点以现场总线为纽带，组成一个集散型的控制系统。

（3）检测仪表

1）温度检测仪表

温度检测仪表主要有压力式温度计、双金属温度计、玻璃液位温度计、热电偶温度计、热电阻温度计。

2）压力检测仪表

一般压力表适用于测量无爆炸危险、不结晶、不凝固及对钢及铜合金不起腐蚀作用的液体、蒸汽和气体等介质的压力。压力表按其作用原理分为液柱式、弹性式、电气式及活塞式四大类。

其还有远传压力表、电接点压力表。

3）流量仪表

常用的流量仪表有电磁流量计、涡轮流量计、椭圆齿轮流量计等。

第 4 节　安装工程常用施工机械及检测仪表的类型及应用

1.4.1　概　　述

安装工程中，无论设备还是管道的搬运、移动及安装，都要借助于一些工具和运用吊装的方法，大大减轻劳动强度和提高劳动生产率，加快安装进度。了解常用的起重机械及常用的起吊方法是必要的。常用的起重机械分为轻型起重设备和起重机。起重设备数量的选择应根据工作量、工期和起重设备的台班产量确定，此外，还应考虑到构件运输、拼装工作的需要。起重设备属于特种设备，其使用与管理应遵守国家相关法规要求。

安装工程中，各种板材、型材、管材加工预制过程中的首要步骤是切割，按照金属切割过程中加热方法的不同大致可分为火焰切割、电弧切割和冷切割三类。焊接是很多金属、合金或热塑性材料（如塑料）连接的一种常见技术。金属的焊接，按其工艺过程的特点分有熔焊、压力焊和钎焊三大类。切割及焊接所需的能量来源很多，包括气体焰、电弧、激光、电子束、摩擦和超声波等，因此切割与焊接法也很多。不同材料的切割与焊接应选择不同的工艺方法与设备。

安装工程中，仪器仪表是用以检出、测量、观察、计算各种物理量、物质成分、物性参数等的器具或设备。其种类较多，仪器仪表按测量的工艺参数可分为：温度、压力、流量、物位、分析仪表等。伴随着世界电子技术，半导体工艺，机械制造技术，计算机技术等各行业的发展，自动化仪表技术得到相应迅速发展，自动化仪表已成为工艺参数测量、控制和实现自动化必不可少的技术工具。

1.4.2　安装工程常用施工机械的类型及应用

1. 常用起重机械的类型及应用

起重机械按国家标准《起重机械分类》GB/T 20776—2006，安装工程中常用的起重机械可分为轻小型起重设备和起重机。

（1）轻小型起重设备

轻小型起重设备有千斤顶、起重葫芦、滑车、卷扬机等。

1）千斤顶

在安装中常用千斤顶校正安装偏差和矫正构件的变形，也可以顶升设备等。千斤顶按其构造不同，可分齿条式、螺旋式和液压式三种。

2）起重葫芦

由装在公共吊架上的驱动装置、传动装置、制动装置以及挠性卷放，或夹持装置带动取物装置升降的轻小起重设备。按启动方式不同可分为手动、电动、气动、液动等。

3）滑车（又称起重滑车、起重滑轮组）

配合卷扬机或其他起重机械使用。按滑车与吊物的连接方式可分为吊钩式、链环式、吊环式和吊架式四种。一般中小型的滑车多属于吊钩式、链环式和吊环式，而大型滑车采用吊环式和吊梁式。

4）卷扬机（又称绞车）

按动力方式可分为手动、电动和液压卷扬机。起重工程中常用电动卷扬机。因操作简单、绕绳量大、移动方便而广泛应用。主要运用于建筑、水利工程、林业、矿山、码头等的物料升降或平拖。

（2）起重机

按结构及性能，起重机分为桥架型起重机、臂架型起重机和缆索型起重机。

1）桥架型起重机

主要有梁式起重机、桥式起重机、门式起重机及半门式起重机等。

2）臂架型起重机

建筑、安装工程常用的臂架型起重机有塔式起重机、流动式起重机和桅杆起重机。

① 塔式起重机（亦称塔吊、塔机）

作业空间大，主要用于房屋建筑施工中物料的垂直和水平输送及建筑构件的安装。起重量一般不大，并需要安装和拆卸。适用于在某一范围内数量多，而每一单件重量较小的设备、构件吊装，作业周期长。它由金属结构，工作机构和电气系统三部分组成。

② 流动式起重机

流动式起重机中以汽车起重机使用得最为广泛，能在带载或不带载情况下沿无轨路面行驶且依靠自重保持稳定，有汽车起重机、轮胎起重机、履带起重机、专用流动式起重机等。

③ 桅杆起重机（又称为拔杆或把杆）

它属于非标准起重机，其结构简单，起重量大，对场地要求不高，使用成本低，但效率不高。桅杆式起重机一般多用于构件较重、吊装工程比较集中、施工场地狭窄，而又缺乏其他合适的大型起重机械时。

3）缆索型起重机

按结构形式不同可分为固定式和移动式两种。缆机具有起升高度大、起重作业跨度大、作业范围广，在特定的条件下可以发挥其他起重机械所不能发挥的作用等特点。缆机被广泛应用于水电站、公路铁路桥梁等建设。

起重设备属于国家《特种设备安全监察条例》所规定的特种设备。特种设备的使用单位应当按照相关法规和安全技术规范的要求建立特种设备使用安全管理制度。

2. 切割与焊接工艺及设备

（1）切割方法及设备

按照金属切割过程中加热方法的不同大致可分为 3 类：火焰切割、电弧切割和冷切割。

1）火焰切割

火焰切割是一种燃烧切割的方法。按加热气源的不同，分为以下几种：

① 气割

气割过程是预热—燃烧—吹渣过程。气割设备主要由割炬和气源组成。气割所用的可燃气体主要是乙炔、液化石油气和氢气。气割适用于纯铁、低碳钢、中碳钢和低合金钢以及钛等。

② 氢氧源切割

利用水电解的氢气和氧气作为气源，进行火焰加热。氢氧切割机一般由电解电源、电解槽、循环系统、散热系统、水气分离系统、洗涤系统、防回火系统、控制系统、割枪等组成。适用于碳钢原料的切割。

③ 氧熔剂切割

切割氧流中加入细铁粉或氧化铁皮与其他熔剂，利用它们的燃烧热和废渣作用实现气割的方法。主要用于切割不锈钢铸件和铸铁件的浇冒口。

2）电弧切割

电弧切割按生成电弧的不同可分为：等离子弧切割、碳弧气割。

① 等离子弧切割

等离子弧切割是利用等离子弧作为热源、借助高速热离子气体熔化并吹除熔化金属而形成切口的热切割方法。等离子弧切割常用离子气体有：N_2、Ar、$N_2＋H_2$、$N_2＋Ar$、O_2、空气、水蒸气、水等，其中氮气和空气因价格便宜，而在日常生产中应用最为广泛。最常用的空气等离子弧切割机，能够切割碳钢、铸铁、不锈钢、高温合金、钛合金、铜、铝及其他有色金属，而且切口整齐、光滑，热量集中，工件变形量小，不改变切口周围材料的物理性能。但等离子切割有明显的热效应，精度低，切割表面不容易再进行二次加工。

② 碳弧气割

利用碳极电弧的高温，把金属局部加热到熔化状态，同时用压缩空气的气流把熔化金属吹掉，从而达到对金属切割的一种加工方法。

碳弧气割用于：两面焊、封底焊、缝焊前对焊缝反面刨焊根（清根）；清除不合格焊缝中的缺陷，逐层刨削直至无缺陷；开坡口，特别是 U 形坡口；清理铸件的毛边、飞刺、浇铸口及铸件缺陷。

碳弧气刨（切割）设备的组成：直流电源、空压泵、碳棒与碳弧气刨枪，目前广泛使用的是侧面送风式气刨枪，其特点是生产效率高、质量好、电极烧损少和操作方便。

3）冷切割

冷切割是一种切割方法，采用切割过程不产生高温的技术手段或方法，使被切割物保持原有材料特性，切割过程温度没有剧烈的升温变化，切割后工件相对变形小。切割方法有：

① 激光切割

激光切割利用经聚焦的高功率密度激光束照射工件，使被照射的材料迅速熔化、汽化、烧蚀或达到燃点，同时借助与光束同轴的高速气流吹除熔融物质，将工件割开。激光切割速度快、切缝窄、热影响区小、切缝边缘垂直度好、切边光滑，可切割碳钢、不锈钢、合金钢、木材、塑料、橡胶、布、石英、陶瓷、玻璃、复合材料等。激光切割机系统一般由激光发生器、（外）光束传输组件、工作台（机床）、微机数控柜、冷却器和计算机等部分组成。

② 水射流切割

水射流切割是将超高压水射流发生器与二维数控加工平台组合，将水流的压力提升到足够高（200MPa 以上），使水流具有极大的动能，在高速水流中混合一定比例的磨料，可以穿透几乎所有坚硬材料，如陶瓷、石材、玻璃、金属、合金等。与激光切割相比，水射流切割投资小，运行成本低，切割材料范围广，效率高，操作维修方便。与等离子切割相比无热变形，切割面质量好，无须二次加工。一套完整的水切割设备由超高压系统、水刀切割头装置、水刀切割平台、CNC 控制器及 CAD/CAM 切割软件等组成。

（2）焊接

1）焊接方法分类

焊接方法按照焊件和填充材料发生结合时的物理状态分类如图 1-4-1 所示。

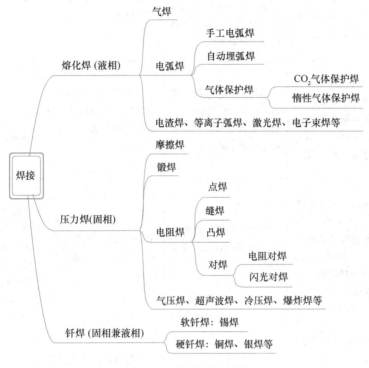

图 1-4-1　焊接方法分类

2）不同焊接方法的应用

不同焊接方法的应用详见表 1-4-1。

不同焊接方法的应用　　　　　　　　　　　　　表 1-4-1

焊接方法	焊接原理	特　　点	适　　用	焊接设备
气焊	利用可燃气体与助燃气体混合燃烧生成的火焰为热源，熔化焊件和焊接材料使之达到原子间结合的一种焊接方法。气焊所用的可燃气体与气焊相同。氧气为助燃气体	设备简单，操作灵活方便，不需要电源且能焊接多种金属材料。但气焊火焰温度低，加热缓慢，生产率低，热量不够集中，焊件受热范围大而不均匀，焊后变形大、焊缝质量不高	适用于薄钢板、低熔点材料（有色金属及其合金）、铸铁件、硬质合金刀具等材料的焊接，以及磨损、报废车件的补焊、构件变形的火焰矫正等	气焊设备及工具包括：氧气瓶、乙炔瓶（或乙炔发生器）、回火保险丝、焊炬、减压器及氧气输送管和乙炔输送管

续表

焊接方法	焊接原理	特　点	适　用	焊接设备
手工电弧焊	是以手工操作的焊条和被焊接的工件作为两个电极，利用焊条与焊件之间的电弧热量熔化金属进行焊接的方法	设备简单；操作灵活方便；能进行全位置焊接适合焊接多种材料；不足之处是生产效率低、劳动强度大，焊接质量受焊工技能影响	适用于各种金属材料、各种厚度和各种结构形状的焊接	手工电弧焊机分交流手工电话焊机与直流手工电弧焊机
埋弧焊	埋弧焊（含埋弧堆焊及电渣堆焊等）是一种电弧在焊剂层下燃烧进行焊接的方法。分半自动埋弧焊或自动埋弧焊	熔深大，固有的焊接质量稳定，生产效率高，机械化操作程度高，无弧光及烟尘很少等优点	适用于各种金属材料、各种结构形状的中、厚板的平焊位置、直线焊缝的焊接	埋弧焊设备由焊接电源、埋弧焊机和辅助设备构成
CO_2 气体保护焊	二氧化碳气体保护焊是焊接方法中的一种，是以二氧化碳气为保护气体，进行焊接的方法。在焊接时不能有风，适合室内作业	操作简单、生产效率高、变形小，适用范围广	可焊接低碳钢、合金钢、铝合金、钛合金等，可全位置焊接薄、中、厚板	焊接电源、供气系统（CO_2 气瓶、预热器、干燥器、气体流量计、减压阀和气阀等）、送丝机构、焊枪等
（钨极）惰性气体保护焊	在惰性气体的保护下，利用钨电极和工件之间电弧热熔化母材和填充电焊丝（如果使用）的一种方法。分手工焊、自动焊、半自动焊三类。手工钨极氩弧焊应用最广泛。惰性气体一般采用氩气	熔深浅，熔敷速度小，生产率较低，钨极承载电流的能力较差。适合于低熔点金属焊接	可焊接活泼性强的有色金属、不锈钢和各种合金。适用于薄板、超薄板的焊接。可进行各种位置的焊接。但从生产效率考虑，板厚以3mm以下为宜	焊枪、焊接电源与控制装置、供气和供水系统四大部分
等离子弧焊	等离子弧焊是指利用等离子弧高能量密度束流作为焊接热源的熔焊方法	具有能量集中、生产率高、焊接速度较快、熔深小，电弧挺度好，应力变形小、电弧稳定；设备比较复杂，费用较高	适用于不锈钢、有色金属薄板和箔材、喷镀和堆焊	手工焊设备由焊接电源、焊枪、控制电路、气路和水路等部分组成。自动焊设备则由焊接电源、焊枪、焊接小车（或转动夹具）、控制电路、气路及水路等部分组成

续表

焊接方法	焊接原理	特点	适用	焊接设备
激光焊	激光焊是一种以聚焦的激光束作为能源轰击焊件所产生的热量进行焊接的方法	速度快、深度大、变形小；可焊接难熔材料；功率密度高；焊接设备装置简单；可进行微型焊接，但激光器价格昂贵、电光转换效率较低	适用于微型零件和可达性很差的部位的焊接	激光焊接机
电渣焊	电渣焊是利用电流通过熔渣所产生的电阻热作为热源，将填充金属和母材熔化，凝固后形成金属原子间牢固连接。电渣焊主要有熔嘴电渣焊、非熔嘴电渣焊、丝极电渣焊、板极电渣焊等	效率较埋弧焊提高2～5倍，焊接时，坡口准备简单，焊接熔池体积较大，焊接区在高温停留时间较长，速度缓慢，极易产生热裂纹	适用于大厚度的焊接；焊缝处于垂直位置的焊接。广泛应用于过滤、压力容器等制造中，可进行大面积堆焊和补焊	电渣焊机
电子束焊	电子束焊是指利用加速和聚焦的电子束轰击置于真空或非真空中的焊接面，使被焊工件熔化实现焊接。真空电子束焊是应用最广的电子束焊	不用焊条、不易氧化、工艺重复性好及热变形量小	广泛应用于航空航天、原子能、国防及军工、汽车和电气电工仪表等众多行业	电子束焊机可分为高真空、低真空、非真空电子束焊机
电阻焊	电阻焊利用电流流经工件接触面及邻近区域产生的电阻热效应将其加热到熔化或塑性状态，使之形成金属结合的一种方法。电阻焊方法主要有四种，即点焊、缝焊、凸焊、对焊	焊接时不需要填充金属，生产率高，焊件变形小，容易实现自动化	广泛应用于航空航天、电子、汽车、家用电器行业等	电阻焊机依据不同用途和要求可分为点焊机、缝焊机、凸焊机和对焊机等
超声波焊	超声波焊是指利用超声频率（16kHz以上）的机械振动能量连接金属的一种特殊焊接方法	既可以焊接同种金属，也可以焊接异种金属，还可以实现金属与非金属的焊接	焊接大多数热塑性塑料。主要用于焊接模塑件、薄膜、板材和线材等，通常不需要填充焊料	超声波焊接机可分为自动焊接机、半自动超声波焊接机、手动焊接机
火焰钎焊	火焰钎焊利用可燃气体与氧气或压缩空气混合燃烧的火焰作为热源进行焊接。分为火焰硬钎焊和火焰软钎焊	钎焊设备简单、操作方便，根据工件形状可用多火焰同时加热焊接	适用于自行车、电动车架、铝水壶嘴等中、小件的焊接	火焰钎焊设备的主要组成部分包括气源、阀门、管路系统、焊炬、喷嘴、安全装置及其他辅助装置。可手工或自动化

续表

焊接方法	焊接原理	特　点	适　用	焊接设备
电阻钎焊	电阻钎焊又称为接触钎焊。电阻钎焊是将焊件直接通以电流或者将焊件放在通电的加热板上，利用电阻热进行的钎焊。可分为直接加热和间接加热两种方式	直接加热电阻钎焊的优点是加热极快，生产率高；间接加热电阻钎焊灵活性较大，对工件接触面配合的要求较低，不依靠电流直接加热工件，加热速度慢	适用于焊接钎焊接头尺寸不大、形状不太复杂的工件	电阻钎焊可在通常的电阻焊机上进行，也可采用专门的电阻钎焊设备和手焊钳
感应钎焊	感应钎焊是利用高频、中频或工频感应电流作为热源的焊接方法。按照保护方式可以分为空气中感应钎焊、保护气体中感应钎焊和真空中感应钎焊	加热快，效率高，可进行局部加热且容易实现自动化	广泛用于钎焊钢、铜和铜合金，不锈钢、高温合金等的具有对称形状的焊件，特别适用于管件套接，也可用于铝合金的硬钎焊	感应钎焊设备主要由感应电流发生器和感应圈组成

1.4.3　安装工程常用仪器仪表的类型及应用

1. 温度检测仪表

（1）辐射高温计

辐射高温计是一种非接触式辐射测温仪表，它是根据物体的热辐射效应原理来测量物体表面温度的。它适合于冶金、机械、硅酸盐及化学工业部门中连续测量各熔炉、高温窑、盐浴池等场合的温度，以及用于其他不适宜装置热电偶的地方。配合适当的显示仪表，可以指示、记录或自动调节被测温度。

（2）装配式热电偶

装配式热电偶是热电偶温度测量仪表中常用的测温元件，它直接测量温度，并把温度信号转换成热电动势信号，通过电气仪表（二次仪表）转换成被测介质的温度。通常和显示仪表、记录仪表和电子控制器配套使用。它可以直接测量各种生产过程中从 0℃～1800℃范围内的液体、蒸汽和气体介质以及固体的表面温度。

（3）装配式铂电阻

工业用铂电阻作为温度测量变送器，通常用来和显示、记录调节仪表配套，直接测量各种生产过程中从－200℃～500℃范围内的液体、蒸汽和气体介质以及固体等表面温度。装配式铂电阻采用引进铂电阻元件作测温元件。因此，它具有良好的电输出性能，可为显示仪、记录仪、调节仪、扫描仪、数据记录仪以及电脑提供精确的温度变化输入信号。

（4）一体化温度变送器

集热电偶或热电阻同变送器为一体，利用液体静压力的原理测量，将静压转换为电信号，再经过温度补偿和线性修正，转化成标准电信号。可直接测量各种工业过程中－200

～900℃范围内的液体、蒸汽和气体介质的温度。作为新一代的温度变送器，它可广泛用于冶金、石油、化工、电力、轻工、纺织、食品，国防及科研等各部门。

2. 压力检测仪表

（1）一般压力表

一般压力表适用于测量无爆炸危险，不结晶，不凝固及对钢及铜合金不起腐蚀作用的液体，蒸汽和气体等介质的压力。

（2）隔膜式压力表

采用间接测量结构，隔膜在被测介质压力作用下产生变形，密封液被压形成的压力传导至压力仪表，显示被测介质压力值。适用于测量腐蚀性、高黏度、易结晶、含有固体状颗粒、温度较高的液体介质的压力。

（3）防爆感应式接点压力表

防爆感应式接点压力表是专用于某些有爆炸危险场所的仪表，该表具有对工艺流程中的流体介质的压力参量进行检测、自动控制、自动报警等功能。

（4）电阻远传压力表

电阻远传压力表适用于测量对铜及铜合金不腐蚀作用的液体、蒸汽和气体等介质的压力。因为在仪表内部设置了滑线电阻式发送器，故可把被测值以电量值传至远离测量点的二次仪表上，以实现集中检测和远距离控制。此外，本仪表能就地指示压力，以便于现场工艺检查。

（5）电容式压力变送器

电容式压力变送器广泛应用于工业生产过程检测控制系统中，可测量液体气体和蒸汽的表压，还可以测量开口容器内液体的液位。

3. 流量检测仪表

（1）转子流量计

转子流量计是根据节流原理测量流体流量的，它通过改变流体的流通面积来保持转子上下的差压恒定，故又称为变流通面积恒差压流量计，也称为浮子流量计。适用于小、微流量的测量。广泛地应用于化工、石油、医药、轻工、污水处理等行业。有金属管转子流量计、玻璃管转子流量计等。

（2）涡轮流量传感器

涡轮流量传感器是一种精密流量测量仪表，与相应的流量计算仪表配套可用于测量液体的流量和总量。体积小、重量轻、显示读数直观、清晰、可靠性高、不受外界电源影响、抗雷击。可用于测量液体的瞬时流量或总流量。广泛用于石油、化工、冶金、科研等领域的计量、控制系统。

（3）椭圆齿轮流量计

属于容积式流量计的一种，在流量仪表中是精度较高的一类。主要用于测量流体的累计流量。适用于高黏度介质流量的测量，但不适用于含有固体颗粒的流体。如果被测液体介质中夹杂有气体时，会引起测量误差。适用于化工、石油、医药、电力、冶金和食品等工业部门的流量计量工作。

（4）电磁流量计

电磁流量计是应用电磁感应原理，根据导电流体通过外加磁场时感生的电动势来测量导电流体流量的一种仪器。电磁流量计主要有直流式和感应式两种。测量精度不受流体密度、黏度、温度、压力和电导率变化的影响，在给排水、造纸、酿酒、食品、纺织印染和化纤等工业流程中获得广泛应用。

（5）双波纹管差压计

双波纹管差压计是一种就地指示记录型的无水银差压计，是最早代替 U 形管而被广泛应用的差压计之一。价格较便宜，使用可靠，不易损坏，与节流装置相配合测量液体、气体、蒸汽的流量，同时也可以用来测量差压、表压（正压或负压）以及开口容器或受压容器的液位。通常用于石油、化工、冶金、电站、纺织等工业流程检测系统中。

（6）电容式差压变送器

主要用于测量液体、气体或蒸汽的压力，并能将所测的压力值转变为电流信号或电压信号输出。也可与智能手持器相互通信，通过它们进行设定、监控等。电容式差压变送器广泛应用于工业生产过程检测控制系统中，配用节流装置可测量液体、气体和蒸汽的流量，也可直接用来测量差压、表压以及开口或受压容器内的液位。

4. 物位测量仪表

（1）浮球液位控制器

液位到达高、低极限位置时，控制器内电触点接通，可控制信号报警装置报警或启停电动泵。分防爆或非防爆两大类。控制器不适用于对黄铜、不锈钢等材料有较强腐蚀作用以及含有导磁杂质的介质。

（2）超声波物位计

利用回声法的原理，对容器内液体或固体物料的高度进行非接触式的连续或定点测位，且能方便地提供遥测或遥控所需的信号。超声技术不需要防护，不需要运动部件，安装和维护较方便。可广泛应用于石油、矿业、发电厂、化工厂、农业用水、环保监测、食品、抗洪防汛、空间定位等行业。

（3）电容物位控制器

该控制器是目前水平比较高的一种电容物位控制器。其最大特点是能克服粘附层的影响，因此它几乎可以检测所有的物料，包括固体和液体，导电介质和非导电介质，以及有腐蚀性或吸附性介质。

（4）音叉料位控制器

该控制器是用于检测各种非黏滞性的干燥的粉状及小颗粒固体物料，作为高低料位控制和报警的一种高灵敏度检测仪表，广泛应用于食品、粮食加工部门、轻工业、建材、医药、塑料等工业及冶金企业的铸造型砂、小铁粒、各种金属粉末等料位控制。

（5）阻旋式料面讯号器

阻旋式料面讯号器，应用于工业生产过程中料仓容器内的物料料位的控制和报警。被测介质为颗粒或粉状，可测矿粉、水泥、砂子、煤粉、粮食、饲料和各种固体的化工化纤原料等物料。

5. 过程分析仪表

过程分析仪器仪表又称在线分析仪器仪表，是用于工业生产流程中对物质的成分及性质进行自动分析与测量仪器仪表的总称，重点为燃烧控制、废气安全回收、流程工艺控制、质量监测所需的自动化分析产品，所显示的数据反映生产中的实时状况。按分析对象可分为两大类，一类是测定混合物中某一组分的含量或物性参数，如磁氧分析仪、pH

计、湿度计等；另一类是分析混合物质中多组分的几种或全部组分的个别含量如气相色谱仪等。此外还有很多其他分类。

6. 数据显示仪表

（1）模拟式显示仪表

模拟式显示仪表是以指针（或记录笔）的线位移或角位移来模拟显示被测参数连续变化的仪表。其特点是测量速度较慢，读数容易造成多值性。但性能可靠，且能反映出被测参数的变化趋势，因此，目前工业生产中仍大量地被采用。

（2）声光式显示仪表

声光式显示仪表是以声响或光柱的变化反映被测参数超越极限或模拟显示被测参数的连续变化的仪表。它具有制造工艺简单、造价低、寿命长、可靠性高等优点，可取代常规模拟显示仪表。

（3）数字式显示仪表

数字式显示仪表是直接以数字形式显示被测参数量值大小的仪表。它具有测量速度快、精度高、读数直观，并且对所检测的参数便于进行数值控制和数字打印、记录，也便于和计算机联用等特点，因此，这类仪表得以迅速发展。

（4）图表式显示仪表

图表式显示仪表是直接把工艺参数的变化量，以文字、数字、符号、表格或图像的形式在屏幕上进行显示的仪表。它具有模拟式与数字式显示仪表两种功能，并具有计算机大存储量的记忆能力与快速性功能，是现代计算机不可缺少的终端设备，常与计算机联用，作为计算机综合集中控制不可缺少的显示装置。

7. 自动调节及控制器

自动调节是指利用控制器把检测仪表的测量值与给定值进行比较，如果出现偏差，控制器就发出一个相应的调节信号到执行器，执行器根据控制器的命令，改变阀门的开度，调节流体的流量，从而间接或直接改变工艺参数的变化方向，把工艺参数稳定到规定的范围内。

常见的控制器有固定程序控制器、全刻度指示控制器、偏差指示控制器等。

8. 参数控制及执行器

参数控制是指对生产过程中的压力、温度、流量、物位等参数的定量定性控制，以保证生产持续稳定地进行。参数控制是实现生产过程自动化的必要手段。参数控制依靠执行器实现。

常见的执行机构有气动薄膜双座调节阀、气动 O 形切断球阀（气动活塞执行机构）、直行程式电动执行机构、角行程电动执行机构、气动偏心旋转调节阀等。

第 5 节　施工组织设计的编制原理、内容及方法

1.5.1　施工组织设计概述

1. 施工组织设计的概念

施工组织设计是以施工项目为对象编制的，用以指导施工的技术、经济和管理的综合文件。它体现了实现基本建设计划和设计的要求，提供了各阶段的施工准备工作内容，用以协调施工过程中各施工单位、各施工工种、各项资源之间的相互关系。

通过施工组织设计，可根据具体工程的特定条件，拟订施工方案，确定施工顺序、施工方法、技术组织措施，保证拟建工程按照预定的工期完成，并在开工前了解所需资源的数量及其使用的先后顺序，合理安排施工现场布置。因此施工组织设计应从施工全局出发，充分反映客观实际，符合国家或合同要求，统筹安排施工活动有关的各个方面，合理地布置施工现场，确保文明施工、安全施工。

2. 施工组织设计的作用

施工组织设计是对施工活动实行科学管理的重要手段之一，它具有战略部署和战术安排的双重作用。其主要作用体现在以下几方面：

（1）体现基本建设计划和设计的要求，衡量和评价设计方案进行施工的可行性和经济合理性；

（2）把施工过程中各单位、各部门、各阶段以及各施工对象相互之间的关系更好、更密切、更具体地协调起来；

（3）根据施工的各种具体条件，制订拟建工程的施工方案，确定施工顺序、施工方法、劳动组织和技术组织措施；

（4）确定施工进度，保证拟建工程按照预定工期完成，并在开工前了解所需材料、机具和人力的数量及需要的先后顺序；

（5）合理安排和布置临时设施、材料堆放及各种施工机械在现场的具体位置；

（6）事先预计到施工过程中可能会产生的各种情况，从而做好准备工作和拟定采取的相应防范措施。

3. 施工组织设计分类

（1）按编制阶段分类

施工组织设计可分为标前施工组织设计和标后施工组织设计两种类型。

1）标前施工组织设计又称施工组织设计纲要，是项目投标阶段依据初步设计和招标文件编制，对投标项目的施工布局做出总体安排，以满足投标需要的原则性的施工组织规划。

2）标后施工组织设计是项目实施阶段依据施工组织设计纲要、施工图设计和合同文件编制，对实施项目的施工过程做出全面安排，以满足履约需要的可操作的施工组织规划。

（2）按编制对象分类

施工组织设计可分为施工组织总设计、单位工程施工组织设计和专项工程施工组织设计三种类型，属于标后施工组织设计。

1）施工组织总设计是以整体工程或若干个单位工程组成的群体工程为主要对象编制，对整个项目的施工全过程起统筹规划和重点控制的作用，是编制单位工程施工组织设计和专项工程施工组织设计的依据。

2）单位工程施工组织设计是以单位（子单位）工程为主要对象编制，对单位（子单位）工程的施工过程起指导和制约的作用，是施工组织总设计的进一步具体化，直接指导单位（子单位）工程的施工管理和技术经济活动。

3）专项工程施工组织设计又称为分部（分项）工程施工组织设计，是以分部（分项）工程或专项工程为主要对象编制，对分部（分项）工程或专项工程的作业过程起具体指导和制约的作用。通常情况下,对于复杂及特殊作业过程,如技术难度大、工艺复杂、质量要求高、新工艺和新产品应用的分部(分项)工程或专项工程,需要编制进一步细化的施工技术与组织方案,因此专项工程施工组织设计也称为施工方案。

4. 施工组织设计编制原则

施工组织设计应由项目负责人主持编制,施工组织设计的编制必须遵循工程建设程序,并应符合下列原则:

(1)合规性原则

1)遵守现行工程建设法律法规、方针政策、标准规范的规定。

2)符合施工合同或招标文件中有关工期、质量、安全、造价等技术经济指标的要求。

3)符合施工现场安全、防火、环保和文明施工的要求。

(2)先进性原则

1)采用先进的技术措施和方法,如开发应用新技术、新工艺、新材料、新设备。

2)推广应用建筑业 10 项新技术。

3)推广应用建筑节能环保和绿色施工技术。

(3)科学性原则

1)采取科学的管理措施和方法,进行多方案的优化比选。

2)坚持科学的施工程序和施工顺序,如采用流水施工和网络计划等方法,采取季节性施工措施等。

(4)经济性原则

1)确保施工安全和质量的前提下,具有指导性强的施工组织、进度计划、资源计划、成本控制、技术措施、效益分析等。

2)合理配置资源,如综合平衡年度施工密度,改善劳动组织,实现连续均衡施工等,实现资源利用效率的最大化。

3)现场布置紧凑,如提高场地利用率,减少施工用地等。

(5)适宜性原则

1)满足工程实际情况,如具有针对工程特点、重点、难点的施工方法和保障措施。

2)满足企业实际能力,如与企业的技术和管理水平、人员、资金和装备状况等有效结合。

3)满足企业管理现状,如与企业管理制度、质量、环境和职业健康安全管理体系等有效结合。

1.5.2 施工组织总设计

1. 施工组织总设计的概念

施工组织总设计是以若干单位工程组成的群体工程或特大型项目为主要对象编制的施工组织设计,对整个项目的施工过程起统筹规划、重点控制的作用。

2. 施工组织总设计的编制依据

施工组织总设计的编制依据主要包括:

(1)计划文件;

(2)设计文件;

（3）合同文件；

（4）建设地区基础资料；

（5）有关的标准、规范和法律；

（6）类似建设工程项目的资料和经验。

3. 施工组织总设计的编制程序

施工组织总设计的编制通常采用如下程序：

（1）收集和熟悉编制施工组织总设计所需的有关资料和图纸，进行项目特点和施工条件的调查研究；

（2）计算主要工种工程的工程量；

（3）确定施工的总体部署；

（4）拟订施工方案；

（5）编制施工总进度计划；

（6）编制资源需求量计划；

（7）编制施工准备工作计划；

（8）施工总平面图设计；

（9）计算主要技术经济指标。

应该指出，以上程序中有些程序不可逆转，如：

（1）拟订施工方案后才可编制施工总进度计划（因为进度的安排取决于施工的方案）；

（2）编制施工总进度计划后才可编制资源需求量计划（因为资源需求量计划要反映各种资源在时间上的需求）。

但是在以上程序中也有些程序应该根据具体项目而定，如确定施工的总体部署和拟订施工方案，两者有紧密的联系，往往可以交叉进行。

4. 施工组织总设计的内容

施工组织总设计的主要内容如下：

（1）建设项目的工程概况；

（2）施工部署及其核心工程的施工方案；

（3）全场性施工准备工作计划；

（4）施工总进度计划；

（5）各项资源需求量计划；

（6）全场性施工总平面图设计；

（7）主要技术经济指标（项目施工工期、劳动生产率、项目施工质量、项目施工成本、项目施工安全、机械化程度、预制化程度、暂设工程等）。

5. 工程概况

（1）工程概况应包括项目主要情况和项目主要施工条件等。

（2）项目主要情况应包括下列内容：

1）项目名称、性质、地理位置和建设规模；

2）项目建设、勘察、设计和监理等相关单位的情况；

3）项目设计概况；

4）项目承包范围及主要分包工程范围；

5）施工合同或招标文件对项目施工的重点要求；

6）其他应说明的情况。

（3）项目主要施工条件应包括下列内容：

1）项目建设地点气象状况；

2）项目施工区域地形和工程水文地质状况；

3）项目施工区域地上、地下管线及相邻的地上、地下建（构）筑物情况；

4）与项目施工有关的道路、河流等情况；

5）当地建筑材料、设备供应和交通运输等服务能力状况；

6）当地供电、供水、供热和通信能力状况；

7）其他与施工有关的主要因素。

6. 总体施工部署

（1）施工组织总设计应对项目总体施工作出下列宏观部署：

1）确定项目施工总目标，包括进度、质量、安全、环境和成本等目标；

2）根据项目施工总目标的要求，确定项目分阶段（期）交付的计划；

3）确定项目分阶段（期）施工的合理顺序及空间组织。

（2）对于项目施工的重点和难点应进行简要分析。

（3）总承包单位应明确项目管理组织机构形式，并宜采用框图的形式表示。

（4）对于项目施工中开发和使用的新技术、新工艺应作出部署。

（5）对于主要分包项目施工单位的资质和能力应提出明确要求。

7. 施工总进度计划

（1）施工总进度计划应按照项目总体施工部署的安排进行编制。

（2）施工总进度计划可采用网络图或横道图表示，并附必要说明。

8. 总体施工准备与主要资源配置计划

（1）总体施工准备应包括技术准备、现场准备和资金准备等。

（2）技术准备、现场准备和资金准备应满足项目分阶段（期）施工的需要。

（3）主要资源配置计划应包括劳动力配置计划和物资配置计划等。

（4）劳动力配置计划应包括下列内容：

1）确定各施工阶段（期）的总用工量；

2）根据施工总进度计划确定各施工阶段（期）的劳动力配置计划。

（5）物资配置计划应包括下列内容：

1）根据施工总进度计划确定主要工程材料和设备的配置计划；

2）根据总体施工部署和施工总进度计划确定主要施工周转材料和施工机具的配置计划。。

9. 主要施工方法

（1）施工组织总设计应对项目涉及的单位（子单位）工程和主要分部工程所采用的施工方法进行简要说明。

（2）对脚手架工程、起重吊装工程、临时用水用电工程、季节性施工等专项工程所采用的施工方法应进行简要说明。

10. 施工总平面布置

（1）施工总平面布置的原则

1）总体布局合理，施工场地占用面积少，符合节能、环保、安全、消防和文明施工等相关规定。

2）合理组织运输，减少二次搬运。

3）施工区域的划分和场地的临时占用应符合总体施工部署和施工流程的要求，减少相互干扰。

4）充分利用既有建（构）筑物和既有设施为项目施工服务，降低临时设施的建造费用。

5）临时设施应方便生产和生活，办公区、生活区和生产区宜分离设置。

（2）施工总平面布置的依据

1）工程设计文件。

2）总体施工部署、主要施工方案（如大型施工机械选型、布置及其作业流程的方案，各专业预制加工系统的工艺流程及其分区布置方案等）、施工总进度计划、主要资源配置计划（如材料设备总量及储备周期、材料设备供货及运输方式、项目设施需求计划等）、主要施工管理计划（如质量管理计划、安全管理计划、环境管理计划、成本管理计划等）。

3）拟建临时设施的位置和面积，必备的安全、消防、保卫、环保设施等。

4）工程施工场地状况，所在地区的自然条件、经济技术条件、当地的资源供应状况和运输条件等。

（3）施工总平面布置的主要内容

1）施工用地范围内的地形状况。

2）全部拟建的建（构）筑物和其他基础设施的位置。

3）施工用地范围内的加工设施、运输设施、存贮设施、供电设施、供水供热设施、排水排污设施、临时施工道路和办公、生活用房等。

4）施工现场必备的安全、消防、保卫和环境保护等设施。

5）相邻的地上、地下既有建（构）筑物及相关环境。

（4）施工总平面的管理

1）工程实行施工总承包的，施工总平面的管理由总承包单位负责；未实行施工总承包的，施工总平面的管理应由建设单位负责统一管理或委托某主体工程分包单位管理。

2）施工分包单位对已批准的施工总平面布置，不得随意变动。分包单位的平面布置做变动前需向施工总承包单位提出书面报告申明理由，经批准后才能实施。

3）施工总平面应进行动态管理。随着工程施工进度，施工总平面布置也应做相应有序的变更，可以根据不同的施工阶段绘制阶段性的施工总平面图。

1.5.3　单位工程施工组织设计

1. 单位工程施工组织设计的概念

单位工程施工组织设计是以单位（子单位）工程为主要对象编制的施工组织设计，对单位（子单位）工程的施工过程起指导和制约作用。

2. 单位工程施工组织设计的编制依据

单位工程施工组织设计编制依据主要包括：

（1）与工程建设有关的法律、法规和文件；

（2）国家现行有关标准和技术经济指标；

（3）工程所在地区行政主管部门的批准文件，建设单位对施工的要求；

（4）工程施工合同或招标投标文件；

（5）工程设计文件；

（6）工程施工范围内的现场条件，工程地质及水文地质、气象等自然条件；

（7）与工程有关的资源供应情况；

（8）施工企业的生产能力、机具设备状况、技术水平等。

3. 单位工程施工组织设计的编制程序

单位工程施工组织设计的编制程序同施工组织总设计的编制程序。

4. 单位工程施工组织设计的内容

单位工程施工组织设计的主要内容如下：

（1）工程概况及施工特点分析；

（2）施工方案的选择；

（3）单位工程施工准备工作计划；

（4）单位工程施工进度计划；

（5）各项资源需求量计划；

（6）单位工程施工总平面图设计；

（7）技术组织措施、质量保证措施和安全施工措施；

（8）主要技术经济指标。

5. 工程概况

（1）工程概况应包括工程主要情况、各专业设计简介和工程施工条件等。

（2）工程主要情况应包括下列内容：

1）工程名称、性质和地理位置；

2）工程建设、勘察、设计、监理和总承包等相关单位的情况；

3）工程承包范围和分包工程范围；

4）施工合同、招标文件或总承包单位对工程施工的重点要求；

5）其他应说明的情况。

（3）各专业设计简介应包括下列内容：

1）建筑设计简介应依据建设单位提供的建筑设计文件进行描述，包括建筑规模、建筑功能、建筑特点、建筑耐火、防水及节能要求等，并应简单描述工程的主要装修做法；

2）结构设计简介应依据建设单位提供的结构设计文件进行描述，包括结构形式、地基基础形式、结构安全等级、抗震设防类别、主要结构构件类型及要求等；

3）机电及设备安装专业设计简介应依据建设单位提供的各相关专业设计文件进行描述，包括给水排水及采暖系统、通风与空调系统、电气系统、智能化系统、电梯等各个专业系统的做法要求。

（4）工程施工条件应参照 1.5.2 的 5.（3）所列主要内容进行说明。

6. 施工部署

（1）工程施工目标应根据施工合同、招标文件以及本单位对工程管理目标的要求确定，包括进度、质量、安全、环境和成本等目标。各项目标应满足施工组织总设计中确定的总体目标。

（2）施工部署中的进度安排和空间组织应符合下列规定：

1）工程主要施工内容及其进度安排应明确说明，施工顺序应符合工序逻辑关系；

2）施工流水段应结合工程具体情况分阶段进行划分；单位工程施工阶段的划分一般包括地基基础、主体结构、装修装饰和机电设备安装三个阶段。

（3）对于工程施工的重点和难点应进行分析，包括组织管理和施工技术两个方面。

（4）工程管理的组织机构形式应按照1.5.2的6.（3）的规定执行，并确定项、部的工作岗位设置及其职责划分。

（5）对于工程施工中开发和使用的新技术、新工艺应做出部署，对新材料和新设备的使用应提出技术及管理要求。

（6）对主要分包工程施工单位的选择要求及管理方式应进行简要说明。

7. 施工进度计划

（1）单位工程施工进度计划应按照施工部署的安排进行编制。

（2）施工进度计划可采用网络图或横道图表示，并附必要说明；对于工程规模较大或较复杂的工程，宜采用网络图表示。

8. 施工准备与资源配置计划

（1）施工准备应包括技术准备、现场准备和资金准备等。

1）技术准备应包括施工所需技术资料的拨备、施工方案编制计划、试验检验及设备调试工作计划、样板制作计划等。

① 主要分部（分项）工程和专项工程在施工前应单独编制施工方案，施工方案可根据工程进展情况，分阶段编制完成；对需要编制的主要施工方案应制定编制计划；

② 试验检验及设备调试工作计划应根据现行规范、标准中的有关要求及工程规模、进度等实际情况制定；

③ 样板制作计划应根据施工合同或招标文件的要求并结合工程特点制定。

2）现场准备应根据现场施工条件和工程实际需要，准备现场生产、生活等临时设施。

3）资金准备应根据施工进度计划编制资金使用计划。

（2）资源配置计划应包括劳动力配置计划和物资配置计划等。

1）劳动力配置计划应包括下列内容：

① 确定各施工阶段用工量；

② 根据施工进度计划确定各施工阶段劳动力配置计划。

2）物资配置计划应包括下列内容：

① 主要工程材料和设备的配置计划应根据施工进度计划确定，包括各施工阶段所需主要工程材料、设备的种类和数量；

② 工程施工主要周转材料和施工机具的配置计划应根据施工部署和施工进度计划确定，包括各施工阶段所需主要周转材料、施工机具的种类和数量。

9. 主要施工方案

（1）单位工程应按照现行《建筑工程施工质量验收统一标准》GB 50300 中分部、分项工程的划分原则，对主要分部分项工程制订施工方案。

（2）对脚手架工程、起重吊装工程、临时用水用电工程、季节性施工等专项工程所采用的施工方案应进行必要的验算和说明。

10. 施工现场平面布置

（1）施工现场平面布置图应参照 1.5.2 的 10.（1）～（4）的规定，并结合施工组织总设计，按不同施工阶段分别绘制。

（2）施工现场平面布置图应包括下列内容：

1）工程施工场地状况；

2）拟建的建（构）筑物的位置、轮廓尺寸、层数等；

3）工程施工现场的加工设施、存贮设施、办公和生活用房等的位置和面积；

4）布置在工程施工现场的垂直运输设施、供电设施、供水供热设施、排水排污设施和临时施工道路等；

5）施工现场必备的安全、消防、保卫和环境保护等设施；

6）相邻的地上、地下既有建（构）筑物及相关环境。

1.5.4　施　工　方　案

1. 施工方案的类型

施工方案也称为分部（分项）工程或专项工程施工组织设计，是依据施工组织设计要求，以分部（分项）工程或专项工程为对象编制的具体作业过程文件，是施工组织设计的细化和完善。

按施工方案所指导的内容可分为专业工程施工方案和安全专项施工方案两大类。

（1）专业工程施工方案

其指以组织专业工程（含多专业配合工程）实施为目的，用于指导专业工程施工全过程各项施工活动需要而编制的工程施工方案。

（2）安全专项施工方案

其指《危险性较大的分部分项工程安全管理规定》（住建部 37 号令）及相关安全生产法律法规中所规定的危险性较大的专项工程以及按照专项规范规定和特殊作业需要而编制的工程施工方案。

1）安全专项施工方案的编制

施工单位应当在危大工程施工前组织工程技术人员编制专项施工方案，实行施工总承包的，应由施工总承包单位组织编制。危大工程实行分包的，其安全专项施工方案可由专业分包单位组织编制。

2）安全专项施工方案审核、实施

① 专项施工方案应当由施工单位技术负责人审核签字、加盖单位公章，并由总监理工程师签字、加盖执业印章后方可实施。

② 危大工程实行分包并由分包单位编制专项施工方案的，专业施工方案应当由总承包单位技术负责人及分包单位技术负责人共同审核签字，并加盖单位公章。

③ 对于超过一定规模的危大工程，施工单位应当组织召开专家论证会对专项施工方案进行论证。实行施工总承包的，由施工总承包单位组织召开专家论证会。专家论证前专项施工方案应当通过施工单位审核和总监理工程师审查。

3）专家论证后的实施要求

① 专项施工方案经论证需修改后通过的，施工单位应当根据论证报告修改完善后重新履行审批程序。

② 专项施工方案经论证不通过的，施工单位修改后应当重新组织专家论证。

2. 施工方案编制原则

（1）遵循先进性、可行性和经济性兼顾的原则。

（2）突出重点和难点，制定出可行的施工方法和保障措施。

（3）满足工程的质量、安全、工期要求，施工所需的成本费用低。

3. 施工方案编制依据

编制依据包括工程建设有关的法律法规、标准规范、施工合同、施工组织设计、设计技术文件、供货方技术文件、施工现场条件、同类工程施工经验等。

4. 施工方案编制内容及要点

（1）施工方案编制内容

编制内容包括工程概况、编制依据、施工安排、施工进度计划、施工准备与资源配置计划、施工方法及工艺要求、质量安全保证措施等基本内容。

（2）施工方案编制要点

1）工程概况包括工程主要情况、设计简介和工程施工条件等。

2）施工安排应确定进度、质量、安全、环境和成本等目标；确定施工顺序及施工流水段；确定工程管理的组织机构及岗位职责；针对工程的重点和难点简述主要管理和技术措施。

3）施工进度计划应根据施工安排的要求进行编制，采用网络图或横道图表示，并附必要说明。

4）施工准备与资源配置计划，其中施工准备包括技术准备、现场准备和资金准备；资源配置计划包括劳动力配置计划和物资配置计划。

5）施工方法及工艺要求应明确分部（分项）工程或专项工程施工方法并进行必要的技术核算；明确主要分项工程（工序）施工工艺要求；明确各工序之间的顺序、平行、交叉等逻辑关系；明确工序操作要点、机具选择、检查方法和要求；明确针对性的技术要求和质量标准；对易发生质量通病、易出现安全问题、施工难度大、技术含量高的分项工程（工序）等做出重点说明；对开发和应用的新技术、新工艺以及采用的新材料、新设备通过必要的试验或论证并制定计划；对季节性施工提出具体要求。

6）质量、安全保证措施，其中质量保证措施包括制定工序控制点，明确工序质量控制方法等；安全保证措施包括危险源和环境因素的识别，相应的预防与控制措施等。

5. 危大工程专项施工方案的主要内容

（1）工程概况：危大工程概况和特点，施工平面布置、施工要求和技术保证条件。

（2）编制依据：相关法律法规、规范性文件、标准、规范及施工图设计文件、施工组织设计等。

（3）施工计划：包括施工进度计划、材料、设备计划。

（4）施工工艺技术、技术参数、工艺流程、施工方法、操作要求、检查要求等。

（5）施工安全保证措施：包括组织保障措施、技术措施和监测监控措施等。

（6）施工管理及作业人员配备和分工：包括施工管理人员、专职安全管理人员、特种作业人员和其他作业人员等。

（7）施工验收：验收要求、验收标准、验收程序、验收人员、验收内容。

（8）应急处置措施。

（9）计算书及相关图纸。

6. 机电安装工程中涉及的超危大工程范围

（1）采用非常规起重设备、方法，且单件起吊重量在 100kN 及以上的起重吊装工程。

（2）起重量 300kN 及以上，或搭设总高度 200m 及以上，或搭设基础标高在 200m 及以上的起重机械安装和拆卸工程。

（3）跨度 36m 及以上的钢结构安装工程。

（4）重量 1000kN 及以上的大型结构整体顶升、平移、转体等施工工艺。

7. 施工方案优化

对施工方案进行技术经济评价是选择最优施工方案的重要环节之一。根据条件不同，可以采用多个施工方案，进行技术经济分析，选出工期短、质量好、材料省、劳动力安排合理、工程成本低的方案。

（1）施工方案的技术经济分析原则

1）应有两个以上的方案，每个方案都应可行，方案应具有可比性、客观性。

2）由于涉及的因素多且复杂，一般只对一些主要的分部分项工程的施工方案进行技术经济分析评价。

（2）施工方案经济评价的常用方法——综合评价法

综合评价法公式：

$$E_j = \sum_{i=1}^{n} (A \times B)$$

式中　E_j——评价值；

　　　N——评价要素；

　　　A——方案满足程度（%）；

　　　B——权值（%）。

用上述公式计算出最大的方案评价值 E_{jmax} 就是被选择的方案。

（3）常见经济分析的施工方案

特大、重、高或精密、价值高设备的运输、吊装方案；特厚、大焊接量及重要部位或有特别要求的焊接方案；工程量大、多交叉工程的施工组织方案；特殊作业方案；现场预制和工厂预制的方案；综合系统试验及无损检测方案；传统作业技术和采用新技术、新工艺的方案；关键过程技术方案等。

（4）施工方案的技术经济比较

1）技术先进性比较

① 比较各方案的技术水平，如国家、行业、省市级水平等。

② 比较各方案的技术创新程度，如突破、填补空白、达到领先。

③ 比较各方案的技术效率，如吊装技术中的起吊吨位、每吊时间间隔、吊装直径范围、起吊高度等；焊接技术中能否适应母材、焊接速度、熔敷效率、适应焊接位置等；无损检测技术中的单片、多片射线探伤等；测量技术中平面、空间、自动记录、绘图等。

④ 比较各方案的创新技术点数，如该点数占本方案总的技术点数的比例。

⑤ 比较各方案实施的安全性，如可靠性、事故率等。

2）经济合理性比较

① 比较各方案的一次性投资总额；

② 比较各方案的资金时间价值；

③ 比较各方案对环境影响的损失；

④ 比较各方案总产值中剔除劳动力与资金对产值增长的贡献；

⑤ 比较各方案对工程进度时间及其费用影响的大小；

⑥ 比较各方案综合性价比。

3）重要性比较

① 推广应用的价值比较，如社会（行业）进步等；

② 社会效益的比较，如资源节约、污染降低等。

1.5.5 施工组织设计的实施

1. 施工组织设计的审核及批准

（1）施工组织设计实施前应严格执行编制、审核、审批程序；没有批准的施工组织设计不得实施。

（2）施工组织设计编制，应坚持"谁负责实施，谁组织编制"的原则。

1）对于规模大、工艺复杂的工程、群体工程或分期出图的工程，可分阶段编制和报批。

2）施工组织总设计由施工总承包单位组织编制。当工程未实行施工总承包时，施工组织总设计应由建设单位负责组织各施工单位编制。单位工程或专项工程施工组织设计由施工单位组织编制。

（3）施工组织设计编制、审核和审批工作实行分级管理制度。

施工组织总设计应由总承包单位技术负责人审批后，向监理报批。单位工程施工组织设计应由施工单位技术负责人或技术负责人授权的技术人员审批；专项工程施工组织设计应由项目技术负责人审批；施工单位完成内部编制、审核、审批程序后，报总承包单位审核、审批；然后由总承包单位项目经理或其授权人签章后，向监理报批。工程未实行施工总承包的，施工单位完成内部编制、审核、审批程序后，由施工单位项目经理或其授权人签章后，向监理报批。

规模较大的分部（分项）工程或专项工程的施工方案应按单位工程施工组织设计进行编制和审批。

2. 施工组织设计交底

（1）工程开工前，施工组织设计的编制人员应向施工人员作施工组织设计交底，以做好施工准备工作。

（2）施工组织设计交底的内容包括：工程特点、难点，主要施工工艺及施工方法，进度安排，组织机构设置与分工，质量、安全技术措施等。

3. 施工方案交底

（1）工程施工前，施工方案的编制人员应向施工作业人员进行施工方案的技术交底。除分项、专项工程的施工方案需进行技术交底外，涉及新产品、新材料、新技术、新工艺即"四新"技术以及特殊环境、特种作业等也必须向施工作业人员进行交底。

（2）交底内容为该工程的施工程序和顺序、施工工艺、操作方法、要领、质量控制、安全措施等。

（3）危大工程安全专项方案实施前，编制人员或者项目技术负责人应当向现场管理人员进行交底。施工现场管理人员应当向作业人员进行安全技术交底，并由双方和项目专职安全生产管理人员共同签字确认。

4. 施工组织设计的实施

（1）施工组织设计一经批准，施工单位和工程相关单位应认真贯彻执行，未经审批不得修改。施工组织设计的修改或补充涉及原则的重大变更，须履行原审批手续。原则的重大变更包括：工程设计有重大修改；有关法律、法规、规范和标准实施、修订和废止；主要施工方法有重大调整；主要施工资源配置有重大调整；施工环境有重大改变等。

（2）工程施工前，应进行施工组织设计逐级交底，使相关管理人员和施工人员了解和掌握相关部分的内容和要求。施工组织设计交底是施工现场各级技术交底的主要内容之一，保证施工组织设计得以有效地贯彻实施。

（3）组织有关人员在施工过程中做好记录，积累资料，工程结束后及时作出总结。各级生产及技术负责人都要督促、检查施工组织设计的贯彻执行，分析执行情况、适时调整。

【例1-5-1】

1. 背景

某安装公司承包2×200MW火力发电厂1号机组的机电安装工程，主要施工内容包括锅炉、汽轮发电机组、油浸式电力变压器、110kV交联电力电缆、化学水系统、输煤系统、电除尘装置等。其中，汽轮机为抽、凝两用机，可供热。

安装公司进场后，项目经理组织编制了机电安装工程施工组织设计，主要内容包括工程概况、编制依据、施工进度计划、主要施工管理计划等。施工方案有油浸式电力变压器施工方案、电力电缆敷设方案、电力电缆交接试验方案等。其中，油浸式电力变压器施工方案中的施工程序包括开箱检查、二次搬运、附件安装、滤油注油、验收等。工程开工前，技术人员对施工人员进行了施工技术交底。

油浸式电力变压器安装时，由于变压器附件到货晚，导致工期滞后，安装公司项目部协调5名施工人员到该项目支援工作，作业班长考虑到他们比较熟悉变压器安装且经验丰富，未通知技术人员进行交底，立即安排参加变压器的安装工作。

110kV电力电缆交接试验时，电气试验人员按照施工方案与《电气设备交接试验标准》要求，对110kV电力电缆进行了电缆绝缘电阻测量和交流耐压试验。

2. 问题

（1）机电安装工程施工组织设计还应包括哪些主要内容？

（2）指出背景资料中油浸式电力变压器施工程序还应包括哪些主要工序？

（3）简述汽轮机本体由哪几部分组成。

（4）作业班长做法是否正确？写出施工技术交底的类型。

（5）110kV 电力电缆交接试验时，还应包括哪些试验项目？

3. 分析与参考答案

（1）施工组织设计的基本内容应包括：工程概况、编制依据、施工部署、主要施工方法、施工进度计划、施工准备与资源配置计划、施工现场平面图、主要施工管理计划（如进度、质量、安全、环境、成本及其他管理计划）等。

机电安装工程施工组织设计的主要内容还应有：施工部署、主要施工方法、施工准备及资源配置计划和施工现场平面图。

（2）油浸式电力变压器的施工程序：开箱检查→二次搬运→设备就位→吊芯检查→附件安装→滤油、注油→绝缘测试→交接试验→验收。

油浸式电力变压器施工程序中还应包括的工序有：设备就位、吊芯检查、绝缘测试、交接试验。

（3）汽轮机本体主要由转动部分、静止部分、控制部分三部分组成。

（4）作业班长做法不正确。施工技术交底的类型有：设计交底，施工组织设计交底，施工方案交底，安全技术交底。

（5）电力电缆交接试验：电缆导体直流电阻测量、电缆相位检查、直流泄漏电流测量、绝缘电阻测量、直流耐压试验、交流耐压试验等。

电力电缆交接试验还应包括：电缆导体直流电阻测量、电缆相位检查、直流泄漏电流测量、直流耐压试验。

【例 1-5-2】

1. 背景

某投资公司建设一个蜡油深加工项目，经招标由 A 单位施工总承包。工程内容有土建工程，工艺设备、工艺管道包括 GC 类管道、电气及自动化仪表安装等。其中、工艺设备包括 2 台核心大型设备，单台重量 300t，整体安装；1 台压缩机分体到货，最重件 68t，解体安装，采用厂房内 75t 桥式起重机进行吊装。压缩机厂房为双跨网架屋面结构；1 台重 10t 的气液交换设备设置于厂房屋面。

A 单位将单位工程压缩机厂房分包给 B 公司。B 公司拟将网架顶分为 8 片、每片网架重 24t，在地面组装后采用滑轮组提升、水平移位的方法安装就位；屋面交换设备拟采用汽车起重机进行吊装。

合同要求该工程 2016 年 9 月开工，2017 年 6 月 30 日完工。为加快工程进度，业主要求，有条件的工程，冬期不停止施工作业。

为保证工程顺利进行，A 单位编制了设备安装方案、设备调试方案、工艺管道组对焊接方案和电气、自动化仪表安装方案，B 公司编制了压缩机厂房施工方案。

2. 问题

（1）针对本工程，A 单位和 B 公司各应编制何种施工组织设计？

（2）指出背景资料中，A 单位和 B 公司还应编制哪些施工方案？施工方案一般包括哪些内容？

（3）本工程中有哪些属于特种设备安装？A 单位特种设备安装前，向监管部门提交的书面告知书应包括哪些相关资料？

（4）指出本工程中有哪些属于危险性较大的专项工程施工方案？专项方案应如何进行审核和批准？

3. 分析与参考答案

（1）A 单位应编制蜡油深加工工程施工组织总设计。B 公司应编制压缩机车间单位工程施工组织设计。

（2）A 单位还应编制：大型设备吊装方案，75t 桥式起重机安装方案，工艺管道包括 GC 类管道安装、清洗和试验、无损检测方案，单机试运行方案，冬期施工方案。

B 安装公司还应编制：网架吊装方案、高处作业施工方案。

施工方案一般内容包括：工程概况、编制依据、施工安排、施工进度计划、施工准备与资源配置计划、施工方法及工艺要求、质量安全保证措施等。

（3）本工程 GC 类管道（压力管道）、75t 桥式起重机属于特种设备安装。A 单位提交的书面告知书应包括的相关资料有：A 单位及人员资格证件、施工组织与技术方案、工程合同、安装监督检验约请书、特种设备制造单位资质证件。

（4）网架吊装方案、75t 桥式起重机安装方案、屋面交换设备吊装方案属于危险性较大的专项工程施工方案，其中网架吊装是采用非常规起重设备、方法，且单件起吊重量在 100kN（相当于 10t）及以上的起重吊装工程，75t 桥式起重机安装是起重量 300kN 及以上的起重设备安装工程，属于超过一定规模的危险性较大的专项工程。

屋面交换设备吊装方案由 B 公司技术部门组织审核，单位技术负责人签字，并经总承包单位技术负责人签字，然后报监理单位，由项目总监理工程师审核签字。网架吊装方案和 75t 桥式起重机安装方案还应由总承包 A 单位组织召开专家论证会。

【例 1-5-3】

1. 背景

某发电项目工程内容包括：锅炉、汽轮机、发电机、输煤机、水处理和辅机等设备设施。工程由 A 单位总承包。签订施工承包合同后，A 单位在未收到设计图纸的情况下，即进行施工组织设计的编制。由于没有图纸，A 单位提出用投标阶段的施工组织设计纲要对格式和内容简单修改后作为施工组织总设计，业主予以认可。

施工组织总设计中，主要施工方案确定锅炉安装主吊机械为塔式起重机，汽轮机间的设备用桥式起重机吊装，焊接要求进行工艺评定，并编制相应的施工方案和进行交底。同时，根据施工现场的危险源分析，制定相应的安全技术措施，建立健全安全管理体系。

施工过程中，业主考虑到后期扩建工程对冷却水处理系统共用的需要，修改了水处理系统的设计。由于业主对 A 单位前期工程进度和施工质量很满意，将修改后的水处理工程仍交由 A 单位进行施工，并要求 A 单位重新编制施工组织设计。A 单位认为施工组织设计事前已经编制，不需要再编制，经业主明确要求，A 单位对原施工组织设计改动部分进行重新设计，补充编制新增工程部分的施工组织设计，报项目总工程师审批后下发执行。

2. 问题

（1）A 单位在未收到施工图纸的情况下编制施工组织设计是否正确？说明理由。

第 1 章　安装工程专业基础知识

（2）业主要求 A 单位重新编制修改后的水处理工程施工组织设计的做法是否正确？说明理由。

（3）A 单位对修改后的施工组织设计应履行哪些报批程序？

（4）本工程 A 单位应编制哪些施工方案？如何进行施工方案的交底？施工方案的交底内容是什么？

（5）锅炉机组在整套启动以前，必须完成哪些工作？

3. 分析与参考答案

（1）A 单位在未收到施工图纸的情况下编制施工组织设计是不正确的。已批准的施工图纸是施工组织设计的重要编制依据之一，A 单位应在收到施工图纸后，编制施工组织总设计。

（2）业主做法是正确的。原工程设计出现重大修改，造成项目工期有重大调整，施工资源配置也有重大调整，原施工组织设计无法实施，必须进行修改和补充。可以重新编制施工组织设计也可以在原施工组织设计的基础上修改、补充。

（3）修改后的施工组织设计由 A 单位技术负责人审批后向监理报批，还须报建设单位审批。当工程没有施工总承包单位时，施工单位完成内部编制、审核、审批程序后，由施工单位项目经理或其授权人签章后向监理报批。

（4）施工单位应编制锅炉、汽轮发电机组大型设备等起重吊装方案和焊接方案。工程施工前，施工方案的编制人员应向施工作业人员作施工方案的技术交底。除分项、专项工程的施工方案需进行技术交底外，涉及新产品、新材料、新技术、新工艺即"四新"技术以及特殊环境、特种作业等也必须向施工作业人员交底。

施工方案交底内容包括该工程施工程序和顺序、施工工艺、操作方法、要领、质量控制、安全措施等。

（5）锅炉机组在整套启动以前，必须完成锅炉设备，包括锅炉辅助机械和各附属系统的分部试运行；锅炉的烘炉、化学清洗；锅炉及其主蒸汽、再热蒸汽管道系统的吹洗；锅炉的热工测量、控制和保护系统的调整试验工作。

【例 1-5-4】

1. 背景

A 公司总承包某地一个扩建项目的机电安装工程，材料和设备由建设单位提供。A 公司除自己承担主工艺线设备安装外，非标准件制作安装工程、防腐工程等均分包给具有相应施工资质的分包商施工。考虑到该地区风多雨少的气候，建设单位将紧靠河边及施工现场的一所弃用学校提供给 A 公司项目部，项目部安排两层教学楼的一层用作材料工具库，二楼用作现场办公室，楼旁临河边修建简易厕所和浴室，污水直接排入河中，并对其他空地做了施工平面布置（见图 1-5-1）。

开工前，项目部遵循"开源与节流相结合及项目成本全员控制"的原则签订分包合同，制定成本控制目标和措施。施工中由于计划多变、设计变更多、管理不到位，因而造成工程成本严重超过预期。

在露天非标准钢结构件制作时，分包商采用 CO_2 气体保护焊施焊，质检员予以制止。非标准钢结构件制作完成后，进行了高强度螺栓连接检验。

90

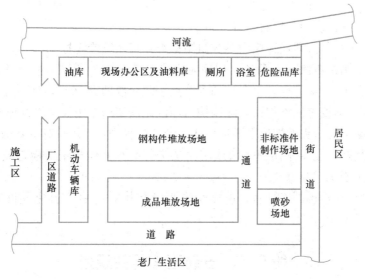

图 1-5-1　施工平面布置图

2. 问题

（1）项目部的施工平面布置，对安全和环境保护会产生哪些具体危害？

（2）施工平面布置应遵循哪些原则？

（3）项目部在施工阶段应如何控制成本？

（4）说明质检员在露天制作场地制止分包商继续作业的理由。应采取哪些措施以保证焊接质量？

（5）高强度螺栓连接应检验哪些内容？

3. 分析与参考答案

（1）对安全和环保的具体危害包括：

1）油库、危险品库与现场办公、生产场地的安全距离不符合规定。

2）厕所、浴室排出的污水污染河道。

3）非标准件制作场地离居民区太近，易造成噪声和光污染。

4）喷砂场地与居民区距离太近，易造成空气（大气）或粉尘污染和噪声污染。

（2）施工平面布置遵循原则包括：

1）布局合理，场地占用少，符合节能、环保、安全、消防和文明施工等相关规定。

2）合理组织运输，减少二次搬运。

3）区域划分和场地占用符合施工部署和施工流程要求，减少相互干扰。

4）充分利用已有建（构）筑物为项目服务，降低临时设施费用。

5）临时设施应方便生产和生活，办公区、生活区和生产区宜分离设置。

（3）施工阶段成本控制包括：分解落实计划成本，核算实际成本，成本分析、及时纠偏，注意工程变更及不可预计的因素。

（4）制止的理由：因该地区常刮风，露天采用 CO_2 气体保护焊未采取任何防风措施，不能保证焊接质量。

措施：采取有效防风措施，如搭设防风棚或将组对好的非标准构件运到封闭空间内进行焊接。

（5）高强度螺栓连接应检验内容：

1）高强度大六角头螺栓连接副终拧扭矩检查：宜在螺栓终拧 1h 后、24h 之前完成检查。检查方法采用扭矩法或转角法，但原则上应与施工方法相同。检查数量为节点数的 10%，但不应少于 10 个节点，每个被抽查节点按螺栓数抽查 10%，且不应少于 2 个。

2）扭剪型高强度螺栓终拧后，除因构造原因无法使用专用扳手终拧掉梅花卡头者外，未在终拧中扭断梅花卡头的螺栓数不应大于该节点螺栓数的 5%。对所有梅花卡头未拧掉的扭剪型高强度螺栓连接副用扭矩法或转角法进行终拧并做标记。检查数量为节点数的 10%，但不应少于 10 个节点。

3）高强度螺栓连接副终拧后，螺栓丝扣外露应为 2～3 扣，其中允许有 10% 的螺栓丝扣外露 1 扣或 4 扣。

第6节 安装工程相关规范

1.6.1 安装工程施工及验收规范

1. 《建筑电气工程施工质量验收规范》GB 50303—2015

本规范于 2015 年颁布，共分 25 章和 8 个附录，主要内容包括总则，术语和代号，基本规定，变压器、箱式变电所安装，成套配电柜、控制柜（台、箱）和配电箱（盘）安装，电动机、电加热器及电动执行机构检查接线，柴油发电机组安装，UPS 及 EPS 安装，电气设备试验和试运行，母线槽安装，梯架、托盘和槽盒安装，导管敷设、电缆敷设，导管内穿线和槽盒内敷线，塑料护套线直敷布线，钢索配线，电缆头制作、导线连接和线路绝缘测试，普通灯具安装，专用灯具安装，开关、插座、风扇安装，建筑物照明通电试运行，接地装置安装，变配电室及电气竖井内接地干线敷设，防雷引下线及接闪器安装，建筑物等电位联结等。

2. 《建筑物防雷工程施工与质量验收规范》GB 50601——2010

本规范于 2010 年颁布，共分为 11 章和 5 个附录，主要内容包括：总则、术语、基本规定、接地装置分项工程、引下线分项工程、接闪器分项工程、等电位连接分项工程、屏蔽分项工程、综合布线分项工程、电涌保护器分项工程和工程质量验收等。

3. 《给水排水管道工程施工及验收规范》GB 50268—2008

本规范于 2008 年颁布，主要内容有：总则、术语、基本规定、土石方及地基处理、开槽施工管道主体结构、不开槽施工管道主体结构、沉管和桥管施工主体结构、管道附属构筑物、管道功能性试验及附录。

4. 《通风与空调工程施工质量验收规范》GB 50243—2016

本规范于 2017 年 7 月 1 日起实施，共分 11 章和 6 个附录，主要技术内容是：总则、术语、基本规定、风管制作、风管部件制作、风管系统安装、风机与空气处理设备安装、空调冷热源及辅助设备安装、空调水系统管道与设备安装、防腐与绝热、系统调试、竣工验收、综合效能的测定与调整。

5.《建筑工程施工质量验收统一标准》GB 50300— 2013

本规范规定了建筑工程质量验收的划分、验收合格规定、验收程序和组织以及分部分项工程、室外工程划分和各类记录要求。在建筑工程分部质量验收中，建筑安装工程 5 个分部以及 5 个分部涉及的建筑节能分部工程的子分部。

6.建筑安装工程质量验收依据

建筑安装工程质量验收评定依据主要由以下质量验收标准组成：

(1)《建筑给水排水及采暖工程施工质量验收规范》GB 50242—2002；

(2)《通风与空调工程施工质量验收规范》GB 50243—2016；

(3)《建筑电气工程施工质量验收规范》GB 50303—2015；

(4)《智能建筑工程质量验收规范》GB 50339—2013；

(5)《安全防范工程技术标准》GB 50348—2018；

(6)《电梯工程施工质量验收规范》GB 50310—2002；

(7)《火灾自动报警系统施工及验收规范》GB 50166—2007；

(8)《自动喷水灭火系统施工及验收规范》GB 50261—2017。

1.6.2　安装工程计量与计价规范

安装工程造价管理与计价规范主要有建设工程造价咨询规范，建设项目全过程造价咨询规程、建设工程工程量清单计价标准、通用安装工程工程量计算规范等。

1.《建设工程造价咨询规范》GB/T 51095—2015

本规范于 2015 年 11 月 1 日起实施，共分 9 章和 9 个附录，主要技术内容是：总则、术语、基本规定，决策阶段、设计阶段、发承包阶段、实施阶段、竣工阶段、工程造价鉴定等。本规范同样也适用于建设安装工程造价咨询活动及其成果文件的管理。

2.《建设项目全过程造价咨询规程》CECA/GC 4—2017

本规范自 2017 年 12 月 1 日起实行。原《建设项目全过程造价咨询规程》CECA/GC4—2009 同时废止。主要内容包括：总则、术语、基本规定、决策阶段、设计阶段、发承包阶段、实施阶段、竣工阶段等。本规程介绍了各阶段的任务、工作内容及成果文件要求，并与现行国家标准《建设工程造价咨询规范》GB/T 51095—2015 相配套，在项目方案比选、合同管理、风险控制等方面适度前瞻，以详细规范指导工程造价咨询企业造价咨询工作。

3.《建设工程工程量清单计价标准》(征求意见稿) GB/T 50500—202×

本标准暂颁布征求意见稿，主要内容有：总则、术语、基本规定、工程量清单编制、最高投标限价编制、投标报价编制、合同价款约定、工程计量、合同价格调整、合同价款期中支付、结算与支付、合同价款争议的解决、工程计价资料与档案、工程计价表格说明。

本标准修订的主要内容是：删除了"工程造价鉴定""合同解除的价款结算与支付"两章；增加了"施工过程结算""工程量清单缺陷"等术语；调整了最高投标限价、投标报价的编制依据；修改了综合单价构成、计量计价风险、单价合同与总价合同的计价规则以及合同价格的调整、支付、结算等内容。

建设工程施工发承包应采用工程量清单计价，工程量清单计价可采用单价计价和总价计价两种方式进行计价。综合单价包括人工费、材料费、施工机具使用费、企业管理费和利润，综合单价分析表应明确各项费用的计算基础、费率和计算方法。

　　招标工程量清单应由具有编制能力的招标人或受其委托的工程造价咨询人编制和复核。工程量清单成果文件应包括封面、签署页、清单编制说明、项目编码、项目名称、项目特征、计量单位、工程数量和工程量计算规则等。分部分项工程项目清单应按相关工程现行国家工程量计算标准规定的项目编码、项目名称、项目特征、计量单位和工程量计算规则进行编制和复核。

　　4. 《通用安装工程工程量计算规范》GB 50856—2013

　　《通用安装工程工程量计算规范》GB 50856—2013 包括正文和附录两大部分、二者具有同等效力。正文共四章，包括总则、术语、工程计量、工程量清单编制，附录共十三项。工程量清单依据附录规定的项目编码、项目名称、项目特征、计量单位和工程量计算规则进行编制。

第2章 安装工程计量

第1节 安装工程识图基本原理与方法

2.1.1 概 述

施工图是工程的语言，是施工的依据。施工图识读是工程计量与计价的基础，建筑配套的安装工程施工图依据各专业的设计规范及制图标准绘制。

施工图由文字与图纸部分组成。文字部分为图纸不能表达或者不能明确的内容，如工程施工图的设计依据、设计范围，管道材料及线缆的选择，接口、附件的型号及类型，施工中套管预留及支架的设置要求，设备或器具的选型及相应的标准图集，施工验收的依据等。图纸由主要施工图与辅助图组成。主要施工图包括平面图、系统图（轴测图或原理图），辅助图包括详图或大样图等。

安装工程施工图的识读方法，大致相同。识读基本思路为：首先以图纸目录为线索，阅读设计施工说明，了解设计范围及设计图纸的组成，熟悉图例。其次，通过系统图，了解系统的组成及基本原理。然后对照识读系统图与平面图。

以下介绍电气安装工程、通风空调工程、消防工程、给水排水、采暖、燃气工程施工图的主要识读方法。

2.1.2 电气安装工程主要识图方法

1. 建筑电气施工图的识读

在房屋建筑内常需要安装各种电气设备，如家用电器、照明灯具、电视电话、网络接口、电源插座、控制装置、动力设备等，将这些电气设施的位置布局、安装方式、连接关系和配电情况表示在图纸上，就是建筑电气施工图。

（1）建筑电气施工图的有关规定

1）导线的表示法

电气图中导线用线条表示，方法如图 2-1-1（a）所示。导线的单线表示法可使电气图更简单，故最常用，如图 2-1-1（b）、（c）所示，单线图中当导线为两根时，通常可省略不标注。

2）电气图形符号

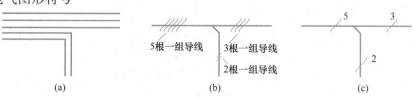

图 2-1-1 导线的表示方法

（a）每根线表示一根导线；（b）斜短线表示一组导线的数量；（c）数字表示一组导线数量

电气图中包含大量的电气图形符号，各种元器件、装置、设备等都是用规定的图形符号表示的。可参见常用电力、照明、电信平面布置图用图形符号。

3）电气文字符号

电气图中还常用文字代号注明元器件、装置、设备的名称、性能、状态、位置和安装方式等。电气文字代号分基本代号、辅助代号、数字代号、附加代号四部分。基本代号用拉丁字母（单字母或双字母）表示名称，如"G"表示电源，"GB"表示蓄电池。辅助符号也是用拉丁字母表示，如"PE"表示保护接地。

4）线路、照明灯具的标注方法

常用导线、照明灯具的型号、敷设方式、敷设部位和代号见表 2-1-1。

电气照明施工图中文字标志的含义　　　　　　　　　　　表 2-1-1

Ⅰ．电力或照明配电设备	代　号	Ⅱ．线路的标注	代　号
a——设备编号 b——型号 c——设备容量(kW) d——导线型号 e——导线根数 f——导线截面(mm^2) g——导线敷设方式	$a\dfrac{b}{c}$ 或 $a-b-c$ $a\dfrac{b-c}{d(e\times f)-g}$	a——线路编号或线路用途的代号 b——导线型号 c——导线根数 d——导线截面 e——线路敷设方式及穿管管径 f——线路敷设部位代号	$a-b(c\times d)e-f$
Ⅲ．照明灯具的标注	代号	Ⅳ．照明灯具安装方式	代号
a——灯具数 b——型号 c——每盏灯具的灯泡数 d——灯泡容量(W) e——安装高度(m) f——安装方式	$a-b\dfrac{c\times d}{e}f$	线吊	WP
		链吊	C
		管吊	P
		吸顶	R
		壁装	W（图形能区别时可不注）
		嵌入	RD
Ⅴ．线路敷设方式	代号	Ⅵ．线路敷设部位	代号
暗敷	C	梁	B
明敷	E	墙	W
铝皮线卡	AL	地板	F
电缆桥架	CT	柱	C
金属软管	F	吊顶	SC
水煤气管	G	架构	R
瓷绝缘子	K	天棚	CE
钢索敷设	M	Ⅶ．导线型号	代号
电线管	T	铝芯塑料护套线	BLVV
塑料管	PC	铜芯塑料绝缘线	BV
塑料线卡	PL	铝芯聚氯乙烯绝缘线	BVV
塑料线槽	PR	铜芯塑料护套线	BLV
钢管	SC	聚氯乙烯绝缘、聚氯乙烯护套裸细钢丝铠装电力电缆	VV22

例如灯具标注为 4-TMS122/228 EBE，表示 4 盏 T5 荧光灯，型号为 TMS122/228 EBE，每盏 2 只灯管，每盏灯管容量为 28W，吸顶安装。为简化图中标注，通常灯具型号不在平面图中标注，而在设计说明中描述。

例如 N3-BV（3×6）-SC25-WC，表示第 N3 回路的导线为 BV 铜芯聚氯乙烯绝缘线，3 根，每根截面 $6mm^2$，穿直径为 25mm 的焊接钢管 SC，沿墙暗敷设 WC。

（2）建筑电气施工图的主要内容

室内电气照明施工图内容组成：图纸目录及设计说明、电气施工平面图、配电系统图、电气安装大样图等。

1）图纸目录及设计说明

目录表明电气照明施工图的编制顺序及每张图的图名，便于查阅。设计说明中说明电源进线、线路材料及敷设方法，材料及设备规格、数量、技术参数，施工中的有关技术要求等。

2）电气施工平面图

电气照明施工平面图是在建筑平面图的基础上绘制而成的。

主要内容包括：电源进户线的位置、导线规格、型号根数、引入方法；配电箱的位置；各用电器、设备的平面位置、安装高度、安装方法、用电功率等；线路的敷设方法，穿线管材的名称、管径，导线名称、规格、根数；屋顶防雷平面图及室外接地平面图，反映避雷带布置平面，选用材料、名称、规格，防雷引下方法，接地极材料、规格、安装要求等。

3）配电系统图

用配电系统图表示整个照明供电线路的全貌和连接关系。

① 表达内容包括：建筑物的供电方式和容量分配；供电线路的布置形式，进户线和各干线、支线、配线的数量、规格和敷设方法；配电箱及电度表、开关、熔断器等的数量、型号等。

② 图示方法和画法

配电系统图是由各种电气图形符号用线条连接起来，并加注文字代号而形成的一种简图，不按比例绘制。

各种配电装置都是按规定的图例绘制，相应的型号注在旁边。供电线路采用单线表示，且画为粗实线，并按规定格式标注出各段导线的数量和规格。系统图能简明地表示出室内电力照明工程的组成、互相关系和主要特征等基本情况。

4）电气安装大样图

电气安装大样图是表明电气工程中某一部位的具体安装节点详图或安装要求的图样，通常可参见现有的安装手册，特殊情况才单独绘制。

（3）识读建筑电气施工图的方法及步骤

一般应按如下顺序阅读，并相互对照阅读。

1）识读标题栏图纸目录

图纸目录主要内容：工程总称，项目名称，图别，设计号，设计日期；电气施工图的图纸的种类及数量，图名及顺序。

2）识读设计说明

电气设计说明主要内容：工程概况，设计范围，设计依据，供电电源，电压等级，供电系统形式，设备选择、设备安装方式及安装高度，线路敷设方式，防雷与接地措施，等电位联结，弱电系统说明，施工时应注意的事项，其他需补充说明的内容。

3）识读材料表

主要材料表是指该工程所使用到的图例符号、设备名称、规格、数量、材料的型号、安装高度等。

4）识读系统图

各分项工程的图纸中一般均包含有系统图。如变配电工程的供电系统图，电力工程的电力系统图，电气照明工程的照明系统图等。

识读应掌握以下主要内容：系统的基本组成，建筑物的供电方式和容量分配，系统的主要电气设备、元件等连接关系及它们的规格、型号、参数等，进户线和各干线、支线、配线的数量和敷设方法，配电箱、电度表、开关、熔断器等的数量、型号等。

如电源进线：VV22-1kV-4×70-SC100-FC，表示采用 VV22 型电力电缆，该电缆的额定电压为 1kV，4 根（其中 3 根为相线，1 根为中性线 N）截面为 70mm^2 的导线穿直径为 100mm 的焊接钢管（SC），沿地板（F）暗敷设（C）。

5）识读平面布置图

识读平面布置图时，了解设备安装位置、安装方式、安装容量，了解线路敷设部位、敷设方式及所用导线型号、规格、数量、管径等。

识读配电平面图的要点：

① 熟悉配电平面图的识读顺序。一般按识读配电平面图纸顺序，顺着电流入户方向，即按进户点→配电箱→支路→支路上的用电设备的顺序进行识读。

② 熟悉设计说明，以便了解平面图中无法表达或不易表示，但又与施工有关的问题。同时熟悉主要材料表，熟悉设计中所用的非标准图形符号。

③ 了解建筑物的基本情况，如建筑物结构、房间分布与功能等。电气管线敷设及设备安装与房屋的结构直接相关。

④ 熟悉电气设备、灯具等在建筑物内的分布及安装位置，同时了解其型号、规格、性能、特点和对安装的技术要求。

⑤ 熟悉各支路的负荷分配情况和连接情况。

⑥ 熟悉设备和线路的安装高度（结合设计说明和材料表）。

（4）常用图例说明

建筑电气施工图上的各种电气元件及线路敷设均是用图例符号和文字符号来表示，识图的基础是首先要明确和熟悉有关电气图例与符号所表达的内容和含义，通常需要使用国家标准规定的有关电气简图使用符号。

2. 建筑智能化工程

（1）建筑智能化工程图纸

建筑智能化工程图纸，一般包括智能化集成系统图纸、信息网络系统图纸、综合布线系统图纸、有线电视及卫星电视接收系统图纸、公共广播系统图纸、会议系统图纸、信息导引及发布系统图纸、信息化应用系统图纸、建筑设备监控系统图纸、火灾自动报警系统图纸、安全技术防范系统图纸、机房工程图纸、防雷与接地图纸。

（2）常用图例说明

针对目前建筑智能化工程各个系统，除了安全防范系统工程，公安部颁布有行业标准

《安全防范系统通用图形符号》外，其他各系统的图形符号可参考中国建筑工业出版社出版的《智能建筑设计与施工系列图集》，即：第一册《楼宇自控系统》；第二册《消防系统》；第三册《通信网络系统》；第六册《安全防护系统》。

（3）识读图纸主要内容

1）目录及设计说明。了解项目概况、设计依据、设计内容、系统介绍、施工要求等。

2）图例：工程中的设备及材料的说明，安装方式说明，位置说明等。

3）系统图：各设计系统组成，设备连接方式，设备数量等。

4）平面图：设备具体安装位置，安装数量，管线敷设路由，敷设数量，不同楼层的管线敷设方向等。

3. 建筑电气施工图（含弱电工程）案例

（1）项目基本情况

本工程为×××开发有限公司投资建设的×××项目，本子项为 A1 号住宅楼，建筑面积为 2593.25m²，建筑层数为地上 4 层，建筑高度为 12.4m，结构形式为钢结构。

建筑电气施工图的设计范围包括：电力配电系统、照明系统，建筑物防雷、接地系统及安全措施，弱电及安防可视对讲预埋管系统等。根据甲方要求，住宅户内仅预留弱电箱，其余由住户装修时另行二次设计施工。

节选本项目部分内容进行识读。

（2）识读举例

1）参照前述方法识读图纸目录、电气设计说明和设备材料表。

2）识读电力及照明平面图、配电系统图。

本项目住宅总进线箱电源引入情况。在图 2-1-2 住宅总进线配箱接线系统图中，找到进线的标注：YJV22-1kV-4×185-SC150-F，对照平面图识读，可知本项目住宅总进线电源由截面 185mm² 的 4 芯 YJV22-1kV 型的电缆通过公变配电房引来，沿住宅的 13 轴线左侧地下（F）、穿直径 150mm 焊接钢管（SC）、暗敷设至配电箱 A1-1AM1，设备容量为 256kW，总空开为 HSML1-400S/4300，进行了 MEB 总等电位连接。

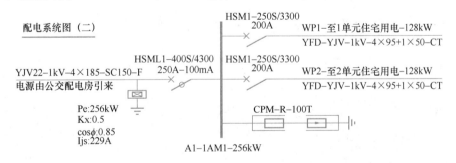

图 2-1-2　住宅总进线配箱接线系统图

住宅室内配电情况，由图 2-1-3 住宅户内系统图可知，A 户型室内配电箱分 8 个回路。回路 W3-BYJ-3×2.5-FPC20-FC 的含义是：回路编号为 W3、导线型号为 BYJ、截面 2.5mm² 的 3 芯、穿直径 20mm 的 FPC 管沿地板暗敷设（FC）。

单元及住宅供电情况，可参照进线及住宅户内系统图进行识读。

线路情况，在识读系统图和设计说明的基础上，在平面图上按进户点→配电箱→支路

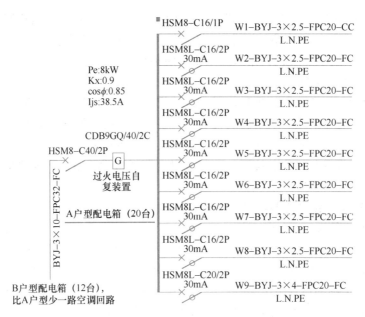

图 2-1-3　住宅户内系统图

→支路上的用电设备的顺序进行线路路由的识读。

　　设备安装情况，识读设计说明中安装有关要求，在材料表中识读图例、型号及规格、安装部位及安装方式，在平面图中识读配电箱、灯具、插座等的安装位置。

　　3）识读住宅弱电（电话、宽带、有线电视）预埋接线系统

　　本项目弱电系统的一次设计仅预留管，由专业厂家进行二次深化设计。由设计说明可知，此工程弱电仅进行预埋管系统设计，不包括各弱电工程的各种线缆和设备。住宅弱电预埋接线系统图见图 2-1-4。

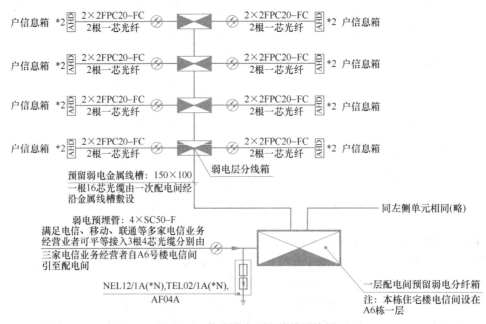

图 2-1-4　住宅弱电预埋接线系统图

根据弱电系统的相关知识，识读到以下内容：对照识读设计说明、平面图和系统图，可知弱电进线是 3 根 4 芯光缆分别由三家电信业务经营者自 A6 号楼电信间引至本栋配电间，穿线管为预埋 4 根直径 50mm 的 SC 管，埋设深度 0.7m，预埋长度应伸出外墙 2.0m。为了防止进线遭受雷击，装设了信号避雷器 SPD。总弱电机柜壁挂安装在一层配电间内。由一层配电间预留总弱电机柜到一层弱电分线箱之间穿 1 根 16 芯光缆由一次配电间沿金属线槽（预留弱电金属线槽：150mm×100mm）敷设至一层弱电分线箱和其他层弱电分线箱。层弱电分线箱墙面明装，底边距地 0.5m。楼板预留洞口尺寸：300mm×200mm，施工完后管线缝隙采用不低于楼板耐火极限的耐火材料进行防火封堵。结合户信息箱可知，从层弱电分线箱到户信息箱之间预埋了 2 根直径为 25mm 的 FPC 管。户内线路及插座由二次装修确定。

2.1.3　通风空调工程施工图主要图例与识读方法

1. 通风空调工程施工图一般规定

通风空调系统施工图的一般规定遵循《建筑给水排水制图标准》GB/T 50106—2010、《暖通空调制图标准》GB/T 50114—2010 和《供热工程制图标准》CJJ/T 78—2010 的规定。

（1）比例

通风空调工程施工图常用比例见表 2-1-2。

通风空调工程施工图常用比例　　　　　表 2-1-2

名称	比例
总平面图	1∶500、1∶1000、1∶2000
剖面图等基本图	1∶50、1∶100、1∶150、1∶200
大样图、详图	1∶1、1∶2、1∶5、1∶10、1∶20、1∶50
工艺流程图、系统图	无比例

（2）风管规格标注

风管规格对圆形风管用管径"ϕ"表示（如 ϕ360）；对矩形风管用断面尺寸"宽×高"表示（如 400×120），单位均为 mm。

（3）风管标高标注

标高对矩形风管为风管底标高，对圆形风管为风管中心标高。

2. 通风空调系统施工图常用图例

空调通风工程施工图常用图例见表 2-1-3。

空调通风工程施工图常用图例　　　　　表 2-1-3

序号	名称	图例	附注
1	送风系统	——— S ———	两个系统以上时，应进行系统编号
2	排风系统	——— P ———	
3	空调系统	——— K ———	

序号	名称	图例	附注
4	新风系统	—————— X ——————	
5	回风系统	—————— H ——————	
6	排烟系统	—————— PY ——————	
7	制冷系统	—————— L ——————	
8	除尘系统	—————— C ——————	两个系统以上时,应进行系统编号
9	采暖系统	—————— N ——————	
10	洁净系统	—————— J ——————	
11	正压送风系统	—————— ZS ——————	
12	人防送风系统	—————— RS ——————	
13	人防排风系统	—————— RP ——————	

各类水、汽管

序号	名称	图例	附注
1	蒸汽管	—————— Z ——————	
2	凝结水管	—————— N ——————	
3	膨胀水管	—————— P ——————	
4	补给水管	—————— G ——————	
5	溢排管	—————— Y ——————	
6	空调供水管	—————— L1 ——————	
7	空调回水管	—————— L2 ——————	
8	冷凝水管	—————— n ——————	
9	冷却供水管	—————— LG1 ——————	
10	冷却回水管	—————— LG2 ——————	
11	软化水管	—————— RH ——————	
12	盐水管	—————— YS ——————	

续表

序号	名称	图例	附注
		冷剂管道	
1	氟气管	—— FQ ——	
2	氟液管	—— FY ——	
3	氨气管	—— AQ ——	
4	氨液管	—— AY ——	
5	平衡管	—— P ——	
6	放油管	—— Y ——	
7	放空管	—— k ——	
8	不凝性气体管	—— b ——	
9	紧急泄氨管	—— j ——	
10	热氨冲霜管	—— as ——	
		风管	
1	送风管、新（进）风管		
2	回风管、排风管		
3	混凝土或砖砌风道		
4	异径风管		
5	天圆地方		

续表

序号	名称	图例	附注
6	柔性风管		
7	风管检查孔		
8	风管测定孔		
9	矩形三通		
10	圆形三通		
11	弯头		
12	带导流片弯头		
各种阀门及附件			
1	安全阀		
2	蝶阀		
3	手动排气阀		
风阀及附件			
1	插板阀		
2	蝶阀		

续表

序号	名称	图例	附注
3	手动对开式多叶调节阀		
4	电动对开式多叶调节阀		
5	三通调节阀		
6	防火（调节）阀		
7	回风口		
8	方形散流器		
9	圆形散流器		
10	伞形风帽		
11	锥形风帽		
12	筒形风帽		
通风、空调、制冷设备			
1	离心式通风机	(1)　(2)　(3)	

续表

序号	名称	图例	附注
2	轴流式通风机	(1)　　(2)　　(3)	
3	离心式水泵	(1)　　(2)　　(3)	
4	制冷压缩机		
5	水冷机组		
6	空气过滤器		
7	空气加热器		
8	空气冷却器		
9	空气加湿器		
10	窗式空调器		
11	风机盘管		
12	消声器		
13	减振器		

续表

序号	名称	图例	附注
14	消声弯头		
15	喷雾排管		
16	挡水板		
17	水过滤器		
18	通风空调设备		
控制和调节执行机构			
1	手动元件		
2	自动元件		
3	弹簧执行机构		
4	重力执行机构		
5	浮动执行机构		
6	活塞执行机构		
7	膜片执行机构		
8	电动执行机构		
9	电磁执行机构		

续表

序号	名称	图例	附注
10	遥控	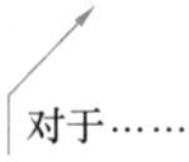 对于……	
传感元件			
1	温度传感元件		
2	压力传感元件		
3	流量传感元件		
4	湿度传感元件	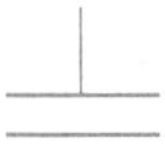	
5	液位传感元件	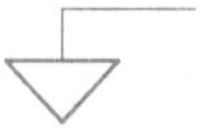	
仪表			
1	指示器（计）		
2	记录仪		

3. 通风空调施工图组成及内容

通风空调施工图由图纸目录、设计施工说明、平面图、剖面图、系统图（轴测图）、原理图、详图组成。

（1）设计施工说明

设计施工说明主要包括通风空调系统的建筑概况；系统采用的设计气象参数；房间的设计条件；系统的划分与组成；要求自控时的设计运行工况；风管系统和水管系统的一般规定、风管材料及加工方法、管材、支吊架及阀门安装要求、保温、减振做法、水管系统的试压和清洗等；设备的安装要求；防腐要求；系统调试和试运行方法和步骤；应遵守的施工验收规范等。

（2）通风空调系统平面图

通风空调系统平面图包括建筑物各层面各通风空调系统的平面图、空调机房平面图、制冷机房平面图等。

1）系统平面图包括

风管系统：包括风管系统的构成、布置及风管上各部件、设备的位置，并注明系统编号、送回风口的空气流向。一般用双线绘制。

水管系统：包括冷、热水管道、凝结水管道的构成、布置及水管上各部件、仪表、设备位置等，并注明各管道的介质流向、坡度。一般用单线绘制。

空气处理设备：包括各处理设备的轮廓和位置。

尺寸标注：包括各管道、设备、部件的尺寸大小、定位尺寸以及设备基础的主要尺寸，还有各设备、部件的名称、型号、规格等。

2）通风空调机房平面图

空气处理设备：应注明按产品样本要求或标准图集所采用的空调器组合段代号，空调箱内风机、表面式换热器、加湿器等设备的型号、数量以及该设备的定位尺寸。

风管系统：包括与空调箱连接的送、回风管，新风管的位置及尺寸。用双线绘制。

水管系统：包括与空调箱连接的冷、热媒管道，凝结水管道的情况。用单线绘制。

3）制冷机房平面图：给出冷水机组、水泵、水池、电气控制柜的安装位置。

（3）通风空调系统剖面图

剖面图与平面图对应，因此，剖面图主要有系统剖面图、机房剖面图、冷冻机房剖面图等，剖面图上的内容应与在平面图剖切位置上的内容对应一致，并标注设备、管道及配件的标高。

（4）通风空调系统图

通风空调系统图应包括系统中设备、配件的型号、尺寸、定位尺寸、数量以及连接于各设备之间的管道在空间的曲折、交叉、走向和尺寸、定位尺寸等，并应注明系统编号。系统图可用单线绘制也可用双线绘制。

（5）空调系统的原理图

空调系统的原理图主要包括系统的原理和流程；空调房间的设计参数、冷热源、空气处理及输送方式；控制系统之间的相互连接；系统中的管道、设备、仪表、部件；整个系统控制点与测点之间的联系；控制方案及控制点参数，用图例表示的仪表、控制元件型号等。

4. 通风空调系统施工图的识读方法和步骤

识读时要搞清系统，摸清环路，分系统阅读。识读时应熟悉其制图的一般规定和图例含义，由于其比给水排水采暖工程施工图复杂，识读时应把握风系统与水系统的独立性和完整性，掌握识读方法和步骤，正确理解设计意图。

识读方法和步骤如下：

① 认真阅读图纸目录　根据图纸目录了解该工程图纸张数、图纸名称、编号等概况。

② 认真阅读领会设计施工说明，从设计施工说明中了解系统的形式、系统的划分及设备布置等工程概况。

③ 仔细阅读有代表性的图纸　根据图纸目录找出反映通风空调系统布置、空调机房布置、冷冻机房布置的平面图，从总平面图开始阅读，然后阅读其他平面图。

④ 辅助性图纸的阅读

平面图不能清楚地全面地反映整个系统情况，因此，应根据平面图上提示的辅助图纸（如剖面图、详图）进行阅读。

⑤ 其他内容的阅读

再回头阅读施工说明及设备材料明细表，了解系统的设备安装情况、零部件加工安装详图，从而把握图纸的全部内容。

5. 通风空调系统施工图的识读案例

对某楼梯间前室加压送风施工图进行识读。

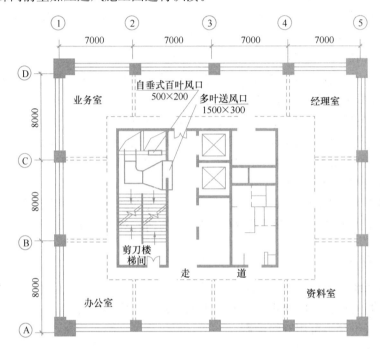

图 2-1-5 顶层加压送风平面图

（1）平面图的识读：从平面图中我们可以了解到以下有关内容：

初步了解建筑物的平面情况。从图 2-1-5 可知：标准层平面总长 28m，总宽 24m，水平轴线为①～⑤，竖向建筑轴线为 A～D；楼梯、前室位于②～③轴线间，每层各有 9 个房间，面积大小不等。从图 2-1-6 可以了解到屋顶的一些情况：风机房位于屋顶的②～④/B～C 轴处，屋顶标高为 74m，屋顶上还有一个水池等。

掌握风管的平面布置情况，风口、阀门的位置与尺寸大小。由图 2-1-5 可以得知，送风竖井有两个，位于楼梯间，一个直接通过 500m×250m 的自垂式百叶风口向楼梯间送风；另一个接出风管，通过 1500mm×300mm 的多叶百叶风口向前室送风。由图 2-1-6 可以了解到风管由风机接出后，由带有导流叶片的矩形弯头连接，通向竖井，JS-1 系统中风管大小为 500mm×1250mm，JS-2 系统中风管大小为 630mm×1250mm，两支风管上均装有同管径的止回阀与排烟防火调节阀。

查明设备的名称、位置、规格及性能参数等情况。由图 2-1-6 可以了解到风机房中有两台风机，JS-1 系统中有一台型号为 ZKFW-12.5×2 的风机箱，风量为 25000m³/h，全压为 695Pa，风机出口装有静压箱；JS-2 系统中有一台型号为 HTFC-27 1/2-1 的风机箱，风量为 36000m³/h，全压为 690Pa。ZKFW-12.5×2 风机箱一侧距竖井 1.8m，另一侧距④轴 5.5m。HTFC-27 1/2-1 风机箱一侧距④轴 5.5m，另一侧距风机房墙壁 1.5m。

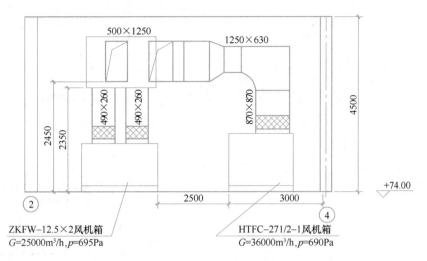

图 2-1-6　A-A 剖面图

在机房平面图中还注明了剖切符号 A-A 及其位置，以便按照此符号查找有关图纸。

（2）系统图的识读：

图 2-1-7 为此大厦加压送风系统图，分为 JS-1 和 JS-2 系统图。识读时将平面图与系统图对照起来看，可以掌握以下情况：

从系统图中可以了解整个大厦的建筑情况。整座大厦共有 21 层，地下 1 层，地上 20 层，总层高为 74m。B1F 为 5m 高，1F 为 5.9m 高，2～5 层各为 4.5m，5～20 层为标准层，层高各为 3m。

从系统图中了解整个加压送风系统的情况。对于楼梯间的 JS-1 系统，每隔 3 层设置一个大小为 500mm×250mm 的自垂式百叶风口，即设置风口层面为 1F、4F、7F、10F、13F、16F、19F，一共 7 个风口，风口底边缘距地面 300mm；向前室送风的 JS-2 系统，每层都设有一个 1500mm×300mm 的多叶送风口，共 21 个，风管底边距天花 800mm。平时风口不送风，当发生火灾时，风机启动，将室外新风通过竖井送至楼梯间或前室，保持其正压，分别约为 50Pa 与 25Pa。

了解风管的空间走向、主要设备的情况及接管等情况。从系统图中可查出风机位于屋顶，风机进出口用软管与风管相连，风管上均装有同管径的止回阀与排烟防火调节阀。

（3）剖面图的识读：

剖面图反映的是建筑物结构及设备的立面情况。图 2-1-6 为 A-A 剖面图，是对机房中两台加压风机进行剖切的。由图中可以了解到：

建筑物结构的立面情况。风机房位于②～④轴，标高为 74m，层高为 4.5m。

主要设备名称位置，风管的立面布置及与设备的连接情况。在图 2-1-6 中可清楚地看到 ZKFW-12.5×2、HTFC-27 1/2-1 风机箱分别距④轴的水平距离为 5.5m 与 3m。ZKFW-12.5×2 风机箱有上下两个风箱，用两段 490mm×260mm 的管及软接头相连，上风箱底面离机房地面 2.45m，500mm×1250mm 的侧出风口底标高为 2.35m；HTFC-27 1/2-1 风机箱的上出风口用 870mm×870mm 的软接头相连接。软接头应选用防腐、防潮、不透气、不易霉变的柔性材料，长度一般宜为 150～300mm。

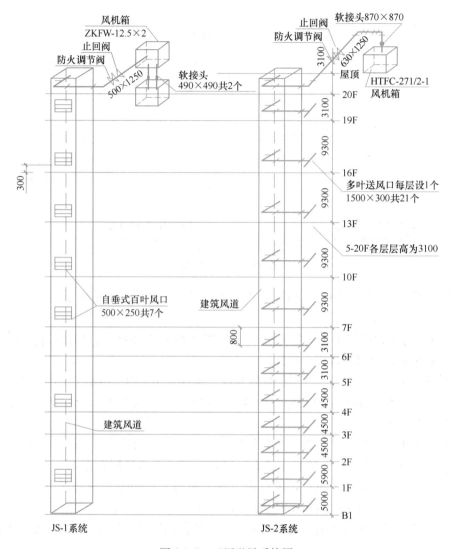

图 2-1-7 正压送风系统图

2.1.4 消防工程主要图例及识图方法

消防工程制图标准与给排水工程相同，依据《建筑给水排水制图标准》GB/T 50106—2010，同时与现行国家标准《房屋建筑制图统一标准》GB/T 50001 配合使用。

1. 主要图例

主要图例见表 2-1-4。

消防工程主要图例 表 2-1-4

序号	名 称	图 例	备 注
1	消火栓给水管	——— XH ———	—
2	自动喷水灭火给水管	——— ZP ———	—

序号	名　　称	图　　例	备　注
3	雨淋灭火给水管	————— YL —————	—
4	水幕灭火给水管	————— SM —————	—
5	水炮灭火给水管	————— SP —————	—
6	室外消火栓		—
7	室内消火栓（单口）	平面　　系统	白色为开启面
8	室内消火栓（双口）	平面　　系统	—
9	水泵接合器		—
10	自动喷洒头（开式）	平面　　系统	—
11	自动喷洒头（闭式）	平面　　系统	下喷
12	自动喷洒头（闭式）	平面　　系统	上喷
13	自动喷洒头（闭式）	平面　　系统	上下喷
14	侧墙式自动喷洒头	平面　　系统	—
15	水喷雾喷头	平面　　系统	—
16	直立式水幕喷头	平面　　系统	—

续表

序号	名　称	图　例	备　注
17	下垂型水幕喷头	平面　　　系统	—
18	干式报警阀	平面　　　系统	—
19	湿式报警阀	平面　　　系统	—
20	预作用报警阀	平面　　　系统	—
21	雨淋阀	平面　　　系统	—
22	信号闸阀		—
23	信号蝶阀		—
24	消防炮	平面　　　系统	—
25	水流指示器		—
26	水力警铃		—
27	末端试水装置	平面　　　系统	—

续表

序号	名　称	图　例	备　注
28	手提式灭火器	 △	—
29	推车式灭火器	 △	—

2. 消防工程施工图识读

（1）施工图组成及内容

建筑物的消防设施依据现行《建筑设计防火规范》《消防给水及消火栓系统技术规范》《自动喷水灭火系统设计规范》《灭火器配置规范》等设置。其施工图具体内容依据建筑物的危险级别不同而不同，但其组成一致，均包括：设计施工说明、平面图、系统图（原理图）、大样图与详图等。

1）设计施工说明

阐述的主要内容有消火栓系统或自动喷水灭火系统设计依据及工程范围，消防水量的确定，消防贮水池或高位消防水箱容积的确定，采用的管材及连接方法，消火栓、喷头的选型、阀门型号、系统防腐保温做法、系统试压的要求及未说明的各项施工要求。

2）平面图

主要反映消防箱、喷头、灭火器具、消防水箱及消防管道等消防设施的平面位置，消防给水引入管位置，地沟位置及尺寸，干管走向、立管及其编号、管道安装方式（明装或暗装）等。

3）系统图

各系统的编号及立管编号，阀门种类及位置，管道的走向，与设备的空间位置关系；管道管径及标高。自动喷水灭火系统图主要为原理图，表达每个防火分区的主要附件，喷头不反映实际数量。

4）大样图与详图

大样图与详图可由设计人员在图纸上绘出，也可能引自有关安装图集，其内容应反映工程实际情况。

（2）消防工程施工图识读

消防工程施工图识读方法与给排水工程一致，主要包括以下方面。

1）熟悉设计施工说明；

2）熟悉图例；

3）系统图与平面图对照识读。

消防施工图大致由平面图和系统图组成，将平面图和系统图结合起来识读，对整个消防系统有个概括性的了解，然后，再对消防系统的每个功能分区具体分析，具体到每个设备，每个管段，每个附件，由粗到细，对整个系统有个整体把握，把握其消防设置的平面及空间布置情况。

（3）消防工程施工图识读案例

某办公楼消防施工图如图 2-1-8～2-1-14 所示。

设计施工说明

一、工程概况

本建筑物为某办公大厦。建设地点位于北京市郊。建筑物用地概貌属于平缓场地。本建筑物为二类。多层办公建筑。建筑总面积为4745.6平方米，建筑层数为地下1层，地上4层，高度为15.6m，本建筑物设计标高±0.000相当于绝对标高=41.50m。本工程设计范围为办公大厦消防给水设计。

二、设计依据

1. 已批准的初步设计文件。
2. 建设单位提供的有关本工程设计资料及条件。
3. 国家现行给排水设计、消防设计规范等。

三、系统设计

1. 本工程设置的消防给水系统采用常高压系统。
2. 室内消火栓系统、室内消防用水量为15L/s，消防用水由小区消防泵房经减压给水，管径DN100，系统呈环状且两路供水。系统工作压力0.5MPa。系统试压压力大于等于1.4MPa。
3. 消火栓采用单阀、单枪，25m衬胶水龙带，消火栓有启泵按钮。设室外消火栓口口径DN70，水枪口径DN19。消火栓箱内设有启泵按钮。型号，SQX型，DN100，安装形式采用地下式。
4. 自动喷水灭火系统采用湿式系统。
5. 消防给水管采用热镀锌钢管：DN≥100mm，采用螺纹连接；DN<100mm，采用卡箍连接。
6. 建筑灭火器配置详见建筑专业图纸。

四、防腐

1. 安装前管道、管件、支架等除底漆涂漆前必须清除表面灰尘污垢、锈斑及焊渣等物，必须清除锈后刷防锈漆，此道工序合格后方可进行刷漆作业。
2. 支架等除锈后均刷防锈漆（樟丹防锈漆）二道，第一道防锈漆应在安装时涂刷好。试压合格后再涂第二道防锈漆。明设镀锌钢管不刷防锈底漆，镀锌层破坏部分及管螺纹露出部分刷防锈底漆（红丹酚醛防锈漆）二道。上述管道及明装不保温管道管件、支架等再涂调和醇酸瓷漆二道，管道间管道可不再刷面漆。
3. 热镀锌钢管均刷沥青青漆二道。管道投入使用前，必须冲洗。冲洗前应将管道上安装的流量计、孔板、滤网、温度计、调节阀等阀门等拆除。待冲洗合格后再装上。

五、其他

1. 设计尺寸：标高单位为m，其余均以mm计。
2. 管道标高：消防管道均按管中心标高。
3. 阀门安装时应将手柄布置在易于操作处。安装在管井、吊顶内的管道，凡设阀门处应设检修门、检修门做法详见建施图。
4. 灭火器、消火栓靠柱安装或装于墙上，不可被货架、隔墙和障碍物遮挡。
5. 施工中土建与其他专业密切配合。业主及施工方及时提出，合理安排进度。及时预留孔洞及预埋套管。
6. 本说明与图纸效力等同，二者矛盾时，以设计院解释或书面变更文件为准。
7. 消火栓、支架、水泵接合器等按照现行给排水标准图集安装。
8. 除上述要求外，还应遵守下列规范进行施工验收：

《给水排水及采暖工程施工质量验收规范》GB 50242—2002
《消防给水及消火栓系统技术规范》GB 50974—2014
《自动喷水灭火系统施工及验收规范》GB 50261—2017

图例（略）材料设备清单（略）

图2-1-8 设计施工说明

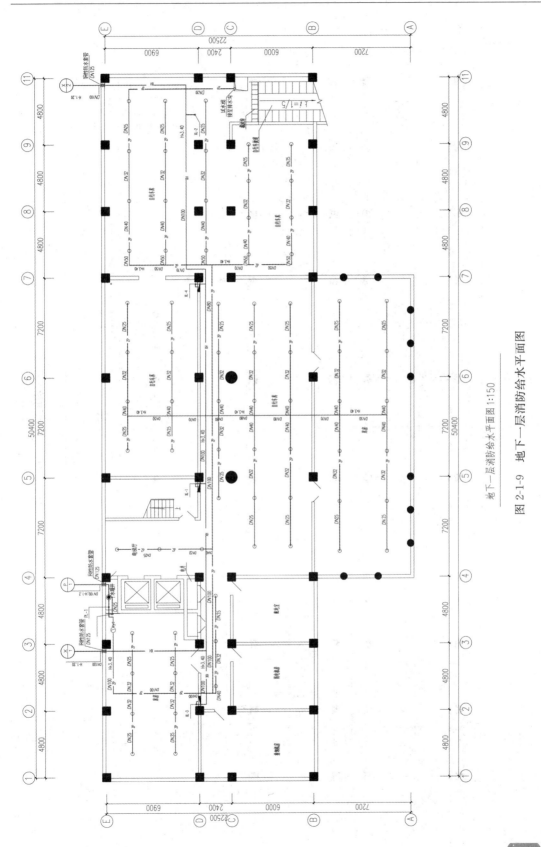

地下一层消防给水平面图 1:150

图 2-1-9　地下一层消防给水平面图

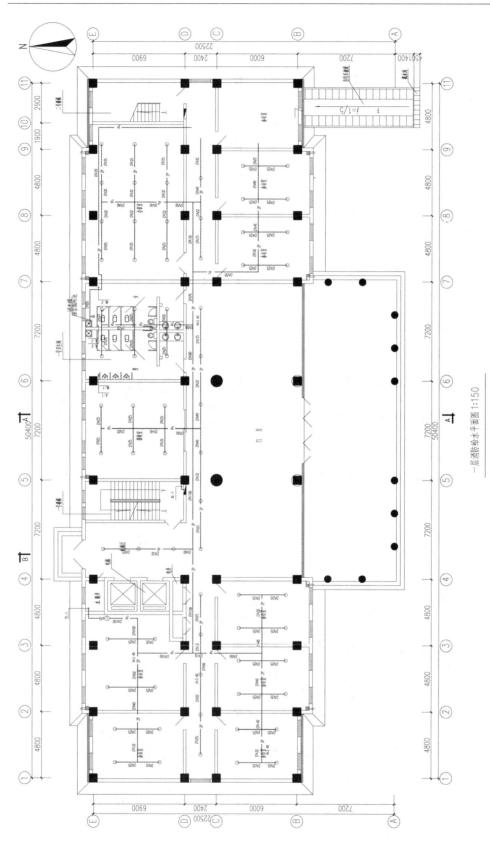

一层消防给水平面图 1:150

图 2-1-10　一层消防给水平面图

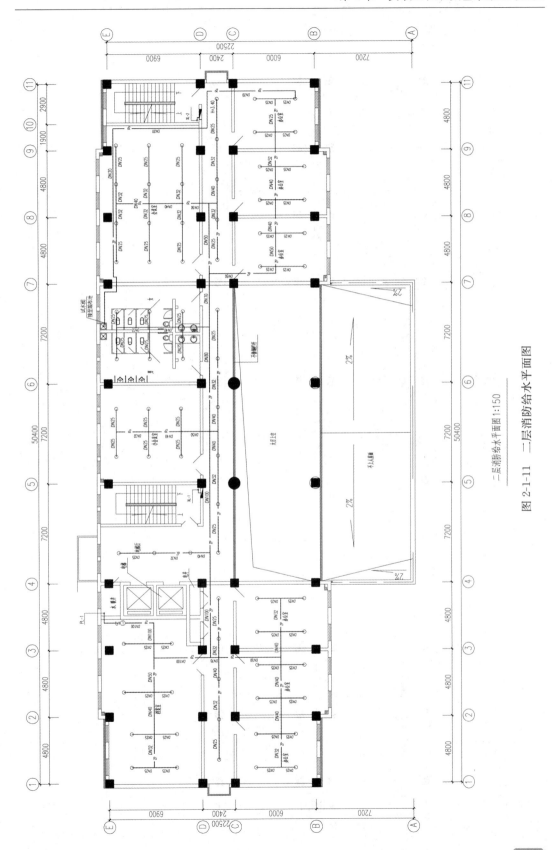

一层消防给水平面图 1:150

二层消防给水平面图

图 2-1-11　二层消防给水平面图

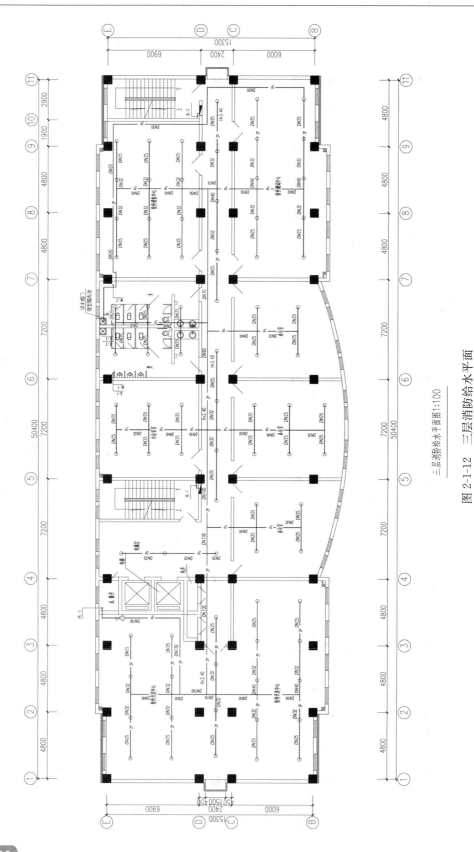

图 2-1-12　三层消防给水平面

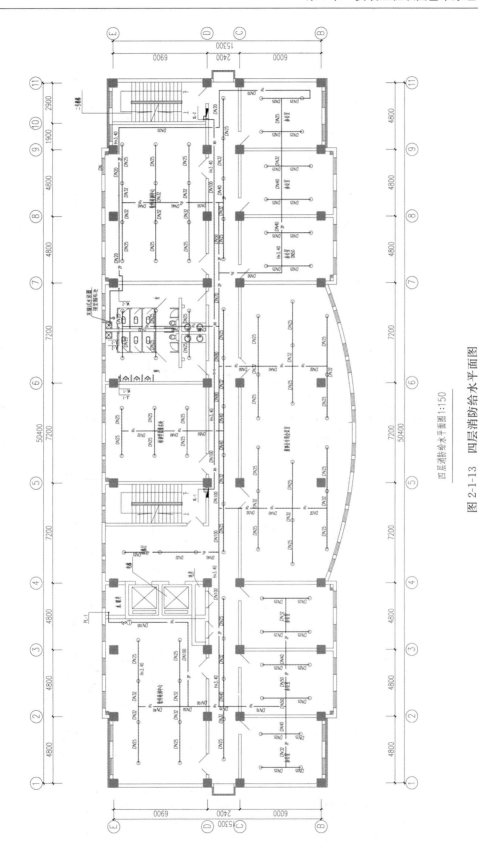

四层消防给水平面图1:150

图 2-1-13　四层消防给水平面图

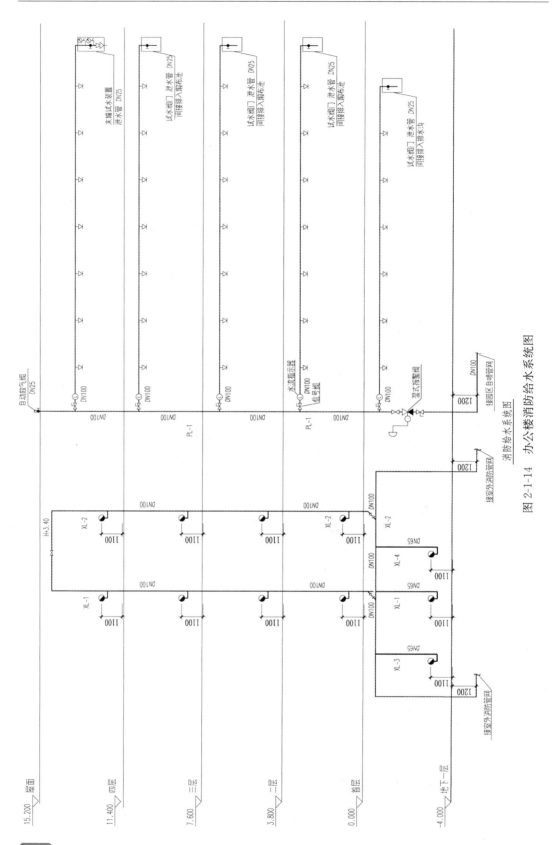

图 2-1-14　办公楼消防给水系统图

首先阅读设计施工说明（图 2-1-8），对该建筑的设计范围及设计内容有个基本了解。由系统图 2-1-14 可知，该建筑地上四层，地下一层。地下一层层高 4.00m，其他各层层高为 3.80m。该建筑消防给水系统包括消火栓给水系统及自动喷水灭火系统。系统图按不同系统绘制。图 2-1-9～2-1-17，由于各层平面布局有所不同，因此每层平面分别表示。识读具体内容如下：

自动喷水灭火系统：从图 2-1-9～2-1-13 及图 2-1-14 看出，引入管 $\frac{D}{1}$ 管径 $DN100$，中心线标高地下一层地面以下 1.20m，穿 $DN125$ 刚性防水套管，于轴线⑥与轴线④附近形成立管 PL-1，在地下一层立管上设湿式报警阀组 1 组。地下一层喷淋配水干管自地下一层地面以上 3.4m 立管接出，管径 $DN100$，起端设信号阀及水流指示器各一，配水管径随水流流向逐渐减小，具体管径见地下一层平面图标示，终端设试水阀，泄水管管径为 $DN25$，地下一层泄水至集水池，集水池排水另行设计。地上 1～4 层，配水干管起端附件设置同地下一层，四层配水管终端设末端试水装置，管径为 $DN25$。由图 2-1-14，PL-1 顶端设自动排气阀，管径 $DN25$。喷头布置见平面图，喷头连接支管管径为 $DN25$，湿式闭式喷头规格为 $DN15$，采用的是下垂式喷头。

消火栓系统：从图 2-1-9～2-1-13 及图 2-1-14 看出，消火栓管网布置成环状，两根引入管 $\frac{X}{1}$、$\frac{X}{2}$，于轴线⑥与轴线③及⑪交汇处引入，管径均为 $DN100$，中心线标高地下一层地面以下 1.20m，穿 $DN125$ 刚性防水套管。两根引入管进入室内后，管中心线标高为地下一层楼面以上 3.40m，于轴线①与轴线②、⑤、⑦、⑩交汇处形成立管 XL-3、XL-1、XL-4、XL-2，管径分别为 $DN65$、$DN65$、$DN65$、$DN100$，于立管 XL-3、XL-1、XL-4 处就近设置消火栓，栓口中心离地下一层楼面 1.10m。消防箱嵌墙或挂柱敷设。地下一层干管与立管的连接管上设闸阀。其他各层消火栓分别从立管 XL-1、XL-2 于轴线与轴线⑤、⑩交汇处就近设置，四层消防水平干管设置高度为离四层楼面 3.40m，上设闸阀一个。

上述办公楼的给排水施工图中室内消火栓、信号阀、水流指示器、湿式报警阀组等安装尺寸详见国家现行的给排水标准图集。

2.1.5　给排水工程主要图例及识图方法

1. 一般规定

给排水施工图绘制比例、标高、管径的标注、管道编号等均遵循《建筑给水排水制图标准》GB/T 50106—2010 的相关规定。图例的识读是施工图识读的基础，给排水工程图例包括管道、管道附件、接口形式、管件、卫生器具等。

（1）比例

建筑给水排水平面图比例：1∶200、1∶150、1∶100，并宜与建筑专业一致。

建筑给水排水轴测图比例：1∶150、1∶100、1∶50，宜与相应图纸一致。

详图比例：1∶50、1∶30、1∶20、1∶10、1∶5、1∶2、1∶1、2∶1。

（2）标高

1）给水（排水）施工图中标高应以 m 为单位，一般应注写到小数点后第三位。

2）沟渠、管道应标注起点、转角点、连接点、变坡点和交叉点的标高；沟渠宜标注沟内底标高；压力管道宜标注管中心标高；重力管道（排水管道）宜标管内底标高；必要时，室内架空敷设重力管道可标注管中心标高，但在图中应加以说明。

3）管道标高在平面图、系统图、剖面图中的标注如图 2-1-15 所示的平面图及系统图中标高标注法，图 2-1-16 所示的剖面图中管道及水位标高标注法。

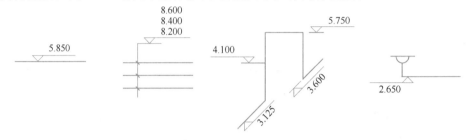

图 2-1-15　平面图及系统图中标高标

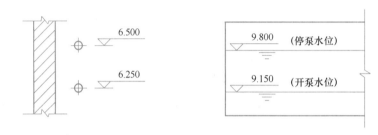

图 2-1-16　剖面图中管道及水位标高标注法

（3）管径

1）管径尺寸应以 mm 为单位；

2）管径表示方法：

水煤气输送钢管（一般为镀锌钢管）、铸铁管，管径以公称直径 DN 表示（如 $DN15$、$DN50$）；无缝钢管、焊接钢管（非镀锌钢管）、铜管、不锈钢管等管材，管径以外径（D）×壁厚（δ）表示（如 108×4、$D159\times4.5$ 等）；塑料管材，管径按产品标注的方法表示。

（4）编号

当建筑物的给水引入管或排水排出管的数量超过 1 根时，宜进行编号。

系统编号的标志是在圆圈内过中心画一条水平线，水平线上面是用大写的汉语拼音字母表示管道的类别，下面用阿拉伯数字的编号。如图 2-1-17 所示的管道编号表示法。

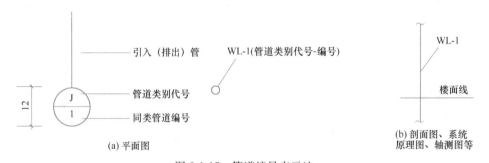

图 2-1-17　管道编号表示法

（a）给水排水进出口编号表示法；（b）立管编号表示法

2. 给水排水工程主要图例

常用给水排水施工图图例见表 2-1-5 所示。

给水排水施工图常用图例　　　　　　　　　　表 2-1-5

序号	名　称	图　例	备　注
		管道	
1	生活给水管	—— J ——	
2	热水给水管	—— RJ ——	
3	热水回水管	—— RH ——	
4	中水给水管	—— ZJ ——	
5	循环冷却给水管	—— XJ ——	—
6	循环冷却回水管	—— XH ——	—
7	热媒给水管	—— RM ——	—
8	热媒回水管	——RMH——	—
9	蒸汽管	—— Z ——	—
10	凝结水管	—— N ——	—
11	废水管	—— F ——	可与中水原水管合用
12	压力废水管	—— YF ——	—
13	通气管	—— T ——	—
14	污水管	—— W ——	—
15	压力污水管	—— YW ——	—
16	雨水管	—— Y ——	—
17	压力雨水管	—— YY ——	—
18	虹吸雨水管	—— HY ——	—
19	保　温　管	～～～～	
20	多孔管	↑ ↑ ↑	
21	地沟管	＝＝＝	

序号	名　称	图　例	备　注
22	防护套管		
23	管道立管	XL-1　　XL-1 平面　　系统	X：管道类别 L：立管 1：编号
24	伴热管		
25	空调凝结水管	——— KN ———	
管道附件			
1	刚性防水套管		
2	柔性防水套管		
3	波纹管		
4	可曲挠橡胶接头	单球　　双球	
5	立管检查口		
6	清扫口	平面　　系统	
7	通气帽	成品　　蘑菇形	
8	雨水斗	YD- 平面　　YD- 系统	
9	排水漏斗	平面　　系统	
10	圆形地漏	平面　　系统	
11	方形地漏	平面　　系统	

续表

序号	名　称	图　例	备　注
		阀门	
1	闸阀		
2	角阀		
3	三通阀		
4	四通阀		
5	截止阀	$DN \geqslant 50$　$DN < 50$	
6	电动阀		
7	液动阀		
8	气动阀		
9	减压阀		左侧为高压
10	旋塞阀	平面　系统	
11	底阀		
12	球阀		
13	隔膜阀		
14	气开隔膜阀		
15	气闭隔膜阀		
16	温度调节阀		
17	压力调节阀		

续表

序号	名　称	图　例	备　注
18	电磁阀		
19	止回阀		
给水配件			
1	放水龙头		
2	皮带龙头		
3	洒水（栓）龙头		
4	化验龙头		
5	射式龙头		
6	脚踏开关		
7	混合水龙头		
8	旋转水龙头		
9	浴盆带喷头 混合水龙头		
卫生设备及水池			
1	立式洗脸盆		
2	台式洗脸盆		
3	挂式洗脸盆		
4	浴盆		

续表

序号	名　称	图　例	备　注
5	化验盆、洗涤盆		
6	带沥水板洗涤盆		
7	盥洗槽		
8	污水池		
9	妇女卫生盆		
10	立式小便器		
11	壁挂式小便器		
12	蹲式大便器		
13	坐式大便器		
14	淋浴喷头		
给水设备			
1	水泵	平面　　系统	
2	管道泵		
3	卧式热交换器		

续表

序号	名 称	图 例	备 注
4	立式热交换器	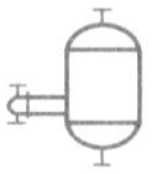	
5	快速管式热交换器	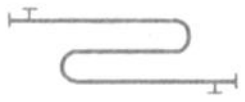	
6	开水器		
仪表			
1	温度计		
2	压力表		
3	自动记录压力表		
4	水表井		

3. 室内给水排水施工图识读

（1）室内给水排水施工图组成及内容

室内给水排水施工图一般由设计施工说明、给水排水平面图、给水排水系统图、详图等几部分组成。

1）设计施工说明

阐述的主要内容有给水排水系统采用的管材及连接方法，消防设备的选型、阀门型号、系统防腐保温做法、系统试压的要求及未说明的各项施工要求。工程选用的主要材料及设备表，应列明材料类别、规格、数量，设备品种、规格和主要尺寸。此外，设计施工说明还应绘出工程图所用图例。

2）平面图

平面图的主要内容有建筑平面的形式；各用水设备及卫生器具的平面位置、类型；给水排水系统的出、入口位置、编号、地沟位置及尺寸；干管走向、立管及其编号、横支管走向、位置及管道安装方式（明装或暗装）等。

3）系统图

系统图的主要内容有各系统的编号及立管编号、用水设备及卫生器具的编号；管道的走向，与设备的空间位置关系；管道及设备的标高；管道的管径坡度；阀门种类及位置等。

4）大样图与详图

大样图与详图可由设计人员在图纸上绘出，也可能引自有关安装图集，其内容应反映工程实际情况。

（2）给水排水施工图识读方法

给水排水施工图以一个给水或排水立管系统为单位进行识读。以图纸目录为线索，先阅读设计施工说明，设备材料表及图例，然后以系统图为突破口深入阅读平面图、系统图及详图。阅读时，应三种图相互对照来看。先看系统图，对各系统做到大致了解。看给水系统图时，可由建筑的给水引入管开始，沿水流方向经干管、立管、支管到用水设备；看排水系统图时，可由卫生器具开始，沿排水方向经支管、横管、立管、干管到排出管。

1）平面图的识读

室内给排水管道平面图是施工图纸中最基本和最重要的图纸，常用的比例是 1∶100 和 1∶50 两种。它主要表明建筑物内给排水管道及卫生器具和用水设备的平面布置。图上的线条都是示意性的，同时管材配件如活接头、补心、管箍等也不表示出来，因此在识读图纸时还必须熟悉给排水管道的施工工艺。在识读管道平面图时，应该掌握的主要内容和注意事项如下：

① 查明卫生器具、用水设备和升压设备的类型、数量、安装位置、定位尺寸。

② 弄清给水引入管和污水排出管的平面位置、走向、定位尺寸、与室外给排水管网的连接形式、管径及坡度等。

③ 查明给排水干管、立管、支管的平面位置与走向、管径尺寸及立管编号。从平面图上可清楚地查明是明装还是暗装，以确定施工方法。

④ 在给水管道上设置水表时，必须查明水表的型号、安装位置以及水表前后阀门的设置情况。

⑤ 对于室内排水管道，还要查明清通设备的布置情况，清扫口和检查口的型号和位置。

2）系统图的识读

给排水管道系统图主要表明管道系统的空间走向。在给水系统图上，卫生器具不画出来，只需画出水龙头、淋浴器莲蓬头、冲洗水箱等符号；用水设备如锅炉、热交换器、水箱等则画出示意性的立体图，并在旁边注以文字说明。在排水系统图上也只画出相应的卫生器具的存水弯或器具排水管。在识读系统图时，应掌握的主要内容和注意事项如下：

① 查明给水管道系统的具体走向，干管的布置方式，管径尺寸及其变化情况，阀门的设置，引入管、干管及各支管的标高。

② 查明排水管道的具体走向，管路分支情况，管径尺寸与横管坡度，管道各部分标高，存水弯的形式，清通设备的设置情况，弯头及三通的选用等。识读排水管道系统图时，一般按卫生器具或排水设备的存水弯、器具排水管、横支管、立管、排出管的顺序进行。

③ 系统图上对各楼层标高都有注明，识读时可据此分清管路是属于哪一层的。

3）详图的识读

室内给排水工程的详图包括节点图、大样图、标准图，主要是管道节点、水表、消火栓、水加热器、开水炉、卫生器具、套管、排水设备、管道支架等的安装图及卫生间大样图等。安装详图是根据实物用正投影法画出来的，图上都有详细尺寸，可供安装时直接使用。

（3）举例

本例为一幢三层办公楼的给排水施工图。图 2-1-18、2-1-19 为平面图，图 2-1-20 为轴测图（透视图）。

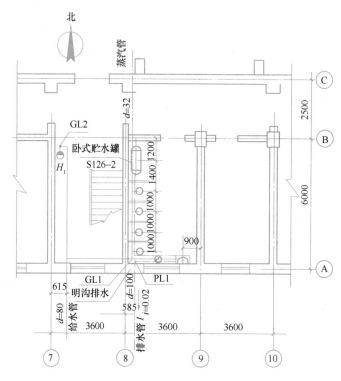

图 2-1-18　办公楼底层平面图

1）平面图识读

通过各层平面图可知：底层有淋浴间，二楼三楼有洗手间。在 ±0.000（单位：m，下同）的平面图上，给水管（用粗实线表示）在⑦轴线东面 615（单位：mm，下同）处，由南向北进房屋，进屋后分两路，一路由西向东进入淋浴间，进入淋浴间的立管 GL1 位于轴线⑧与外墙轴线 A 交汇的内墙角处，且在淋浴间内又分两路，一路由南向北经过四组淋浴器再进入卧式贮水罐（型号为 S126-2），另一路由东到洗脸盆；进屋后另一路继续向北作为消火栓给水，其消防给水立管位于轴线⑦与轴线 B 交汇的内墙角处，消火栓的编号为 H1。

排水管用粗虚线表示，淋浴间的地面积水，通过明沟收集到地漏，由地漏进入排水横支管，再进入立管 PL1，然后以 0.02 的坡度出户，进入室外的检查井。立管 PL1 离轴线⑧的距离为 585，且靠墙设置。

蒸汽管（用双点画线表示）在⑧轴线处东面、进屋，由北向南进入 S216-2 型贮水罐。

热水管（用点画线表示）从贮水罐出来到四套淋浴器，然后朝东拐去在⑨轴线西 900 处洗脸盆。

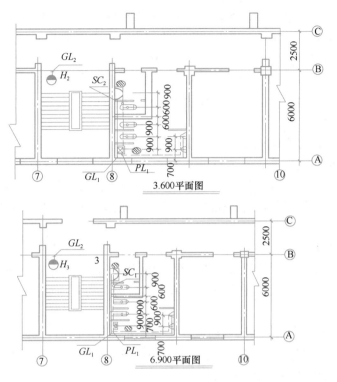

图 2-1-19 办公楼二、三层平面图

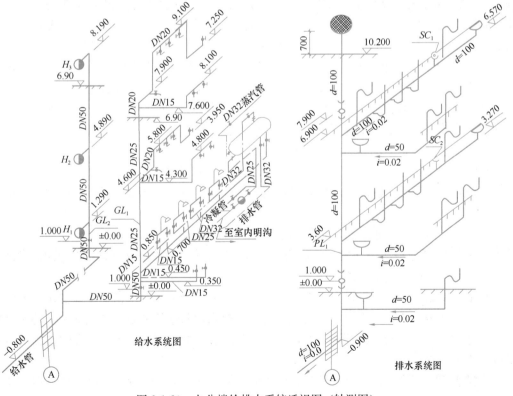

图 2-1-20 办公楼给排水系统透视图（轴测图）

在标高为 3.600 的平面上，来自±0.000 的平面图 GL1 立管分两路，一路由南向北给拖布池、大便器水箱和洗脸盆给水，另一路再由西向东再朝北拐，往小便器水箱给水。GL2 为一楼过来的消防立管给二楼消火栓 H2 供水。

排水立管 PL1 走向与 GL1 同，也从一楼来。二楼的洗手间有两个地漏、一个拖布池、一组大便器、一组洗脸盆的污水通过其支管到横支管进入 PL1 立管。清扫口及地漏的位置如图 2-1-19 所示。

6.900 平面上卫生间的布置与 3.600 的相同。

通过平面图的识读大体了解了整幢办公楼卫生器具布置情况及引入管及排出管的位置、给水及排水立管的位置。若要弄清楚支管接入立管的位置及管径，还有卫生器具、设备的安装尺寸情况，还必须通过透视图（轴测图）或详图（卫生器具安装标准图集等）才能解决。

2）系统图的识读

在给水系统图里，可看清给水引入管管径为 DN80，标高为−0.800，即管的中心轴线位于底层地坪下 0.800 处，由南向北进屋，然后向上拐弯，通过三通分出两路，管径为 DN50。

立管 GL2 管径一直为 DN50，离地坪 1.000 处，有一阀门，是这一路消防用水管线的总阀门。在标高 1.290 处是底层消火栓 H1 的标高，在二楼地面 3.600 以上 1.290 即标高为 4.890 处为消火栓 H2 的标高。

立管 GL1 上升到底层楼面的 0.200 处有一 DN50 的阀门。是这路立管及分支管的总阀门。立管 GL1 有 5 路分支，在标高 0.350 处从 DN50 的总管上分出 DN15 的支管由西往东向洗脸盆给水。在标高 0.700 处，再次从 DN50 的总管上分出 DN32 的支管，由南向北进入卧式贮水罐底部供应冷水。在 DN50 的总管上分出 DN32 的支管后可用补心或大小头将原 DN50 管变为 DN25 管，至标高 4.300 处从 DN25 的总管上分出 DN15 的支管，由西向东并沿墙拐弯向上至 4.800 处，然后再由南向北向小便器给水。在标高 4.600 处，从 DN25 的总管上分出 DN15 支管一路由南向北向拖布池供水。立管继续向上朝北向大便器水箱供水，之后下拐至 3.950 处为洗脸盆供水。

三楼给水管道走向基本与二楼相同。

在给水系统图中，在卧式贮水罐 S216-2 上有 5 路管线与之相连，罐端部的上口是蒸汽管入口，下口是蒸汽冷凝水出口，且设置一组疏水装置，以便及时排除冷凝水，同时又可防止蒸汽散失。

贮水罐的底部是冷水入口，顶部热水出罐。在底部还有一路排污管至室内明沟，罐底冷水管是从 GL1 立管上分出的，标高为 0.700，管径为 DN32，由南向北先为四套淋浴器供水，然后继续向北朝上进罐。

热水管从罐顶接出，拐弯向下至 0.850 处，由北向南向 4 套淋浴器供应热水，并继续向南朝下转弯至 0.450 处由西向东给洗脸盆供应热水。热水管的管径变化如下：热水从罐顶出来经过两套淋浴器的管径为 DN32，后两套淋浴器的管径为 DN25，去洗脸盆的管段管径为 DN15。

在排水系统图中，PL1 立管的管径为 100，底层及三层分别设检查口，检查口离本层楼面 1.0。伸顶通气管管径为 100，伸出屋面 700，顶设通气帽。二层、三层连接四组大便器横支管管径为 100，起端以低于楼面 0.330，坡度 0.02 与 PL1 立管相连。排出管管径为 100，埋深为 0.900。

上述办公楼的给排水施工图中消火栓、洗脸盆、淋浴器、地漏、清扫口的安装尺寸详见国家现行的给排水标准图集。

2.1.6　供暖工程主要图例及识图方法

室内供暖施工图一般规定应符合《暖通空调制图标准》GB/T 50114—2010 和《供热工程制图标准》CJJ/T 78—2010 的规定。

1. 一般规定

（1）比例

室内供暖施工图的比例一般为 1:200、1:100、1:50。

（2）标高

水、汽管道所注标高未予说明时，表示管中心标高。如标注管外底或顶标高时，应在数字前加"底"或"顶"字样。

（3）管径

低压流体输送用焊接管道规格应标注公称通径或压力。公称通径的标记应由字母"DN"后跟一个以毫米表示的数值组成；公称压力的代号应为"PN"。输送流体用无缝钢管、螺旋缝或直缝焊接钢管、铜管、不锈钢管，当需要注明外径和壁厚时，应用"D（或 φ）外径×壁厚"表示。塑料管外径应用"de"表示。

管径的规格表示方法如图 2-1-21 所示。

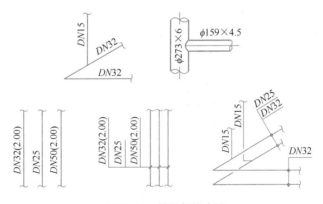

图 2-1-21　管径标注方法

（4）系统编号

1）一个工程设计中同时有供暖、通风、空调等两个及以上的不同系统时，应进行系统编号。暖通空调系统编号、入口编号，应由系统代号和顺序号组成。如图 2-1-22 所示。系统编号宜标注在系统总管处。

2）竖向布置的垂直管道系统，应标注立管号，如图 2-1-23 所示。在不致引起误解时，可只标注序号，但应与建筑轴线编号有明显区别。

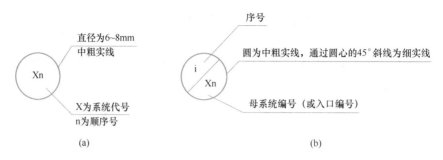

图 2-1-22

（a）系统代号的画法；（b）分支系统的编号画法

图 2-1-23　立管号的画法

2. 供暖施工图常用图例

《暖通空调制图标准》GB/T 50114—2010 和《供热工程制图标准》CJJ/T 78—2010 规定的常见图例如表 2-1-6 所示。

供暖施工图常用图例（水、汽管道代号） 表 2-1-6

序号	代号	管道名称	备　注
1	RG	采暖热水供水管	可附加1、2、3等表示一个代号、不同参数的多种管道
2	RH	采暖热水回水管	可通过实线、虚线表示供、回关系省略字母G、H
3	LG	空调冷水供水管	—
4	LH	空调冷水回水管	—
5	KRG	空调热水供水管	—
6	KRH	空调热水回水管	—
7	LRG	空调冷、热水供水管	—
8	LRH	空调冷、热水回水管	—
9	LQG	冷却水供水管	—
10	LQH	冷却水回水管	—
11	n	空调冷凝水管	—
12	PZ	膨胀水管	—
13	BS	补水管	—
14	X	循环管	—
15	LM	冷媒管	—
16	YG	乙二醇供水管	—
17	YH	乙二醇回水管	—

水、汽管道阀门和附件的图例宜按表 2-1-7 采用。

序号	名称	图例	备注
1	截止阀	—⋈—	—
2	闸阀	—⋈—	—
3	球阀	—⋈—	—
4	柱塞阀	—⋈—	—
5	快开阀	—⋈—	—
6	蝶阀		
7	旋塞阀		—
8	止回阀		
9	浮球阀		—
10	三通阀		—
11	平衡阀		—
12	定流量阀		—
13	定压差阀		—
14	自动排气阀		—
15	集气罐、放气阀		—
16	节流阀		—
17	调节止回关断阀		水泵出口用

设备和器具的图形符号应符合表 2-1-8 的规定。

设备和器具图形符号　　　　　　　　　　　　表 2-1-8

名称	图形符号	名称	图形符号
电动水泵		换热器 （通用）	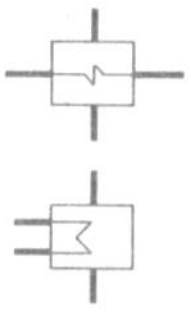
蒸汽往复泵	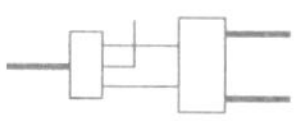	套管式换热器	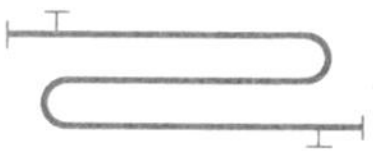
调速水泵		管壳式换热器	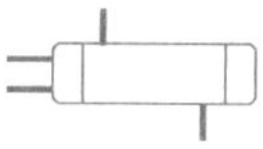
真空泵	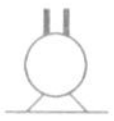	容积式换热器	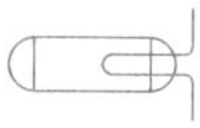
水喷射器 蒸汽喷射器	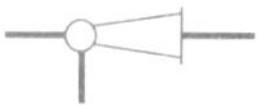	板式换热器	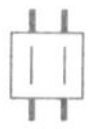

3. 室内供暖工程施工图识读

（1）室内供暖工程施工图的组成及内容

室内供暖工程施工图由设计施工说明、供暖平面图、供暖系统图及供暖详图组成。

1）设计施工说明主要阐述供暖系统的热负荷、热媒种类及参数、系统阻力；采用的管材及连接方法；散热设备及其他设备的类型；管道的防腐保温做法；系统水压试验要求及其他未说明的施工要求等。

2）供暖平面图主要内容有供暖系统入口位置、干管、立管、支管及立管编号；室内地沟的位置及尺寸；散热器的位置及数量；其他设备的位置及型号等。供暖平面图一般有建筑底层（或地下室）平面、标准层平面、顶层平面图 3 张。

3）供暖系统图主要内容有供暖系统入口编号及走向、其他管道的走向、管径、坡度、立管编号；阀门种类及位置；散热器的数量（也可不标注）及管道与散热器的连接形式等。供暖系统图应在 1 张图纸上反映系统全貌，除非系统较大，较复杂，一般不允许断开绘制。

4）供暖详图与给水排水施工详图相同，可以由设计人员在图纸上绘制，也可引自安装图集。

（2）供暖施工图识读方法

供暖系统从热力入口由室外向室内从供水管沿水流方向再由室内向室外顺序识读。即先从热力入口顺水流方向，从供热引入管至散热器，然后由散热器回水管至热力入口处的回水管路径识读。

（3）某办公楼采暖工程图的识读

1）采暖平面图的识读　某办公楼采暖平面图，如图 2-1-24（a）、（b）、（c）所示。该图为上供下回式热水采暖系统，选用四柱型散热器，每组散热器的片数均标注在靠近散热器图例符号的外窗外侧。从图上可以看出，该办公楼共有三层。各层散热器组的布置位置和组数均相同，各层供、回水立管的设置位置和根数也相同。

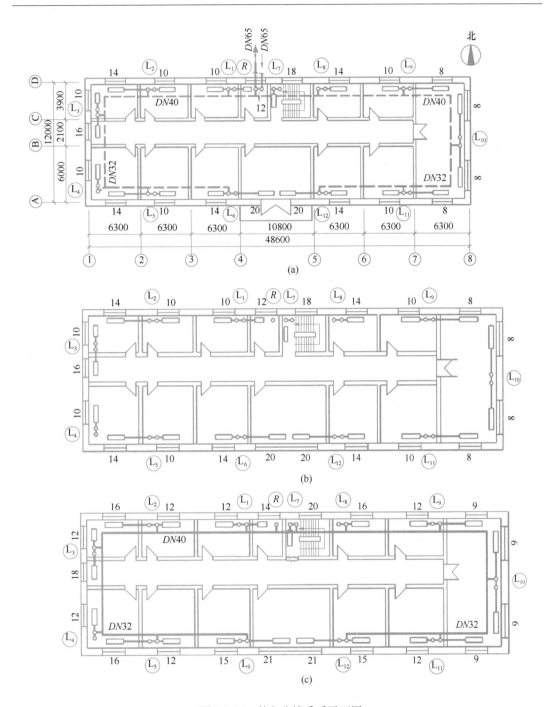

图 2-1-24　某办公楼采暖平面图

（a）一层采暖平面图（1：100）；（b）二层采暖平面图（1：100）；（c）顶层采暖平面图（1：100）

从底、顶层平面图上可以看出，供水总管为 1 条，管径 DN65，供水干管为左右各 1 条，管径由 DN40 变为 DN32，各供水支管管径均为 DN15。各回水支管管径均为 DN15，回水干管左右各 1 条，管径由 DN32 变为 DN40，回水总管为 1 条，管径 DN65。

2）采暖系统图的识读　某办公楼采暖系统图，如图 2-1-25 所示。从图上可以看出，供

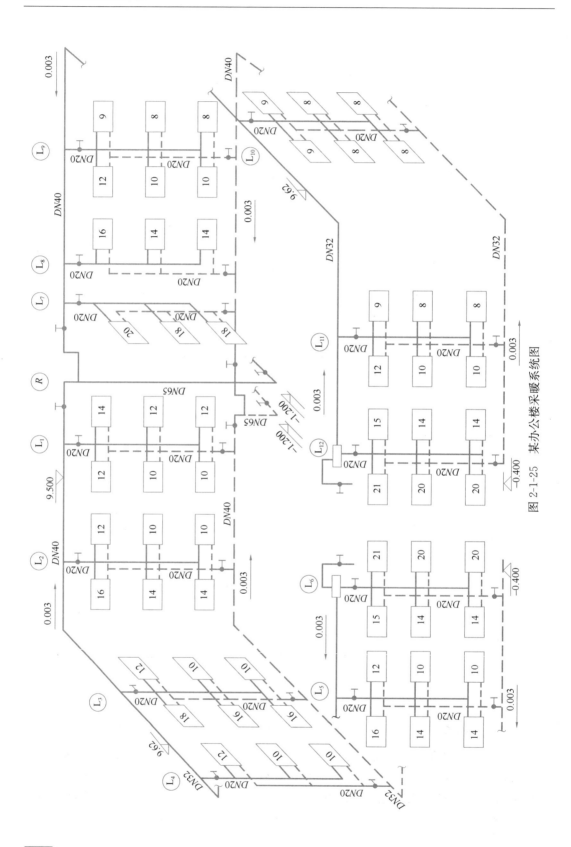

图 2-1-25　某办公楼采暖系统图

水总管为1条，管径 $DN65$，标高－1.200m；主立管管径 $DN65$；供水干管左右各1条，标高9.500m。管径由 $DN40$ 变为 $DN32$，坡度为0.003，坡向主立管。在每条供水干管端设卧式集气罐1个，其顶接 $DN15$ 管1条，向下引至标高1.600m处，然后装 $DN15$ 截止阀1个。回水干管也是左右各1条，每条回水干管始端标高为－0.400m，管径由 $DN32$ 变为 $DN40$，坡度为0.003，坡向回水总管。回水总管管径 $DN65$，标高－1.200m。供回水立管各12根，每根供、回水立管通过相应的供、回水支管，分别于相应的底、二、顶层的散热器组相接。供回水支管管径均为 $DN15$。每组散热器的片数，均标注在相应的散热器图例符号内。

2.1.7 燃气工程主要图例及识图方法

燃气工程施工图依据《燃气工程制图标准》CJJ/T 130—2009 绘制并应符合现行国家标准《房屋建筑制图统一标准》GB/T 50001—2017 的规定。

1. 一般规定

（1）比例

室内燃气管平面图、系统图、剖面图的比例为1:100、1:50。

（2）管径

管径表示方法见表2-1-9。

管径的表示方法 表 2-1-9

管道材质	示例（mm）
钢管、不锈钢管	1 以外径 $D \times$ 壁厚表示（如：$D108 \times 4.5$） 2 以公称直径 DN 表示（如：$DN200$）
铜管	以外径 $\phi \times$ 壁厚表示（如：$\phi 8 \times 1$）
铸铁管	以公称直径 DN 表示（如：$DN300$）
钢筋混凝土管	以公称内径 D_0 表示（如：$D_0 = 800$）
铝塑复合管	以公称直径 DN 表示（如：$DN65$）
聚乙烯管	按对应国家现行产品标准的内容表示（如：$de110$、$SDR11$）
胶管	以外径 $\phi \times$ 壁厚表示（如：$\phi 12 \times 2$）

管径标注方法如图2-1-26所示。

图 2-1-26 多根管管径的标注方法

（3）标高

不同情形的标高标注示意如图2-1-27（a）、（b）、（c）、（d）、（e）所示。

（4）管道及设备编号

管道及设备编号如图2-1-28所示。

（5）常用代号与图例

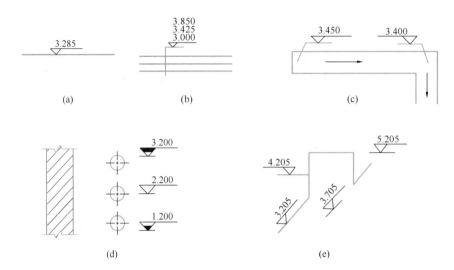

图 2-1-27　标高的标注

(a)、(b) 平面图管道标高示意；(c) 平面图沟渠标高标注示意；
(d) 立面图、剖面图管道标高标注示意；(e) 轴测图、系统图管道标高标注示意

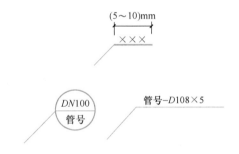

图 2-1-28　管道编号标注示意

常用代号见表 2-1-10。

常用代号与图例

表 2-1-10

序号	管道名称	管道代号	序号	管道名称	管道代号
1	燃气管道（通用）	G	16	给水管道	W
2	高压燃气管道	HG	17	排水管道	D
3	中压燃气管道	MG	18	雨水管道	R
4	低压燃气管道	LG	19	热水管道	H
5	天然气管道	NG	20	蒸汽管道	S
6	压缩天然气管道	CNG	21	润滑油管道	LO
7	液化天然气气相管道	LNGV	22	仪表空气管道	LA
8	液化天然气液相管道	LNGL	23	蒸汽伴热管道	TS
9	液化石油气气相管道	LPGV	24	冷却水管道	CW
10	液化石油气液相管道	LPGL	25	凝结水管道	C
11	液化石油气混空气管道	LPG-AIR	26	放散管道	V
12	人工煤气管道	M	27	旁通管道	BP
13	供油管道	O	28	回流管道	RE
14	压缩空气管道	A	29	排污管道	B
15	氮气管道	N	30	循环管道	CI

管线图例见表 2-1-11。

管线图例   表 2-1-11

序　号	名　　称	图形符号
1	燃气管道	—— G ——
2	给水管道	—— W ——
3	消防管道	—— FW ——
4	污水管道	—— DS ——
5	雨水管道	—— R ——
6	热水供水管线	—— H ——
7	热水回水管线	—— HR ——
8	蒸汽管道	—— S ——
9	电力线缆	—— DL ——
10	电信线缆	—— DX ——
11	仪表控制线缆	—— K ——
12	压缩空气管道	—— A ——

阀门图例见表 2-1-12。

阀门图例   表 2-1-12

序号	名　　称	图形符号
1	阀门（通用）、截止阀	▷◁
2	球阀	▷●◁
3	闸阀	▷◁
4	蝶阀	⌐•
5	旋塞阀	▷▨◁
6	排污阀	▷◁
7	止回阀	▶◁
8	紧急切断阀	▷◁
9	弹簧安全阀	𝆖

序号	名　称	图形符号
10	过流阀	
11	针形阀	
12	角阀	
13	三通阀	
14	四通阀	
15	调节阀	
16	电动阀	
17	气动或液动阀	
18	电磁阀	
19	节流阀	
20	液相自动切换阀	

常用设备图形符号见表 2-1-13。

常用设备图形符号　　　　　　　　　　　表 2-1-13

序号	名称	图形符号
1	低压干式气体储罐	
2	低压湿式气体储罐	
3	球形储罐	
4	卧式储罐	
5	压缩机	
6	烃泵	
7	潜液泵	
8	鼓风机	
9	调压器	
10	Y 形过滤器	

续表

序号	名　　称	图形符号
11	网状过滤器	
12	旋风分离器	
13	分离器	
14	安全水封	
15	防雨罩	
16	阻火器	
17	凝水缸	
18	消火栓	
19	补偿器	
20	波纹管补偿器	
21	方形补偿器	
22	测试桩	
23	牺牲阳极	
24	放散管	
25	调压箱	
26	用户调压器	
27	皮膜燃气表	
28	燃气热水器	

序号	名　　称	图形符号
29	壁挂炉、两用炉	⊡
30	家用燃气双眼灶	 ○○
31	燃气多眼灶	 ⊕⊕⊕ ⊕⊕
32	大锅灶	 ⊕
33	炒菜灶	 ⊕
34	燃气沸水器	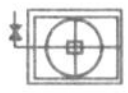 ◉
35	燃气烤箱	⊡
36	燃气直燃机	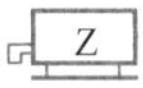 Z
37	燃气锅炉	 G
38	可燃气体泄漏探测器	☒
39	可燃气体泄漏报警控制器	∿

2. 燃气工程施工图的识读

（1）室内燃气管道施工图组成及内容

室内燃气管道施工图由设计施工说明书、平面图、系统图、剖面图、大样图组成。

1）设计施工说明书：内容包括设计依据、设计概况、设计参数、管材及附属设备的选择、施工及验收的要求和执行的标准、施工图中的标注方式及基准面的选取、施工中应注意的一些问题、对于室内燃气管道工程应给出室内、外的高差。设备材料表中包含：①设备：包括调压柜（调压箱）、阀门（型号、参数）、补偿器（型号、参数）、过滤器、流量计等。②管材（材质、标准）；③管件（材质、标准）；④其他：包括托架、警示带、示踪线。

2）室内燃气管道平面图应在建筑物的平面施工图、竣工图或实际测绘平面图的基础上绘制。平面图应按比例绘制。明敷的燃气管道应采用粗实线绘制；墙内暗埋或埋地的燃气管道应采用粗虚线绘制；图中的建筑物应采用细线绘制。平面图中应绘出燃气管道、燃气表、调压器、阀门、燃具等。平面图中燃气管道的相对位置和管径应标注清楚。

3）系统图应按 45°正面斜轴测法绘制。系统图的布图方向应与平面图一致，并应按比例绘制；当局部管道按比例不能表示清楚时，可不按比例绘制。系统图中应绘出燃气管道、燃气表、调压器、阀门、管件等，并应注明规格。应标出室内燃气管道的标高、坡度等。

4）当管道、设备布置较为复杂，系统图不能表示清楚时，宜辅以剖面图。

5）室内燃气设备、入户管道等处的连接做法，宜绘制大样图。

（2）识读方法

识读方法与给排水、供暖工程相同。首先阅读设计施工说明，熟悉图例及材料设备表，以从燃气引入管开始，顺着燃气流动的方向识读。查明管道、管径、标高及相关安装要求，及设备的类型的安装要求等。

第 2 节 常用安装工程工程计量

2.2.1 安装工程计量概述

工程量计算是指建设工程项目以工程设计图纸、施工组织设计或施工方案及有关技术经济文件为依据，按照相关工程国家标准的计算规则、计量单位等规定，进行工程数量的计算活动，在工程建设中简称工程计量。

通用安装工程造价采用工程量清单计价的，为规范工程造价计量行为，工程量计量应遵守《通用安装工程工程量计算规范》GB 50856—2013（后文简称《安装工程计量规范》）相关规定。《安装工程计量规范》适用于工业、民用、公共设施建设安装工程的计量和工程计量清单编制。

1. 安装工程计量一般规定

（1）工程量计算除依据《安装工程计量规范》各项规定外，尚应依据以下文件：

1）国家或省级、行业建设主管部门颁发的计量依据或办法。

2）经审定通过的施工设计图纸及其说明、施工组织设计或施工方案、其他有关技术经济文件。

3）与建设工程相关的标准、规范、技术资料。

4）拟定的招标文件。

5）施工现场情况、地勘水文资料、工程特点及常规施工方案。

6）其他相关资料。

（2）工程实施过程中的计量按照现行国家标准《建设工程工程量清单计价标准》GB/T 50050—202×的相关规定执行。

（3）安装工程的计量单位应按《安装工程计量规范》附录中规定计算，如有两个或两个以上计量单位的，应结合拟建工程项目的实际情况，确定其中一个为计量单位。同一工程项目的计量单位应一致。工程计量时每一项目汇总的有效位数应遵守下列规定：

1）以"t"为单位，应保留小数点后三位数字，第四位小数四舍五入；

2）以"m"、"m²"、"m³"、"kg"为单位，应保留小数点后两位数字，第三位小数四舍五入；

3）以"台"、"个"、"件"、"套"、"根"、"组"、"系统"等为单位，应取整数。

2. 安装工程的计量规范附录

在《安装工程计量规范》中，按专业、设备特征或工程类别分为机械设备安装程热力设备安装工程等13部分，形成附录A至附录N。内容如下：

附录A 机械设备安装工程（编码：0301）

附录B 热力设备安装工程（编码：0302）

附录C 静置设备与工艺金属结构制作安装工程（编码：0303）

附录D 电气设备安装工程（编码：0304）

附录E 建筑智能化工程（编码：0305）

附录F 自动化控制仪表安装工程（编码：0306）

附录G 通风空调工程（编码：0307）

附录H 工业管道工程（编码：0308）

附录J 消防工程（编码：0309）

附录K 给排水、采暖、燃气工程（编码：0310）

附录L 通信设备及线路工程（编码：0311）

附录M 刷油、防腐蚀、绝热工程（编码：0312）

附录N 措施项目（编码：0313）

在编制分部分项工程量清单时，应根据《安装工程计量规范》规定的项目编码、项目名称、项目特征、计量单位和工程量计算规则进行编制，各个分部分项工程量清单必须包括五部分：项目编码、项目名称、项目特征、计量单位和工程量，缺一不可。

3. 《安装工程计量规范》与其他专业计量规范相关内容界线划分

（1）与现行国家标准《市政工程工程量计算规范》GB 50857 相关内容在执行上的划分界线。

1）电气设备安装工程与市政工程路灯工程的界定：厂区、住宅小区的道路路灯安装工程、庭院艺术喷泉等电气设备安装工程按通用安装工程"电气设备安装工程"相应项目执行；涉及市政道路、市政庭院等电气安装工程的项目，按市政工程中"路灯工程"的相应项目执行。

2）工业管道与市政工程管网工程的界定：水管道以厂区入口水表井为界；排水管道以厂区围墙外第一个污水井为界；热力和燃气以厂区入口第一个计量表（阀门）为界。

3）给排水、采暖、燃气工程与市政工程管网工程的界定：室外给排水、采暖、燃气管道以市政管道碰头井为界；厂区、住宅小区的庭院喷灌及喷泉水设备安装按本规范相应项目执行；公共庭院喷灌及喷泉水设备安装按现行国家标准《市政工程工程量计算规范》GB 50857 管网工程的相应项目执行。

（2）安装工程计量规范中涉及管沟、坑及井类的土方开挖、垫层、基础、砌筑、抹灰、地沟盖板预制安装、回填、运输、路面开挖及修复、管道支墩的项目，按现行国家标准《房屋建筑与装饰工程工程量计算规范》GB 50854 和《市政工程工程量计算规范》GB 50857 的相应项目执行。

2.2.2 电气设备安装工程工程量清单计算规则

《通用安装工程工程量计算规范》GB 50856—2013"附录D 电气设备安装工程"，适用于电气 10kV 以下工程。附录 D 分为 14 个分部，见表 2-2-1。

电气设备安装工程分部及编码　　　　　　　　　　表 2-2-1

编码	分部工程名称	编码	分部工程名称
030401	D.1 变压器安装	030408	D.8 电缆安装
030402	D.2 配电装置安装	030409	D.9 防雷及接地工程
030403	D.3 母线安装	030410	D.10 10kV 以下下架空线路
030404	D.4 控制设备及低压电器安装	030411	D.11 配管配线工程
030405	D.5 蓄电池安装	030412	D.12 照明器具安装
030406	D.6 电机检查接线及调试	030413	D.13 附属工程
030407	D.7 滑触线装置安装	030414	D.14 电气调整试验

1. 变压器安装

变压器安装共设置了油浸电力变压器、干式变压器、整流变压器、自耦变压器、有载调压变压器、电炉变压器、消弧线圈 7 个分项，区分名称、型号、容量、电压、油过滤要求、干燥要求、基础型钢形式及规格等分别列项，按设计图示数量计算，以"台"为计量单位。

变压器油如需试验、化验、色谱分析，应按措施项目相关项目编码列项。

2. 配电装置

断路器、真空接触器、隔离开关、负荷开关、互感器、高压熔断器、避雷器、干式电抗器、油浸电抗器、移相及串联电容器、集合式并联电容器、并联补偿电容器组架、交流滤波装置组架、高压成套配电柜、组合型成套箱式变电站等，按设计图示以"台（个、组）"计算。

3. 母线安装

（1）软母线、组合软母线按名称、材质、型号、规格、绝缘子类型、规格，按设计图示尺寸以单相长度"m"计算（含预留长度）。

（2）带形母线按名称、型号、规格、材质、绝缘子类型、规格，穿墙套管材质、规格，穿通板材质、规格，母线桥材质、规格，引下线材质、规格，伸缩节、过渡板材质、规格，分相漆品种，按设计图示尺寸以单相长度"m"计算（含预留长度）。

（3）槽形母线按名称、型号、规格、材质，连接设备名称、规格，分相漆品种，按设计图示尺寸以单相长度"m"计算（含预留长度）。

（4）共箱母线按名称、型号、规格、材质，按设计图示尺寸以中心线长度"m"计算。

（5）低压封闭式插接母线槽按名称、型号、规格、容量（A）、线制、安装部位，按设计图示尺寸以中心线长度"m"计算。

（6）始端箱、分线箱按名称、型号、规格、容量，按设计图示数量以"台"计算。

（7）重型母线按名称、型号、规格、容量、材质，绝缘子类型、规格，伸缩器及导板规格，按设计图示尺寸以质量"t"计算。

（8）软母线安装预留长度按表 2-2-2 计算。

软母线安装预留长度　　　　　　　　　单位：m/根　表 2-2-2

项目	耐张	跳线度	引下线、设备连线
预留长度	2.5	0.8	0.6

（9）硬母线安装预留长度按表 2-2-3 计算。

硬母线配置安装预留长度　　　　　　　　单位：m/根　表 2-2-3

序号	项目	预留长度	说明
1	带形、槽形母线终端	0.3	从最后一个支持点算起
2	带形、槽形母线与分支线连接	0.5	分支线预留
3	带形母线与设备连接	0.5	从设备端子接口算起
4	多片重型母线与设备连接	1.0	从设备端子接口算起
5	槽形母线与设备连接	0.5	从设备端子接口算起

4. 控制设备和低压电器安装

控制设备和低压电器安装共设置了 36 个分项。

（1）控制屏、继电、信号屏、模拟屏、低压开关柜（屏）、弱电控制返回屏按名称、型号、规格、种类，基础型钢形式、规格，接线端子材质、规格，端子板外部接线材质、规格，小母线材质、规格，屏边规格，按设计图示数量以"台"计算。

（2）箱式配电室按名称、型号、规格、基础型钢形式、规格、基础规格、浇筑材质，按设计图示数量以"套"计算。

（3）硅整流柜、可控硅柜根据名称、型号、规格，容量（A）或容量（kW），基础型钢形式和规格，按设计图示数量以"台"计算。

（4）低压电容器柜、自动调节励磁屏、励磁灭磁屏、蓄电池屏（柜）、直流馈电屏、事故照明切换屏根据名称、型号、规格、基础型钢形式和规格、接线端子材质和规格、端子板外部接线材质和规格、小母线材质和规格、屏边规格，按设计图示数量以"台"计算。

（5）控制台根据名称、型号、规格、基础型钢形式和规格、接线端子材质和规格、端子板外部接线材质和规格、小母线材质和规格，按设计图示数量以"台"计算。

（6）控制箱、配电箱根据名称、型号、规格、基础形式和材质及规格、接线端子材质和规格、端子板外部接线材质和规格、安装方式，按设计图示数量以"台"计算。

（7）插座箱根据名称、型号、规格、安装方式，按设计图示数量以"台"计算。

（8）控制开关包括：自动空气开关、刀型开关、铁壳开关、胶盖刀闸开关、组合控制开关、万能转换开关、风机盘管三速开关、漏电保护开关等。根据名称、型号、规格、接线端子材质和规格，额定电流（A），按设计图示数量以"个"计算。

（9）低压熔断器、限位开关、控制器、接触器、磁力启动器、Y-△自耦减压启动器、电磁铁（电磁制动器）、快速自动开关、电阻器、油浸频敏变阻器根据名称、型号、规格、接线端子材质和规格，低压熔断器、限位开关按设计图示数量以"个"计算。控制器、接触器、磁力启动器、Y-△自耦减压启动器、电磁铁（电磁制动器）、快速自动开关按设计图示数量以"台"计算。电阻器按设计图示数量以"箱"计，油浸频敏变阻器按设计图示数量以"台"计算。

（10）分流器按名称、型号、规格、种类、容量（A）等按设计图示数量以"个"计算。

（11）小电器按名称、型号、规格、接线子材质和规格，按设计图示数量以"个（套、台）"计算。小电器包括：按钮、电笛、电铃、水位电气信号装置、测量表计、继电器、电磁锁、屏上辅助设备、辅助电压互感器、小型安全交压器等。

（12）端子箱按名称、型号、规格、安装部位，按设计图示数量以"台"计算。

（13）风扇根据名称、型号、规格、安装方式，按设计图示数量以"台"计算。

（14）照明开关、插座根据名称、型号、规格、安装方式，按设计图示数量以"个"计算。

（15）其他电器是指本节附录未列的电器项目，根据名称、规格、安装方式分别列项，按设计图示数量以"个（套、台）"计算。其他电器项目必须根据电器实际名称确定项目名称，明确描述工作内容、项目特征、计量单位、计算规则。

盘、箱、柜的外部进出线预留长度见表 2-2-4。

盘、箱、柜的外部进出线预留长度　　　　单位：m/根　表 2-2-4

序号	项　目	预留长度	说　明
1	各种箱、柜、盘、板、盒	高+宽	盘面尺寸
2	单独安装的铁壳开关、自动开关、刀开关、启动器、箱式电阻器、变阻器	0.5	从安装对象中心算起
3	继电器、控制开关、信号灯、按钮、熔断器等小电器	0.3	从安装对象中心算起
4	分支接头	0.2	分支线预留

5. 蓄电池安装

蓄电池共设置两个分项。蓄电池按名称、型号、容量（A·h）、防震支架形式、材质，充放电要求，按设计图示数量以"个（组件）"计算。太阳能电池按名称、型号、规格、容量、安装方式，按设计图示数量以"组"计算。

6. 电机检查接线及调试

发电机、调相机、普通小型直流电动机、普通交流异步电动机、高压交流异步电动机等各类电机检查接线及调试按名称、型号、容量（kW）、类型、接线端子材质与规格，干燥要求等，按设计图示数量以"台（组）"计算。

可控硅调速直流电动机类型指一般可控硅调速直流电动机、全数字式控制可控硅调速直流电动机。

交流变频调速电动机类型指交流同步变频电动机、交流异步变频电动机。电动机按其质量划分为大、中、小型：3t 以下为小型，3～30t 为中型，30t 以上为大型。

7. 滑触线装置安装

滑触线是起重机的电源干线，滑触线装置安装只有一个清单项，按名称、型号、规格、材质，支架形式、材质，移动软电缆材质、规格、安装部位，拉紧装置类型，伸缩接头材质、规格按设计图示尺寸以单相长度"m"计算（含预留长度）。

滑触线安装预留长度见表2-2-5。

滑触线安装预留长度　　　　　　　长度单位：m/根　表 2-2-5

序号	项　　目	预留长度	说　　明
1	圆钢、铜母线与设备连接	0.2	从设备接线端子接口算起
2	圆钢、铜滑触线终端	0.5	从最后一个固定点算起
3	角钢滑触线终端	1.0	从最后一个支持点算起
4	扁钢滑触线终端	1.3	从最后一个固定点算起
5	扁钢母线分支	0.5	分支线预留
6	扁钢母线与设备连接	0.5	从设备接线端子接口算起
7	轻轨滑触线终端	0.8	从最后一个支持点算起
8	安全节能及其他滑触线终端	0.5	从最后一个固定点算起

8. 电缆安装

（1）电缆敷设

电缆敷设的清单项目设置有两个：电力电缆和控制电缆。电力电缆和控制电缆列项时区分名称、型号、规格、材质、敷设方式和部位、电压等级（kV）、地形，按设计图示尺寸以长度计算（含预留长度及附加长度），计量单位为"m"。

单根电缆工程量＝（水平长度＋垂直长度＋预留长度）×（1＋2.5%）

式中：2.5%——电缆曲折弯余量系数。

电缆敷设长度应根据敷设路径的水平和垂直敷设长度，按表2-2-6的规定增加预留长度。

电缆敷设预留长度及附加长度计算表　　　　　　　表 2-2-6

序号	项　　目	预留（附加）长度	说　　明
1	电缆敷设弛度、波形弯度、交叉	2.5%	按电缆全长计算
2	电缆进入建筑物	2.0m	规范规定最小值
3	电缆进入沟内或吊架时引上（下）	1.5m	规范规定最小值
4	变电所进线、出线	1.5m	规范规定最小值
5	电力电缆终端头	1.5m	检修余量最小值
6	电缆中间接头盒	两端各留2.0m	检修余量最小值
7	电缆进控制、保护屏及模拟盘、配电箱等	高＋宽	按盘面尺寸
8	高压开关柜及低压配电盘、箱	2.0m	盘下进出线
9	电缆至电动机	0.5m	从电机接线盒算起
10	厂用变压器	3.0m	从地坪算起
11	电缆绕过梁柱等增加长度	按实计算	按被绕物的断面情况计算增加长度
12	电梯电缆与电缆架固定点	每处0.5m	规范最小值

（2）电缆保护管、电缆槽盒、铺砂、盖保护板（砖）按名称、型号、规格、材质、敷设方式等，按设计图示尺寸以长度计算，计量单位为"m"。

（3）电力电缆头、控制电缆头按名称、型号、规格、材质、安装部位、电压等级，按设计图示数量计算，计量单位为"个"。

（4）防火堵洞按名称、材质、方式、部位，按设计图示数量以"处"计算；防火隔板按设计图示尺寸以面积"m²"计算；防火涂料按设计图示尺寸以质量"kg"计算。

（5）电缆分支箱，按名称、型号、规格、基础形式、材质、规格，按设计图示数量以"台"计算。

（6）其他相关问题说明

1）电缆穿刺线夹按电缆头编码列项计算。

2）电缆井、电缆排管、顶管、应按现行《市政工程工程量计算规范》相关项目列项计算。

【例 2-2-1】某电缆敷设工程，采用电缆沟铺沙盖砖直埋，并列敷设 5 根 VV$_{29}$（4×50）电力电缆，如图 2-2-1 所示，变电所配电柜至室内部分电缆穿 SC50 钢管做保护，共 5m 长。室外电缆敷设共 100m 长，中间穿过热力管沟，热力管沟宽 500mm，在配电间有 10m 穿 SC50 钢管保护。试计算电缆和电缆保护管清单工程量。

图 2-2-1　电缆敷设计算示意图

【解】

（1）清单项目

本案例仅列电缆敷设、保护管敷设、电缆终端头制作项目。

（2）计算工程量

1）按图计算电缆敷设工程量，并考虑电缆在各处预留长度。查电缆敷设及预留长度表，预留及附加长度分别为：进建筑物 2.0m；变电所进线、出线 1.5m；电缆进入沟内 1.5m；高压开关柜及低压配电箱 2.0m；电力电缆终端头 1.5m。

电力电缆 VV$_{29}$（4×50）清单工程量：

$$L = (100+5+10+2.0×2+1.5×2+1.5×2+2.0×2+1.5×2)×(1+2.5\%)×5$$
$$= 135.3×5 = 676.5m$$

2）电缆保护管 SC50 工程量：

$$L = (5+10+1.0×2)×5 = 85m$$

3）电力电缆户内热缩式铜芯终端头制作、安装：

VV$_{29}$（4×50）电力电缆终端头数量=2×5=10 个

9. 防雷及接地装置

（1）接地极区分名称、材质、规格、土质，基础接地形式，按设计图示数量以"根（块）"计算。

（2）接地母线、避雷引下线、均压环、避雷网，区分名称、规格、材质、安装部位、安装形式，断接卡子、箱材质和规格等，按设计图示尺寸计算（含附加长度），计量单位为"m"。

接地母线、引下线、避雷网附加长度按表2-2-7计算。

接地母线、引下线、避雷网附加长度 单位：m   表 2-2-7

项 目	附加长度	说 明
接地母线、引下线、避雷网附加长度	3.9%	按接地母线、引下线、避雷网全长计算

（3）避雷针按名称、规格、材质、安装形式和高度，以"根"计算；半导体少长针消雷装置按设计图示数量以"套"计算。

（4）半导体少长针消音装置按型号和规格，按设计图示数量以"个"计算；等电位端子箱、测试板按名称、规格、材质，按设计图示数量以"台"计算；绝缘垫按名称、规格、材质按设计图示尺寸以展开面积"m²"计算；浪涌保护器按名称、规格、安装方式、防雷等级按设计图示数量以"个"计算；降阻剂按名称、类型按设计图示以质量"kg"计算。

10. 10kV以下架空配电线路

10kV以下架空配电线路共设置四个清单项目。

（1）电杆组按名称、材质、规格、类型、地形、土质，底盘、拉盘、卡盘规格，拉线材质、规格、类型，现浇基础类型、钢筋类型、规格，基础垫层要求，电杆防腐要求，按设计图示数量以"根（基）"计算。

（2）横担组装按名称、材质 规格、类型、电压等级，瓷瓶型号、规格，金具品种规格按设计图示数量以"组"计算。

（3）导线架设按名称、型号、规格、地形、跨越类型，按设计图示尺寸以单线长度（含预留长度）以"km"计算。架空导线预留长度见表2-2-8。

架空导线预留长度 单位：m/根   表 2-2-8

项 目		预留长度
高压	转角	2.5
	分支、终端	2.0
低压	分支、终端	0.5
	交叉跳线转角	1.5
与设备连线		0.5
进户线		2.5

（4）杆上设备按名称、型号、规格、电压等级（kV），支撑架种类、规格，接线端子材质、规格、接地要求，按设计图示数量以"台（组）"计算。

11. 配管、配线

（1）配管、线槽、桥架按名称、材质、规格、配置形式、接地要求，钢索材质、规格，按设计图示尺寸长度以"m"计算。

（2）配线按名称、配线形式、型号、规格、材质、配线部位、配线线制，钢索材质和规格按设计图示尺寸单线长度以"m"计算（含预留长度）。

（3）接线箱、接线盒按名称、材质、规格、安装形式，按设计图示数量以"个"计算。

（4）其他相关问题说明

1）配管、线槽安装不扣除管路中间的接线箱（盒）灯头盒、开关盒所占长度。

2）配管名称指电线管、钢管、防爆管、塑料管、软管、波纹管等。

3）配管配置形式指明配、暗配、吊顶内、钢结构支架、钢索配管、埋地敷设、水下敷设、砌筑沟内敷设等。

4）配线名称指管内穿线、瓷夹板配线、塑料夹板配线、绝缘子配线、槽板配线、塑料护套配线、线槽配线、车间带形母线等。

5）配线形式指照明线路、动力线路、木结构、顶棚内、砖、混凝土结构、沿支架、钢索、屋架、梁、柱、墙以及跨屋架、梁、柱。

6）配线保护管遇到下列情况之一时，应增设管路接线盒和拉线盒：①管长度每超过30m，无弯曲；管长度每大于20m，有 1 个弯曲；②管长度每大于15m，有 2 个弯曲；③管长度每大于 8m，有 3 个弯曲。垂直敷设的电线保护管遇到下列情况之一时，应增设固定导线用的拉线盒：①管内导线截面为50mm^2 及以下，长度每超过30m；②管内导线截面为 70～95mm^2，长度每超过20m；③管内导线截面为 120～240mm^2，长度每超过18m。在配管清单项目计量时，设计无要求时上述规定可以作为计量接线盒、拉线盒的依据。

7）配管安装中不包括凿槽、刨沟，应按附录 D.13 相关项目编码列项。

8）配线进入箱、柜、板的预留长度见表2-2-9。

配线进入盘、柜、箱、板的预留线长度表　　　　表 2-2-9

序号	项　目	预留长度	说　明
1	各种开关箱、柜、板	高＋宽	盘面尺寸
2	单独安装（无箱、盘）的铁壳开关、闸刀开关、启动器、母线槽进出线盒等	0.3m	从安装对象中心算起
3	由地坪管子出口引至动力接线箱	1m	从管口计算
4	电源与管内导线连接（管内穿线与软、硬母线接头）	1.5m	从管口计算
5	出户线	1.5m	从管口计算

（5）计算方法

1）配管工程量计算方法

根据配管工程量计算规则，配管工程量可按如下方法计算：

配管长度＝配管水平方向长度＋配管垂直方向长度

① 水平方向敷设的配管工程量计算。

水平方向敷设的线管以平面图的线管走向和敷设部位为依据，并借用建筑物平面图所标墙、柱轴线尺寸和实际到达尺寸进行线管长度的计算，如图 2-2-2 所示。

当线管沿墙暗敷（WC）时，按墙的轴线尺寸计算该配管长度。如 n_1 回路水平方向配管，沿Ⓑ～Ⓒ、①～③等轴线长度计算工程量，其工程量为(3.3＋0.6)÷2[Ⓑ－Ⓒ轴间配管长度]＋3.6[①－②轴间配管长度]＋3.6÷2[②－③轴间配管长度]＋(3.3＋0.6)÷2[引向插座配管长度]＋3.3÷2[引向灯具配管长度]＝10.95(m)。当线管沿墙明敷时（WE），

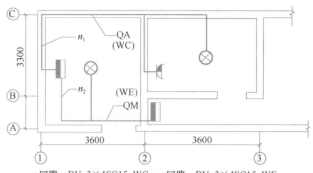

n_1回路：BV-3×4SC15-WC；n_2回路：BV-3×4SC15-WE

图 2-2-2　线管水平长度计算示意图

按墙面尺寸计算。

②垂直方向敷设的管（沿墙、柱引上或引下）。垂直方向敷设的管（沿墙、柱引上或引下），无论明装还是暗装，其工程量计算与楼层高度及箱、柜、盘、开关等设备尺寸以及设计安装高度有关，计算时按照施工图纸的设计高度计算，如施工图未进行说明，则可以按照规范要求进行计算。如图 2-2-2 所示，拉线开关距顶棚 200～300mm，开关距地面 1400mm，插座距地面 1400mm 或 300mm，配电箱底边距地面为 1400mm。

由图 2-2-3 可知，拉线开关 1 配管长度为 200～300mm，开关 2 配管长度为（$H-h_1$），插座 3 的配管长度为（$H-h_2$），配电箱 4 的配管长度为（$H-h_3$－配电箱高度），配电柜 5 的配管长度为（$H-h_4$）。

③埋地配管（FC）。水平方向的配管计算方法按及设备定位尺寸进行计算，如图 2-2-4 和图 2-2-5 所示。

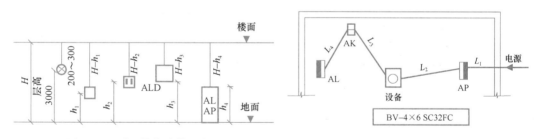

图 2-2-3　引下线管计算示意图　　　　　图 2-2-4　埋地水平管长度示意图

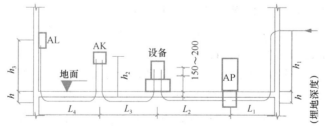

图 2-2-5　埋地管出地面长度

若电源架空引入，穿管进入配电柜（AP），再进入设备，又连开关箱（AK），再连照明箱（AL）。水平方向配管长度为 $L_1+L_2+L_3+L_4$，均算至各设备中心处。垂直方向配管长度为 (h_1+h)［电源引下线管长度］$+(h+$设备基础高$+150\sim200\mathrm{mm})\times2$［引入和引出设备线管长度］$+(h+h_2)\times2$［引入和引出刀开关线管长度］$+(h+h_3)$［引入配电箱线管长度］。

2）管内穿线工程量计算方法

根据配线工程量计算规则，管内穿线工程量可按如下方法计算：

管内穿线长度＝（配管长度＋导线预留长度）×同截面导线根数

【例 2-2-2】

某综合楼办公楼的层高为 3.6m，首层办公室的照明配电平面图、线路敷设方式及相关图例见图 2-2-6、图 2-2-7。试计算该工程电气照明回路配管、配线工程清单工程量。

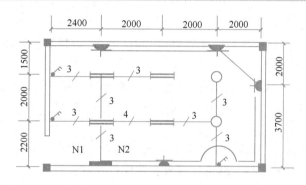

图 2-2-6　办公室电气平面图

序号	图例	名称、型号、规格	备注
1		双管荧光灯YG-2 2×40W	吸顶式
2	○	装饰灯FZS-164 100W	吸顶式
3		暗装单联单控开关10A 250V	暗装，底距地1.4m
4		暗装双联单控开关10A 250V	暗装，底距地1.4m
5		单相二、三极插座10A 250V	暗装，底距地0.3m
6		照明配电箱500×250×150	暗装，底距地1.5m
7	N1	ZRBV3×2.5 PC20	CC
8	N2	BV3×4 PC25	FC

图 2-2-7　电气工程图例

【解】

（1）清单项目

本例仅考虑照明回路的配管、配线清单项目。

（2）清单工程量计算

计算时可按先管后线的顺序进行，或者管、线同步进行计算。

1）N1 照明回路配管 PC20 工程量

＝$(3.6-1.5-0.25)+2.2+2.4+2+2+2.4+2+2+2.2+(3.6-1.4)\times3=25.65\mathrm{m}$

配管 PC25 工程量＝2m

管内穿 4 根 ZRBV 线时，配管按 PC25 管列项计算。

2）管内穿线 ZRBV2.5 工程量＝(25.65＋2＋0.75)×3＋2＝87.2m

计算式中预留长度为配电箱半周长 0.75m，先按管内穿 3 根线计算，再根据导线实际根数进行调整。

12. 照明器具安装

（1）普通灯具、工厂灯区分名称、型号、规格、安装形式，按设计图示数量以"套"计算。

（2）高度标志（障碍）灯、装饰灯、荧光灯、医疗专用灯、一般路灯、中杆灯、高杆灯、桥栏杆灯、地道涵洞灯，区分名称、型号、规格、安装形式等，按设计图示数量以"套"计算。

（3）其他相关问题说明

1）普通灯具包括圆球吸顶灯、半圆球吸顶灯、方形吸顶灯、软线吊灯、座灯头、吊链灯、防水吊灯、壁灯等。

2）工厂灯包括工厂罩灯、防水灯、防尘灯、碘钨灯、投光灯、泛光灯、混光灯等。

3）高度标志（障碍）灯包括烟囱标志灯、高塔标志灯、高层建筑屋顶障碍指示灯等。

4）装饰灯包括吊式、吸顶式、荧光、几何型组合、水下（上）艺术装饰灯和诱导装饰灯、标志灯、点光源艺术灯、歌舞厅灯具、草坪灯具等。

5）医疗专用灯包括病房指示灯、病房暗脚灯、紫外线杀菌灯、无影灯等。

6）中杆灯是指安装在高度小于或等于 19m 的灯杆上的照明器具。

7）高杆灯是指安装在高度大于 19m 的灯杆上的照明器具。

13. 附属工程

铁构件区分名称、材质、规格，按设计图示尺寸以质量"kg"计算；凿（压）槽区分名称、类型、填充（恢复）方式、混凝土强度等级，按设计图示尺寸以长度"m"计算；打洞（孔）、人（手）孔砌筑按名称、规格、类型、防水材质及做法等，按设计图示数量以"个"计算；管道包封按名称、规格、混凝土强度等级，按设计图示长度以"m"计算；人（手）孔防水按名称、规格、类型、混凝土强度等级，按设计图示防水面积以"m"计算。

14. 电气调整试验

（1）电力变压器系统、送配电装置系统、特殊保护装置、自动投入装置、中央信号装置、事故照明切换装置、不间断电源、母线、避雷器、电容器、接地装置、电抗器、消弧线圈、电除尘器、硅整流设备、可控硅整流装置、电缆试验区分名称、材质、规格等，按设计图示数量以"系统（台、套、组次）"计算。

（2）其他相关问题说明

1）功率大于 10kW 电动机及发电机时启动调试用的蒸汽、电力和其他动力能源消耗及变压器空载试运转的电力消耗及设备需烘干处理时应说明。

2）配合机械设备及其他工艺的单体试车，应按措施项目相关项目编码列项。

3）计算机系统调试应按自动化控制仪表安装工程相关项目编码列项。

15. 与其他附录的联系

1)"电气设备安装工程"适用于 10kV 以下变配电设备及线路的安装工程、车间动力电气设备及电气照明、防雷及接地装置安装、配管配线、电气调试等。

2)挖土、填土工程,应按《房屋建筑与装饰工程工程量计算规范》GB 50854—2013 相关项目编码列项。

3)开挖路面,应按《市政工程工程量计算规范》GB 50857—2013 相关项目编码列项。

4)过梁、墙、楼板的钢(塑料)套管,应按《通用安装工程工程量计算规范》GB 50856—2013 采暖、给排水、燃气工程相关项目编码列项。

5)除锈、刷漆(补刷漆除外)、保护层安装,应按《通用安装工程工程量计算规范》GB 50856—2013 刷油、防腐蚀、绝热工程相关项目编码列项。

6)由国家或地方检测验收部门进行的检测验收应按《通用安装工程工程量计算规范》GB 50856—2013 措施项目编码列项。

2.2.3　通风空调工程工程量清单计算规则

《通用安装工程工程量计算规范》GB 50856—2013"附录 G 通风空调工程",适用于工业与民用建筑的通风(空调)设备及部件、通风管道及部件的制作安装工程。附录 G 分为 4 个分部,见表 2-2-10 。

通风空调安装工程分部及编码　　　　　　　　　　　表 2-2-10

编　码	分部工程名称
030701	G.1 通风(空调)设备及部件制作安装
030702	G.2 通风管道制作安装
030703	G.3 通风管道部件制作安装
030704	G.4 通风工程检测、调试

1. 通风空调设备及部件制作安装

(1)空气加热器(冷却器)、除尘设备、风机盘管、表冷器、净化工作台、风淋室洁净室、除湿机、人防过滤吸收器按设计图示数量,以"台"为计算单位;空调器按设计图示数量,以"台"或"组"为计量单位;密闭门、挡水板、滤水器、溢水盘、金属壳体,按设计图示数量计算,以"个"为计量单位。

(2)过滤器的计量有两种方式,以台计量,按设计图示数量计算;或以面积计量,按设计图示尺寸以过滤面积计算。

(3)对本分部工程进行计量时,通风空调设备安装的地脚螺栓是按设备自带考虑的。

2. 通风管道制作安装

本分部通风管道制作安装主要以管道材质划分清单项目。由于通风管道材质的不同,各种通风管道的计量也稍有区别。

(1)碳钢通风管道、净化通风管道、不锈钢板通风管道、铝板通风管道、塑料通风管道 5 个分项工程在进行计量时,按设计图示内径尺寸以展开面积计算,计量单位为"m²";玻璃钢通风管道、复合型风管也是以"m²"为计量单位,但其工程量是按设计图示外径尺寸以展开面积计算。

（2）柔性软风管的计量有两种方式。以"m"为单位计量，按设计图示中心线以长度计算；以"节"为单位计量，按设计图示数量计算。

（3）弯头导流叶片也有两种计量方式。以面积计量，按设计图示以展开面积平方米计算；以"组"计量，按设计图示数量计算。

（4）风管检查孔的计量在以"kg"计量时，按风管检查孔质量计算；以"个"计量时，按设计图示数量计算。温度、风量测定孔按设计图示数量计算，计量单位为"个"。

（5）本分部工程进行工程计量时应注意的问题

1）风管展开面积，不扣除检查孔、测定孔、送风口、吸风口等所占面积；风管长度一律以设计图示中心线长度为准（主管与支管以其中心线交点划分），包括弯头、三通、变径管、天圆地方等管件的长度，但不包括部件所占的长度。风管展开面积不包括风管、管口重叠部分面积。风管渐缩管、圆形风管按平均直径；矩形风管按平均周长。

2）穿墙套管按展开面积计算，计入通风管道工程量中。

3）通风管道的法兰垫料或封口材料，按图纸要求应在项目特征中描述。

4）净化通风管的空气洁净度按100000级标准编制，净化通风管使用的型钢材料如要求镀锌时，工作内容应注明支架镀锌。

5）弯头导流叶片数量，按设计图纸或规范要求计算。

6）风管检查孔、温度测定孔、风量测定孔数量，按设计图纸或规范要求计算。

【例2-2-3】

如图2-2-8所示，为某通风空调系统部分管道平面图，采用镀锌铁皮，板厚均为1.0mm，试计算该风管的工程量。

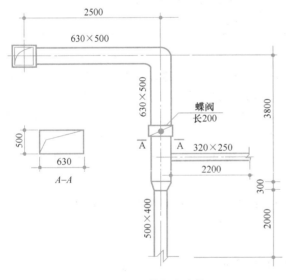

图2-2-8 风管长度计算

【解】 依据计算规则，风管工程量计算如下：

（1）630×500管段

L1=2.50+3.80+0.30−0.20=6.40m

F1=2×（0.63+0.50）×6.4=14.46m²

（2）500×400管段

L2=2.0m

F2=2×（0.50+0.40）×2=3.60m²

（3）320×250管段

L3=2.20+0.63/2=2.52m

F3=2×（0.32+0.25）×2.52=2.87m²

3. 通风管道部件制作安装

（1）碳钢阀门、柔性软风管阀门、铝蝶阀、不锈钢蝶阀、塑料阀门、玻璃钢蝶门、碳钢风口、散流器、百叶窗、不锈钢风口、散流器、百叶窗、塑料风口、散流器、百叶窗、玻璃钢风口、铝及铝合金风口、散流器、碳钢风帽、不锈钢风帽、塑料风帽、铝板伞形风帽、玻璃钢风帽、碳钢罩类、塑料罩类、消声器、人防超压自动排气阀、人防手动密闭阀等部分的工程量计算规则是按设计图示数量计算，以"个"为计量单位。

（2）柔性接口按设计图示尺寸以展开面积计算，计量单位为"m"。

（3）静压箱的计量有两种方式，以"个"计量单位，按设计图示数量计算；以"m"计量单位，按设计图示尺寸以展开面积计算。

（4）人防其他部件按设计图示数量计算，以"个"或"套"为计量单位。

（5）对本分部工程进行工程计量时应注意的问题

1）碳钢阀门包括：空气加热器上通阀、空气加热器旁通阀、圆形瓣式启动阀、风管蝶阀、风管止回阀、密闭式斜插板阀、矩形风管三通调节阀、对开多叶调节阀、风管防火阀、各型风罩调节阀等。

2）塑料阀门包括：塑料蝶阀、塑料插板阀、各型风罩塑料调节阀。

3）碳钢风口、散流器、百叶窗包括百叶风口、矩形送风口、矩形空气分布器、风管插板风口、旋转吹风口、圆形散流器、方形散流器、流线型散流器、送吸风口、活动算式风口、网式风口、钢百叶窗等。

4）碳钢罩类包括：皮带防护罩、电动机防雨罩、侧吸罩、中小型零件焊接台排气罩、整体分组式槽边侧吸罩、吹吸式槽边通风罩、条缝槽边抽风罩、泥心烘炉排气罩、升降式回转排气罩、上下吸式圆形回转罩、升降式排气罩、手锻炉排气罩。

5）塑料罩类包括塑料槽边侧吸罩、塑料槽边风罩、塑料条缝槽边抽风罩。

6）柔性接口包括：金属、非金属软接口及伸缩节。

7）消声器包括：片式消声器、矿棉管式消声器、聚酯泡沫管式消声器、卡普隆纤维管式消声器、弧形声流式消声器、阻抗复合式消声器、微穿孔板消声器、消声弯头。

8）通风部件如图纸要求制作安装或用成品部件只安装不制作，这类特征在项目特征中应明确描述。

9）静压箱的面积计算：按设计图示尺寸以展开面积计算，不扣除开口的面积。

4. 通风工程检测、调试

本分部工程包括通风工程检测、调试和风管漏光试验、漏风试验两个分项。

通风工程检测、调试的计量按通风系统计算，计量单位为"系统"；风管漏光试验、漏风试验的计量按设计图纸或规范要求以展开面积计算，计量单位为"m"。

5. 与其他附录的联系

（1）冷冻机组站内的设备安装、通风机安装及人防两用通风机安装，应按附录 A 机械设备安装工程相关项目编码列项。

（2）冷冻机组站内的管道安装，应按附录 H 工业管道工程相关项目编码列项。

（3）冷冻站外墙皮以外通往通风空调设备的供热、供冷、供水等管道，应按附录 K 给排水、采暖、燃气工程相关项目编码列项。

（4）设备和支架的除锈、刷漆、保温及保护层安装，应按附录 M 刷油、防腐蚀、绝热工程相关项目编码列项。

2.2.4　消防工程工程量清单计算规则

《通用安装工程工程量计算规范》GB 50856—2013"附录 J 消防工程"，分为 5 个分部，见表 2-2-11。

编 码	分部工程名称
030901	J.1 水灭火系统
030902	J.2 气体灭火系统
030903	J.3 泡沫灭火系统
030904	J.4 火灾自动报警系统
030905	J.5 消防系统调试

消防工程分部及编码　　　　　　　　表 2-2-11

1. 管道界限的划分

（1）喷淋系统水灭火管道室内外界限：以建筑物外墙皮 1.5m 为分界点，如入口处设阀门时，以阀门为分界点；设在高层建筑物内的消防泵间管道以泵间外墙皮为界。

（2）消火栓管道室内外界限：以建筑物外墙皮 1.5m 为分界点，如入口处设阀门时，以阀门为分界点。

（3）消防管道与市政管道的界限划分：以市政给水管道的碰头点（井）为界。

2. 水灭火系统

（1）水灭火系统管道

水灭火系统管道包括喷淋钢管和消火栓钢管，按设计图示管道中心线以长度计算，不扣除阀门、管件及各种组件所占长度以延长米计算，计量单位为"m"。

【例 2-2-4】

某办公楼工程一层楼层高度 3.8m，自动喷淋水灭火系统采用热镀锌钢管，螺纹连接。喷头为下喷型，安装部位无吊顶。局部喷淋平面如图 2-2-9 所示。试计算水喷淋管道的清单工程量。

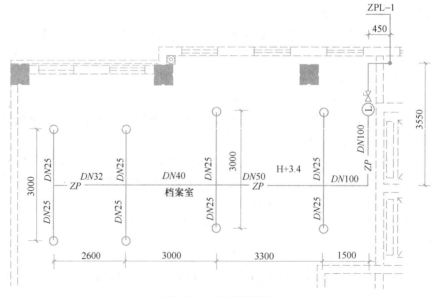

图 2-2-9　水喷淋平面

【解】

（1）清单项目列项

根据水喷淋平面图，列水喷淋钢管清单项如下（本例暂不考虑喷淋立管）：

热镀锌钢管 $DN100$

热镀锌钢管 $DN50$

热镀锌钢管 $DN40$

热镀锌钢管 $DN32$

热镀锌钢管 $DN25$

（2）清单工程量计算

计算时可顺着水流方向，先干管后支管的顺序进行。

1）水喷淋钢管（热镀锌钢管 $DN100$）工程量＝0.45＋3.55＋1.5＝5.5m

2）水喷淋钢管（热镀锌钢管 $DN50$）工程量＝3.3m

3）水喷淋钢管（热镀锌钢管 $DN40$）工程量＝3.0m

4）水喷淋钢管（热镀锌钢管 $DN32$）工程量＝2.6m

5）水喷淋钢管（热镀锌钢管 $DN25$）工程量＝3×4＋8×0.2＝13.6m

此处计算的是喷头处竖直方向的支管长度，按热镀锌钢管 $DN25$ 考虑，每处长度 200mm。

（2）水喷淋（雾）喷头

水喷淋（雾）喷头区分喷头的安装部位以及材质、型号、规格，连接方式、装饰盘设计要求，按设计图示数量计算，以"个"为计量单位。消防喷头安装部位应区分有吊顶、无吊顶。

（3）报警装置

报警装置区分名称、型号、规格分别列项，按设计图示数量计算，计量单位为"个"。

报警装置适用于湿式报警装置定、干湿两用、电动雨淋报警装置及预作用报警装置等报警装置安装。报警装置安装包括装配管（除水力警铃进水管）的安装，水力警铃进水管并入消防管道工程量中。

各种报警装置成套产品包括的内容见表 2-2-12。

报警装置成套产品包括的内容　　　　　　　　　　　　表 2-2-12

序号	名称	包括内容
1	湿式报警装置	湿式阀、蝶阀、装配管、供水压力表、装置压力表、试验阀、泄放试验阀、泄放试验管、试验管流量计、过滤器、延时器、水力警铃、报警截止阀、漏斗、压力开关等
2	干湿两用报警装置	两用阀、蝶阀、装配管、加速器、加速器压力表、供水压力表、试验阀、泄放试验阀（湿式、干式）、挠性接头、泄放试验管、试验管流量计、排气阀、截止阀、漏斗、过滤器、延时器、水力警铃、压力开关等
3	电动雨淋报警装置	雨淋阀、蝶阀、装配管、压力表、泄放试验阀、流量表、截止阀、注水阀、止回阀、电磁阀、排水阀、手动应急球阀、报警试验阀、漏斗、压力开关、过滤器、水力警铃等
4	预作用报警装置	报警阀、控制蝶阀、压力表、流量表、截止阀、排放阀、注水阀、止回阀、泄放阀、报警试验阀、液压切断阀、装配阀、供水检验管、气压开关、试压电磁阀、空压机、应急手动试压器、漏斗、过滤器、水力警铃等

（4）温感式水幕装置

温感式水幕装置包括给水三通至喷头、阀门间的管道、管件阀门、喷头等全部内容的安装。按型号、规格、连接形式分别列项，按设计图示数量计算，以"组"计量单位。

（5）水流指示器、减压孔板

水流指示器、减压孔板区分名称、型号、连接形式分别列项，按设计图示数量计算，以"个"计量单位。

（6）末端试水装置

末端试水装置区分规格、组装形式分别列项，按设计图示数量计算，以"组"计量单位。

末端试水装置包括压力表、控制阀等附件安装，安装中不包括连接管及排水管安装，其工程量并入消防管道。

（7）集热板制作安装，按材质、支架形式以"个"按设计图示数量计算。

（8）消火栓

消火栓分为室内消火栓和室外消火栓，区分安装方式、型号和规格，均以"套"为计量单位，按设计图示数量计算。

1）室内消火栓，包括消火栓箱、消火栓、水枪、水龙头、水龙带接扣、自救卷盘、挂架、消防按钮；落地式消火栓箱包括箱内手提式灭火器。

2）室外消火栓，安装方式分地上式、地下式；地上式消火栓包括地上式消火栓、法兰接管、弯管底座；地下式消火栓包括地下式消火栓、法兰接管、弯管底座或消火栓三通。

（9）消防水泵接合器

消防水泵接合器区分安装部位、型号与规格，附件材质、规格列项，按"套"按设计图示数量计算。消防水泵接合安装包括法兰接管及弯头安装、接合器井内阀门、弯管底座、标牌等附件安装。

（10）灭火器区分型号和规格，以"具（组）"为计量单位，按设计图示数量计算。

（11）消防水炮区分普通手动水炮、智能控制水炮。列项时区分按水炮类型、压力等级、保护半径，按设计图示数量以"台"计算。

（12）阀门、法兰、支架、套管

消防管道上的阀门、法兰、管道和设备支架、套管制作安装，按《安装工程工程量计算规范》"附录 K 给排水、采暖、燃气工程"相关编码列项计算。

3. 气体灭火系统

（1）气体灭火系统管道常用无缝钢管和不锈钢管。气体灭火管道工程量计算按设计图示管道中心线以长度计算，不扣除阀门、管件及各种组件所占长度。

（2）不锈钢管管件，按设计图示数量以"个"计算。

（3）气体驱动装置管道按设计图示管道中心线长度以长度计算，包括卡、套连接件。

（4）选择阀、气体喷头，按设计图示数量以"个"计算。

（5）贮存装置、称重检漏装置、无管网气体灭火装置，按设计图示数量以"套"计算。

4. 泡沫灭火系统

（1）碳钢管、不锈钢管、铜管，不扣除阀门、管件及各种组件所占长度，按设计图示管道中心线长度以"m"计算。

（2）不锈钢管管件、铜管管件，按设计图示数量以"个"计算。

（3）泡沫发生器、泡沫比例混合器、泡沫液贮罐，按设计图示数量以"台"计算。

5. 火灾自动报警系统

（1）点型探测器按设计图示数量以"个"计算。

（2）线型探测器按设计图示长度以"m"计算。

（3）按钮指手动报警按钮，按设计图示数量以"个"计算。

（4）报警装置

消防警铃、声光报警器、消防报警电话插孔（电话）、消防广播（扬声器），按设计图示数量以"个（部）"计算。

（5）模块（模块箱）按设计图示数量以"个（台）"计算。

（6）区域报警控制箱、联动控制箱等，按设计图示数量以"台（套）"计算。

（7）其他相关问题说明

1）消防报警系统配管、配线、接线盒均应按电气设备安装工程相关项目编码列项。

2）消防广播及对讲电话主机包括功放、录音机、分配器、控制柜等设备。

3）点型探测器包括火焰、烟感、温感、红外光束，可燃气体探测器等。

6. 消防系统调试

（1）自动报警系统调试，包括各种探测器、报警器、报警按钮、报警控制器、消防广播、消防电话等组成的报警系统。按不同点数以"系统"计算。

（2）水灭火控制装置按控制装置的"点"数计算；自动喷洒系统按水流指示器数量以"点（支路）"计算；消火栓系统按消火栓启泵按钮数量以"点"计算；消防水炮系统按水炮数量以"点"计算。

（3）防火控制装置调试，按设计图示数量以"个"或"部"计算。防火控制装置包括电动防火门、防火卷帘门、正压送风阀、排烟阀、防火控制阀、消防电梯等防火控制装置；电动防火门、防火卷帘门、正压送风阀、排烟阀、防火控制阀等调试以"个"计算，消防电梯以"部"计算。

（4）气体灭火系统装置调试，按气体灭火系统装置的瓶头阀以"点"计算。

7. 与其他附录的联系

（1）消防管道如需进行探伤，按《安装工程计量规范》附录 H 工业管道工程相关项目编码列项。

（2）消防管道上的阀门、管道及设备支架、套管制作安装，按附录 K 给水排水、采暖、燃气工程相关项目编码列项。

（3）管道及设备除锈、刷油、保温除注明者外，均应按附录 M 刷油、防腐蚀、绝热工程相关项目编码列项。

（4）消防工程措施项目，应按附录 N 措施项目相关编码列项。

2.2.5 给排水、采暖、燃气工程工程量清单计算规则

《通用安装工程工程量计算规范》GB 50856—2013 "附录 K 给排水、采暖、燃气工

程"，共 9 个分部，见表 2-2-13。

给排水、采暖、燃气工程分部及编码表 2-2-13

编码	分部工程名称
031001	K.1 给排水、采暖、燃气管道
031002	K.2 支架及其他
030103	K.3 管道附件
031004	K.4 卫生器具
030105	K.5 供暖器具
030106	K.6 采暖、给排水设备
030107	K.7 燃气器具及其他
030108	K.8 医疗气体设备及附件
030109	K.9 采暖、空调水工程系统调试

1. 管道界限的划分

（1）给水管道室内外界限：以建筑物外墙皮 1.5m 为界，入口处设阀门者，以阀门为界。

（2）排水管道室内外界限：以出户第一个检查井分界。

（3）采暖管道室内外界限划分：以建筑物外墙皮 1.5m 为界，入口处设阀门者，以阀门为界。

（4）燃气管道室内外界限划分：地下引入室内的管道以室内第一个阀门为界，地上引入室内的管道以墙外三通为界。

2. 给排水、采暖、燃气管道

给排水、采暖、燃气管道列项区分管道材质、安装部位、规格压力等级、连接形式、压力及吹、洗设计要求、警示带形式。

管道按设计图示管道中心线长度，以"m"为计量单位计算。计算时不扣除阀门、管件（包括减压器、疏水器、水表、伸缩器等组成安装）及附属构筑物所占长度；方形补偿器以其所占长度列入管道安装工程量。

管道长度计量可用如下方法：

管道长度＝水平方向管道长度＋竖直方向管道长度

方法一，水平管道长度在平面图上获得，可采用图上标注的对应尺寸计算；方法二，平面图一般是按照比例绘制的，可用比例尺在图上按管线实际位置直接量取。垂直尺寸在系统图上获得，一般为"止点标高－起点标高"。

在管道工程计量时，需注意以下问题：

1）安装部位，指管道安装在室内、室外。

2）输送介质包括给水、排水、中水、雨水、热媒体、燃气、空调水等。

3）方形补偿器制作安装应含在管道安装综合单价中。

4）铸铁管安装适用于承插铸铁管、球墨铸铁管、柔性抗震铸铁管等。

5）塑料管安装适用于 UPVC、PVC、PP-C、PP-R、PE、PB 管等塑料管材。

6）复合管安装适用于钢塑复合管、铝塑复合管、钢骨架复合管等复合型管道安装。

7）直埋保温管包括直埋保温管件安装及接口保温。

8）排水管道安装包括立管检查口、透气帽。

9）压力试验按设计要求描述试验方法，如水压试验、气压试验、泄漏性试验、闭水试验、通球试验、真空试验等。

10）吹、洗按设计要求描述吹扫、冲洗方法，如水冲洗、消毒冲洗、空气吹扫等。

【例 2-2-5】

某工程楼层高度 3.2m，卫生间给水管道采用 PSP 钢塑复合管，管道内外材质为PPR，采用双热熔管件连接，公称压力等级 1.25MPa。排水管道采用硬聚氯乙烯塑料管，塑料管件粘结连接。首层卫生间详图如图 2-2-10、图 2-2-11 所示。试列项计算该卫生间给排水管道清单工程量。

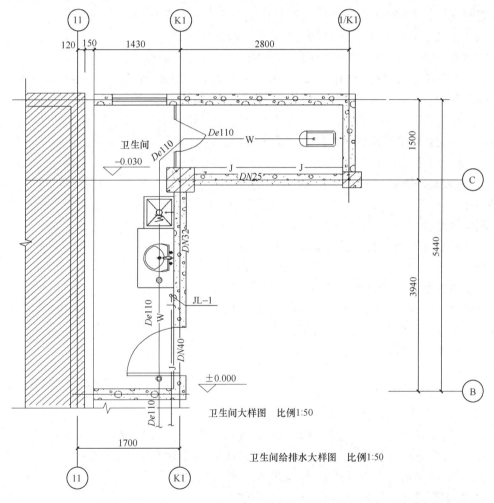

图 2-2-10　卫生间给排水平面图

【解】

（1）清单项目列项

根据卫生间管道详图，列给水、排水管清单项如下：

钢塑复合管 *DN*40

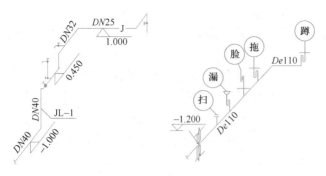

图 2-2-11　卫生间给排水系统图

钢塑复合管 $DN32$

钢塑复合管 $DN25$

塑料排水管 $De110$

塑料排水管 $De50$

（2）清单工程量计算

计算时按给水管顺着水流方向，排水管逆着水流方向进行，先干管后支管的顺序计算。本例管道长度计算至卫生间外墙皮处。

1）给水管工程量计算

钢塑复合管 $DN40 = 3.88 + (1.0 - 0.45) + 0.1 + 1.4 = 5.93$m

钢塑复合管 $DN32 = 1.7 + (1.0 - 0.45) = 2.25$m

钢塑复合管 $DN25 = 0.76 + 0.25 + 0.9 + 5.85 + 1.09 = 8.85$m

卫生器具给水支管范围如图 2-2-12 所示，计算界限分析如下：一层卫生间洗脸盆包含水嘴和角阀、金属软管等附件，给水管计算时以角阀为分界线。实际工程中角阀与三通连接，计算时可以三通为分界线。拖布池安装包括水嘴，给水管计算时处以水嘴前三通为分界线。蹲便器包含冲洗阀和冲洗管，给水管计算以三通为分界线。

2）排水管工程量计算

塑料排水管 $De110 = 8.9 + 1.15 + 4.32 + 1.2 = 15.57$m

塑料排水管 $De50 = 1.2 \times 4 = 4.8$m

计算排水支管时，卫生器具安装包括存水弯、排水栓、下水口以及配备的连接管，排水管道工程量自卫生器具出口处的地面算起；与地漏连接的排水管道自地面设计尺寸算起，不扣除地漏所占长度。本例中，蹲便器排水支管规格按 $De110$，扫除口、地漏、洗脸盆、拖布池处排水支管规格按 $De50$ 考虑。

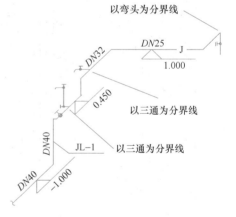

图 2-2-12　卫生器具给水支管计算范围

（3）室外管道碰头

室外管道碰头，按设计图示以"处"计算。

1）适用于新建或扩建工程热源、水源、气源管道与原（旧）有管道碰头；

2）室外管道碰头包括挖工作坑、土方回填或暖气沟局部拆除及修复；

3）带介质管道碰头包括开关闸、临时放水管线铺设等费用；

4）热源管道碰头每处包括供、回水两个接口；

5）碰头形式指带介质碰头、不带介质碰头。

3. 支架及其他

本分部包括管道支架、设备支架和套管三个分项。

（1）支架

管道支架、设备支架如是现场制作时，按设计图示质量以"kg"计算；当支架为成品安装时，按设计图示数量以"套"计算。

支架计量时注意：

1）单件支架质量 100kg 以上的管道支吊架执行设备支吊架制作安装。

2）成品支吊架安装执行相应管道支吊架或设备支吊架项目，不再计取制作费，支吊架本身价值含在综合单价中。

（2）套管

套管的计量按设计图示数量以"个"计算。套管制作安装，适用于穿基础、墙、楼板等部位的防水套管、一般套管、人防密闭套管及防火套管等，应按类型分别列项。

管道附件

（1）螺纹阀门、螺纹法兰阀门、焊接法兰阀门

螺纹阀门是指阀门与管道之间连接形式为螺纹连接；螺纹法兰阀门指阀门与管道之间采用法兰连接；焊接法兰阀门指阀门与管道之间采用焊接法兰连接。各种阀门均按类型、材质、规格压力等级、连接形式、焊接方法区分项目特征分别列项。按设计图示数量以"个"计算。

法兰阀门安装内容中已经包括了法兰安装，故不再另外计算法兰安装内容。当阀门安装仅为一侧法兰连接时，应在项目特征中描述。

（2）带短管甲乙阀门

带短管甲乙的阀门一般用于承插接口的管道工程中。"短管甲"是指带承插口管段加上法兰的总称，用于阀门进水管侧；"短管乙"是直管段加上法兰的总称，用于阀门出口侧。阀门按材质、规格和压力等级、连接形式、接口方式及材质区分项目特征分别列项，按设计图示数量以"个"计算。

（3）塑料阀门

塑料阀门计量时按设计图示数量以"个"计算，根据规格、连接形式区分项目特征分别列项。塑料阀门连接形式需注明热熔连接、粘结、热风焊接等方式。

（4）减压器、疏水器、除污器（过滤器）

减压器、疏水器、除污器均用于采暖供热系统中，按设计图示数量以"组"计算，按材质、规格和压力等级、连接形式、附件配置区分项目特征分别列。减压器规格按高压侧管道规格描述项目特征。附件包括所配的阀门、压力表、温度计等。

（5）补偿器、软接头（软管）

补偿器按类型、材质、规格和压力等级、连接形式区分项目特征分别列项，按设计图示数量以"个"计算。

软接头按材质、规格、连接形式分别列项，按设计图示数量以"个（组）"计算。

（6）法兰

法兰安装计量时按材质、规格和压力等级、连接形式区分项目特征分别列项。按设计图示数量以"副"或"片"计算。

（7）倒流防止器

倒流防止器是一种严格限定管道中水只能单向流动的水力控制组合装置，计量时按材质型号、规格、连接形式区分项目特征分别列项。按设计图示数量以"套"计算。

（8）水表

水表安装项目，计量时按材质、规格和压力等级、连接形式区分项目特征分别列项。用于室外水表井内安装时以"个"计算，用于室内安装时，以"组"计算。

（9）热量表

热量表是用于测量和显示热载体流过热交换系统所释放或吸收热量的仪表。计量时按类型、型号、规格、连接形式区分项目特征分别列项，按设计图示数量以"块"计算。

（10）塑料排水管消声器

塑料排水管消声器通常安装在排水立管上，计量时按规格、连接形式区分项目特征分别列项，按设计图示数量以"个"计算。

（11）浮标液面计

浮标液面计是用于控制非侵蚀性液体液面的液位测量元件，计量时按规格、连接形式区分项目特征分别列项，按设计图示数量以"组"计算。

（12）浮漂水位标尺

浮漂水位标尺是一种液位测量元件，计量时按用途、规格区分项目特征分别列项，按设计图示数量以"套"计算。

4. 卫生器具

（1）卫生洁具

常用卫生洁具包括浴盆、洗脸盆、洗涤盆、大便器、小便器、其他成品卫生器具等，安装时均为成套产品的安装。成品卫生器具安装，按设计图示数量以"组"计量，按卫生器具的材质、规格、类型、组装形式、附件名称和数量描述项目特征。

洗脸盆清单项同时适用于洗脸盆、洗发盆、洗手盆安装。成品卫生器具项目附件安装，指给水附件与排水附件安装。给水附件包括水嘴、阀门、喷头等，排水配件包括存水弯、排水栓、下水口等以及配备的连接管。

（2）烘手器

烘手器区分材质、型号和规格区分项目特征分别列项，按设计图示数量以"个"计量。

（3）淋浴器、淋浴间、桑拿浴房

各种淋浴房均按成套设施安装考虑，按设计图示数量以"套"计量。项目特征描述材质、规格、组装形式、附件名称和数量。

（4）自动冲洗水箱

大、小便槽自动冲洗水箱制作安装，按设计图示数量以"套"计量。

（5）给、排水附（配）件

给水附（配）件安装指独立安装的水嘴、地漏、地面扫除口。按材质、型号和规格、安装方式区分项目特征分别列项，按设计图示数量以"个（组）"计量。

（6）小便槽冲洗管

小便槽冲洗管区分材质和规格列项。按设计图示长度以"m"计算。

（7）蒸汽—水加热器、冷热水混合器、饮水器、隔油器

根据类型、型号和规格、安装方式（隔油器为安装部位）区分项目特征分别列项，按设计图示数量以"套"计量。

5. 供暖器具

(1) 铸铁散热器, 钢制散热器和其他成品散热器 3 个分项工程清单项目、按设计图示数量以 "组" 或 "片" 计算。

(2) 光排管散热器制作安装, 按设计图示排管长度以 "m" 计算。

(3) 地板辐射采暖, 以平方米计量时, 是按设计图示采暖房间净面积计算; 以米计量时, 按设计图示管道长度计算。

6. 采暖、给排水设备

(1) 给水设备

1) 变频给水设备、稳压给水设备、无负压给水设备安装按设备名称、型号、规格、水泵主要技术参数和附件名称、规格、数量以及减振装置形式区分特征分别列项, 按设计图示数量以 "套" 计算。

2) 气压罐

气压罐按型号、规格、安装方式区分项目特征, 按设计图示数量以 "台" 计算。

3) 其他给水设备

除砂器、电子水处理器、超声波灭藻设备、水质净化器、紫外线杀菌设备、电消毒器、消毒锅、直饮水设备、水箱等, 均按类型、规格、型号区分列项, 按图示数量以 "台" 或 "套" 计算。

(2) 采暖设备

1) 太阳能集热装置

太阳能集热装置应区分型号、规格、安装方式、附件名称及规格分别列项, 以图示数量 "套" 计算。

2) 地源热泵机组

地源热泵机组安装按型号、规格、安装方式区别列项, 以图示数量 "组" 计算。地源热泵机组中接管以及接管上的阀门、软接头、减振装置和基础另行计算, 应按相关项目编码列项。

3) 其他采暖设备

电热水器、开水炉、直饮水设备等其他采暖设备, 均按类型、规格、型号区分列项, 以图示效量 "台" 或 "套" 计算。

7. 燃气器具及其他

(1) 燃气器具安装

燃气开水炉、燃气采暖炉、燃气沸水炉、消毒器、燃气热水器、燃气表、燃气灶具安装均按型号、规格及附件型号、规格分别列项, 按设计图示尺寸以 "台" 计算。

(2) 调压装置安装

调压器、压箱、调压装置安装区分型号、规格及安装部位, 按图示数量以 "台" 计算。

(3) 燃气附属器件安装

1) 包括气嘴、点火棒、燃气抽水缸、燃气管道调长器、调长器与阀门连接, 安装时区分材质、规格及连接形式, 以图示数量 "个" 计算。

2) 水封 (油封) 区分材质、型号、规格及安装部位, 按图示数量以 "组" 计算。

3）引入口砌砖

砌砖工作计量时以"处"为单位计算，按砌筑形式、材质以及保温、保护材料类型区分列项。

8. 采暖、空调水系统调试

采暖、空调水系统调试包括采暖工程系统调试和空调水系统调试。由采暖管道、阀门及供暖器具组成采暖工程系统；由空调水管道、阀门及冷水机组组成空调水系统。采暖、空调水系统调试均"系统"为单位计算。

9. 与其他附录的联系

（1）管道热处理、无损探伤、应按附录 H 工业管道工程相关项目编码列项。

（2）医疗气体管道及附件、应按附录 H 工业管道工程相关项目编码列项。

（3）管道、设备及支架除锈、刷油、保温除注明者外，应按附录 M 刷油、防腐蚀、绝热工程、相关项目编码列项。

（4）凿槽（沟）、打洞项目，应按附录 D 电气设备安装工程相关项目编码列项。

2.2.6　建筑智能化工程工程量清单计算规则

《通用安装工程工程量计算规范》GB 50856—2013 "附录 E 给排水、采暖、燃气工程"，共 7 个分部，见表 2-2-14。

建筑智能化工程分部及编码　　　　　　　表 2-2-14

编 码	分部工程名称
030501	E.1 计算机应用、网络系统工程
030502	E.2 综合布线工程
030503	E.3 建筑设备自动化系统工程
030504	E.4 有线电视、卫星接收系统工程
030505	E.5 供暖器具
030506	E.6 音频、视频系统工程
030507	E.7 安全防范系统工程

1. 计算机应用、网络系统工程

输入设备、输出设备、控制设备、存储设备、插箱、机柜、集线器、路由器、收发器、防火墙、交换机、网络服务器应区分名称、类别、规格、功能、安装方式等，按设计图示数量以"台（套）"计算；互联电缆区分名称、类别、规格，按设计图示数量以"条"计算；计算机应用，网络系统接地，计算机应用、网络系统系统联调，计算机应用、网络系统试运行，软件区分名称、类别、规格不同，按设计图示数量以"台（套，系统）"计算。

2. 综合布线系统工程

（1）机柜、机架、抗震底座、分线接线箱（盒）、电视、电话插座区分名称、材质规格功能安装方式等，按设计图亦数量以"台（套，个）"计算。

（2）双绞线缆、大对数电缆、光缆、光纤束、光缆外护套区分名称、规格、线缆对数、敷设方式，按设计图示数量以"条"计算。

（3）配线架、跳线架、信息插座、光纤盒区分名称、规格、容量、安装方式等，按设计图示数量以"个（块）"计算；光纤连接区分方法、模式，按设计图示数量以"芯（端口）"计算；光缆终端盒按光缆芯数，按设计图示数量以"个"计算；布放尾纤（根）线管理器，跳块按设计图示数量以"个（根）计算"；双绞线测试，光纤测试按链路（点，芯）计算。

3. 建筑设备自动化系统工程

中央管理系统区分名称、类别、功能和控制点数量，按设计图示数量以"系统/套"计算；通信网络控制设备、控制器、控制箱按名称、类别、功能和控制点数量等，按设计图示数量以"台（套）"计算；第三方通信设备接口、传感器、电动调节阀执行机构，电动、电磁阀门区分名称、类别、功能和规格等，按设计图示数量以"支（台/个）"计算；建筑设备自控化系统调试、建筑设备自控化系统试运行区分名称、类别、规格、功能等，按设计图示数量以"台（户、系统）"计算。

4. 建筑信息综合管理系统工程

（1）服务器、服务器显示设备、通信接口输入输出设备，按名称、类别和安装方式，按设计图示数量以"台（个）"计算。

（2）系统软件、基础应用软件、应用软件接口、应用软件二次，按测试内容和类别，按系统所需集成点数及图示数量以"套（顶）"计算；各系统联动试运行，按图示数量以"系统"计算。

5. 有线电视、卫星接收系统工程

（1）共用天线，卫星电视天线、馈线系统区分名称、规格等，按设计图示数量以"副"计算。

（2）前端机柜区分名称、规格等，按设计图示数量以"个"计算；电视墙、前端射频设备，区分名称、监视器数量，按设计图示数量以"套"计算；敷设射频同轴电缆区分名称、规格和敷设方式，按设计图示数量以"m"计算。

（3）同轴电缆接头，卫星地面站接收设备，光端设备安装、调试，有线电视系统管理设备，播控设备安装、调试，分配网络，终端调试，干线设备区分名称、规格等，按设计图示数量以"个（套，台）"计算。

6. 音频、视频系统工程

（1）扩声系统设备、扩声系统试运行、背景音乐系统设备、视频系统设备、视频系统设备区分名称、类别、规格、安装方式等，按设计图示数量以"台（套、个）"计算。

（2）扩声系统调试、扩声系统试运行、背景音乐系统调试、背景音乐系统试运行、视频系统调试，按名称、类别、规格、功能等，按设计图示数量以"系统（只台）"计算。

7. 安全防范系统工程

（1）入侵探测设备、入侵报警控制器、入侵报警中心显示设备、入侵报警信号传输设备、出入口控制设面、出入口执行机构设备、监控摄像设备、视频控制设备，音频、视频及脉冲分配器、视频补偿器、视频传输设备、录像设备、显示设备区分名称、音类别、规格、安装方式等，按设计图示数量以"台（套）"计算。

（2）安全检查设备、停车场管理设备区分名称、类别、规格、安装方式等，以"台"

计算；按设计图示数量以"台（套）"计馆；以 m² 计算；按设计图示面积以"m"计算。

（3）安全防范分系统调试、安全防范全系统调试、安全防范系统工程试运行区分名称、类别、规格等，按设计图示数量"系统（套，台）"计算。

8. 其他附录的联系

（1）土方工程，应按《房屋建筑与装饰工程工程量计算规范》GB 50854—2013 相关目编码列项。

（2）开挖路面工程，应按《市政工程工程量计算规范》GB 50857—2013 相关项目编码列项。

（3）配管工程、线槽、桥架、电气设备、电气器件、接线箱/盒，电线、接地系统、凿（压）槽、打孔、打洞、人孔、手孔、立杆工程，应按电气设备安装工程相关项目编码列项。

（4）蓄电池组、六孔管道、专业通信系统工程，应按通信设备及线路工程相关项目编码列项。

（5）机架等项目的除锈、刷油，应按刷油、防腐蚀，绝热工程相关项目编码列项。

（6）如主项项目工程与需综合项目工程量不对应，项目特征应描述综合项目的型号、规格、数量。

（7）由国家或地方检测验收部门进行的检测验收应按措施项目相关项目编码列项。

2.2.7　自动化控制系统工程工程量清单计算规则

《通用安装工程工程量计算规范》GB 50856—2013"附录 F 自动控制仪表安装工程"，共 11 个分部，见表 2-2-15。

自动化控制仪表安装工程分部及编码　　　　　　　　　表 2-2-15

编 码	分部工程名称
030601	F.1 工程检测仪表
030602	F.2 显示及调节控制仪表
030603	F.3 执行仪表
030604	F.4 机械量仪表
030605	F.5 过程分析和物性检测仪表
030606	F.6 仪表回路模拟试验
030607	F.7 安全监测及报警装置
030608	F.8 工业计算机安装与调试
030609	F.9 仪表管路敷设
030610	F.10 仪表盘、箱、柜及附件敷设
030611	F.11 仪表附件安装

1. 过程检测仪表

温度仪表、压力仪表、变送单元仪表、流量仪表、物位检测仪表，按名称、型号、规格、类型等，按设计图示数量计算，其中只有温度仪表是以"支"为计量单位，其他的均以"台"为计量单位。

2. 显示及调节控制仪表

显示仪表、调节仪表、基地式调节仪表、辅助单元仪表、盘装仪表，按名称、型号、规格、类型等，按设计图示数量以"台"计算。

3. 执行仪表

执行机构、调节阀，自力式调节阀、执行仪表附件，按名称、型号、规格、类型等，按设计图示数量以"台"计算。

4. 机械量仪表

测厚测宽及金属检测装置、旋转机械检测仪表、称重及皮带跑偏检测装置，按名称，型号、规格、类型等，按设计图示数量以"台（套）"计算。

5. 过程分析和物性检测仪表

过程分析仪表、物性检测仪表，分析柜、室，气象环保检测仪表，按名称、型号、规格、类型等，按设计图示数量以"台（套）"计算。

6. 仪表回路模拟试验

检测回路模拟试验，调节回路模拟试验，报警连锁回路模拟试验，工业计算机回路模拟试验，按名称、型号、规格、类型等，按设计图示数量以"套（点）"计算。

7. 安全监测及报警装置

安全检测装置，远动装置，顺序控制装置，信号报警管装置，信号报警装置柜、箱，按名称、型号、规格、类型等，按设计图示数量以"台（套、个）"计算。

8. 工业计算机安装与调试

工业计算机柜、台设备，工业计算机外部设备，组件（卡件），过程控制管理计算机，生产、经营管理计算机，网络系统及设备联调，工业计算机系统与其他系统数据传递，现场总线，按名称，型号，规格，类型等，按设计图示数量以"套（点、个）"计算。专用线缆，按名称、型号、规格、类型等，按设计图示尺寸以长度"m"计算（含预留长度及附加长度），或按设计图示尺寸以根计算；线缆头，按名称、型号、规格、类型等，按设计图示数量以"个"计算。

专用线缆敷设预留及附加长度见《通用安装工程工程量计算规范》GB 50856—2013中电气设备安装工程相关规定。

9. 仪表管路敷设

钢管、高压管、不锈钢管、有色金属管及非金属管、管缆，按名称、型号、规格、类型等，按设计图示尺寸以长度（中心线长）"m"计算。

10. 仪表盘，箱、柜及附件安装

盘、箱、柜，盘柜附件、元件，按名称、型号、规格、类型等，按设计图示尺寸以"台（个、节）"计算。

11. 仪表附件安装

仪表阀门、仪表附件，按名称、型号、规格等，按设计图示数量计算以"个"计算。

12. 与其他附录的联系

（1）"自动化控制仪表安装工程"适用于自动化仪表工程的过程检测仪表、显示及调节控制仪表、执行仪表、机械量仪表、过程分析和物性检测仪表、仪表回路模拟试验、安全监测及报警装置、工业计算机安装与调试、仪表管路敷设，仪表盘、箱、柜及附件安装，仪表附件安装。

（2）土石方工程，按《房屋建筑与装饰工程工程量计算规范》GB 50854—2013 中相关项目编码列项。

（3）自控仪表工程中的控制电缆敷设，电气配管配线、桥架安装、接地系统安装按电气设备安装工程相关项目编码列项。

（4）在线仪表和部件（流量计、调节阀、电磁阀、节流装置、取源部件等）安装，按工业管道工程相关项目编码列项。

（5）火灾报警及消防控制等，按消防工程相关项目编码列项。

（6）设备的除锈，刷漆（补刷漆除外），保温及保护层安装，应按刷油、防腐出绝热工程相关项目编码列项。

（7）管路敷设的焊口热处理及无损探伤，按工业管道工程相关项目编码列项。

（8）工业通信设备安装与调试，按通信设备及线路工程相关项目编码列项。

（9）供电系统安装，按电气设备安装工程相关项目编码列项。

（10）项目特征中调试要求指单体调试、功能测试等。

第 3 节　安装工程工程量清单的编制

2.3.1　安装工程工程量清单编制概述

1. 安装工程工程量清单的概念

工程招标投标基本程序如图 2-3-1 所示。

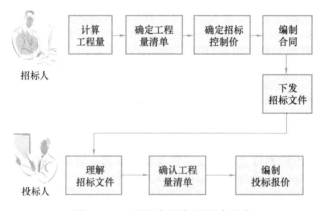

图 2-3-1　工程招标投标的基本程序

工程量清单是建设工程文件中载明项目名称、项目特征、工程数量的明细清单。

2. 工程量清单文件的组成

工程量清单可以分部分项工程项目清单或实物量清单为主要表现形式。工程量清单以分部分项工程项目清单为主要表现形式，分部分项工程项目清单项目以外的可在措施项目清单和其他项目清单中列项。

3. 工程量清单编制一般规定

招标工程量清单应由具有编制能力的招标人或受其委托的工程造价咨询人编制和复

核。招标工程量清单的准确性和完整性由招标人负责。招标工程量清单应以合同标的为单位列项编制，并作为招标文件的组成部分。工程量清单应作为编制最高投标限价、投标报价、合同价格调整等的依据之一。

工程量清单应根据相关工程现行国家工程量计算标准的规定编制和复核。根据工程项目特点进行补充完善的，应在招标文件和合同文件中予以说明。工程量清单的项目特征应依据设计文件并结合完工交付要求进行编制和复核。

4. 招标工程量清单的编制依据

（1）工程相关的国家计价与计量标准；

（2）省级、行业建设主管部门颁发的工程量计量计价规定；

（3）拟定的招标文件及相关资料；

（4）建设工程设计文件及相关资料；

（5）与建设工程有关的标准、规范、技术资料；

（6）施工现场情况、地勘水文资料、工程特点及合理的施工方案；

（7）其他相关资料。

5. 工程量清单成果文件

工程量清单成果文件应包括封面、签署页、清单编制说明、项目编码、项目名称、项目特征、计量单位、工程数量和工程量计算规则等。

2.3.2　分部分项工程项目清单编制

安装工程分部分项工程项目清单按现行国家工程量计算规范规定的项目编码、项目名称、项目特征、计量单位和工程量计算规则进行编制和复核。

分部分项工程项目清单是计算拟建工程项目工程数量的一种表格，见表 2-3-1。该表将分部分项工程量清单表和分部分项工程量清单计价表两表合一。

分部分项工程项目清单　　　　　　　　　　　表 2-3-1

工程名称：　　　　　　　标段：　　　　　　　　第　页　共　页

序号	项目编码	项目名称	项目特征描述	计量单位	工程量	金额/元		其中：暂估价	
						综合单价	综合合价	暂估单价	暂估合价
合　计									

构成一个分部分项工程量清单的五个要件：项目编码、项目名称、项目特征、计量单位和工程量，这五个要件在分部分项工程量清单的组成中缺一不可。对于这五个要件，招标人必须按规定编写，不得因具体情况不同而随意变动。工程量清单项目划分应遵循项目明确、边界清晰、便于计价的原则。

1. 项目编码

项目编码是对分部分项工程量清单中每个项目的统一编号，项目编号为五级编码。关于项目编码的组成及含义说明如下。

分部分项工程量清单项目编码，应采用十二位阿拉伯数字表示。一至九位应按"安装工程计量规范"（2013）附录中的规定设置，十至十二位应根据拟建工程的工程量清单项目名称设置，同一招标过程的项目编码不得有重复。综上所述，项目编码因专业不同而不同，以工业管道工程为例，其各级编码含义说明如图 2-3-2 所示。

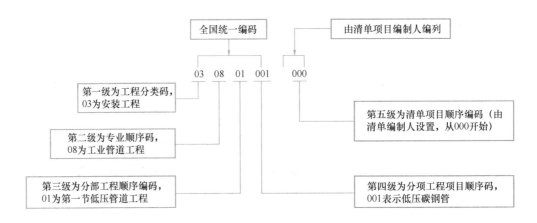

图 2-3-2　工程量清单编码含义

2. 项目名称

安装工程分部分项工程量清单的"项目名称"应按《通用安装工程工程量计算规范》GB 50856—2013 的规定，结合拟建工程的实际填写。

3. 项目特征

项目特征是载明完工交付要求且构成工程量清单项目自身价值的本质特征。安装工程分部分项工程量清单的"项目特征"应按现行《通用安装工程工程量计算规范》GB 50856—2013 的规定，结合拟建工程项目的实际予以描述。

工程量清单项目特征描述的重要意义有以下几个方面。

（1）项目特征是区分清单项目的依据。工程量清单项目特征是用来表述分部分项清单项目的实质内容，用于区分计价规范中同一清单条目下各个具体的清单项目。没有项目特征的准确描述，对于相同或相似的清单项目名称，就无从区分。

（2）项目特征是确定综合单价的前提。由于工程量清单项目的特征决定了工程实体的实质内容，必然直接决定了工程实体的自身价值。因此，工程量清单项目特征描述得准确与否，直接关系到工程量清单项目综合单价的准确确定。

（3）项目特征是履行合同义务的基础。实行工程量清单计价，工程量清单及其综合单价是施工合同的组成部分，因此，如果工程量清单项目特征的描述不清楚甚至漏项、错误，从而引起在施工过程中的更改，都会引起分歧，导致纠纷。

在进行项目特征描述时，可掌握以下要点。对于涉及正确计量的内容、涉及结构要求的内容、涉及材质要求的内容和涉及安装方式的内容，必须进行描述；对于对计量计价没有实质影响的内容、对于应由投标人根据施工方案确定的内容、对于应由投标人根据当地材料和施工要求确定的内容和对于应由施工措施解决的内容，可不进行描述；对于无法准确描述的内容、对于施工图样和标准图集标注明确的内容等，可不进行详细描述。

4. 计量单位

安装工程分部分项工程量清单的"计量单位"应按现行《通用安装工程工程量计算规范》GB 50856—2013 规定确定。当计量单位有两个或两个以上时，应根据所编工程量清单项目的特征要求，选择最适宜表现项目特征并方便计量的单位。

工程数量的计量单位应按规定采用法定单位或自然单位，除各专业另有特殊规定外，均按规定的单位计量，并应遵守有效位数的规定。

5. 工程内容

工程内容是指完成该清单项目可能发生的具体工程操作，它来源于原预算定额，定额中均有具体规定，无须像"项目特征"那样必须进行描述。"工程内容"可供招标人确定清单项目并作为投标人投标报价的参考。

6. 分部分项工程量计算规则

清单中各分项工程数量主要是通过工程量计算规则与施工图纸内容相结合计算确定的。工程量计算规则是指对清单项目各分项工程量计算的具体规定。除另有说明外，所有清单项目的工程量应以实体工程量为准，并以完成后的净值计算；投标人报价时，应在综合单价中考虑施工中的各种损耗和需要增加的工程数量。

【例 2-3-1】

工程背景资料如下：

1. 设计说明：

（1）本工程为某商铺电气照明工程，楼层净高为 5m，建筑结构为现浇框架结构，非承重墙体为蒸压灰砂砖砌筑；

（2）配电箱 AL（高×宽＝600mm×400mm，箱底距地为 1.5m）为成套订购、嵌入式安装，进线电源电缆由楼层配电箱引入；

（3）所有回路配管采用阻燃 PVC 线管（壁厚 1.2mm），BV2.5mm² 电线 4 根及以下穿 PVC20 线管，其余配管详见系统图，电线接线盒均为 86 型 PVC 塑料方盒；

（4）荧光灯采用格栅式双管荧光灯具，灯管额定功率为 2×30W，吸顶安装；

（5）单相插座采用五孔，额定电流为 10A，距地 0.3m 暗装；三相插座为四孔，额定电流为 10A，距地 0.3m 暗装；双极单控开关额定电流为 10A，距地 1.2m 暗装。

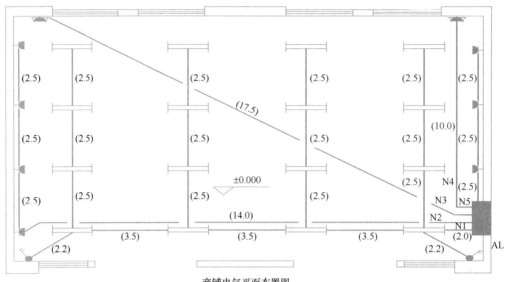

商铺电气平面布置图

AL配电箱系统图

序号	图例	名称、规格、型号	备注
1		AL照明配电箱系统图（成套）	箱底距地1.5m，嵌墙
2		双管荧光灯，2×30W	吸顶安装
3		双联单控暗开关，10A、250V	距地1.2m暗装
4		单相5孔插座，10A、250	距地0.3m暗装
5		三相插座，25A、440V	距地0.3m暗装

2. 相关说明：

（1）平面图纸各回路的水平长度已标注在相应的括号内（单位为 m），竖直长度结合楼层净高及设备安装高等计算确定（不考虑线管在楼板内的深度）；

（2）不计算 AL 配电箱的进线回路配管与配线的工作量；不考虑导线压接线端子、线管敷设开槽及恢复工程量。

（3）相关分部分项工程量清单项目统一编码详见下表：

项目编码	项目名称	项目编码	项目名称
030404017	配电箱	030404034	照明开关
030411001	配管	030404035	插座
030411004	配线	030412005	荧光灯
030408001	电力电缆	030411006	接线盒

3. 问题：

（1）请列式分别计算出本工程配管、配线及电缆的工程量（保留小数点后两位）；

（2）根据背景资料和《建设工程工程量清单计价标准》（征求意见稿）GB/T 50500—202×的相关规定，编制"分部分项工程工程项目清单"（只填写空白部分，不计算计价部分）

分部分项工程项目清单

工程名称：某商铺电气照明　　　　　标段：电气工程

序号	项目编码	项目名称	项目特征描述	计量单位	工程量	金额/元 综合单价	综合合价	其中：暂估价 暂估单价	暂估合价
1		配电箱		台					
2		配管		m					
3		配管		m					
4		配线		m					
5		配线		m					
6		电力电缆		m					
7		荧光灯		套					
8		照明开关		个					
9		插座		个					
10		插座		个					
11		接线盒		个					

【解】：

（1）清单工程量计算

1）配管PVC20：（水平长）$(2.5×3×4+3.5×3+2.2×2+2.0)$＋（竖直长）$[(5.0-1.2)×2+(5.0-1.5-0.6)]$

＝（水平长）46.9＋（竖直长）10.5＝57.4m

2）配管PVC25：

（水平长）$(2.5×3×2+14+17.5+10)$＋（竖直长）$(1.5×4+0.3×4+0.3×2×5)$

＝（水平长）56.5＋（竖直长）10.2＝66.7m

3）配线BV-2.5：

管长×根数＋配电箱半周长×根数＝$57.4×3+(0.6+0.4)×3＝175.2$m

4）配线 BV-4：

管长×根数＋配电箱半周长×根数＝35.6×3＋(0.6＋0.4)×2×3＝112.8m

5）电力电缆 YJV-4×2.5：

(管长＋配电箱半周长)×1.025＝[31.1＋(0.6＋0.4)×2]×1.025＝33.93m

（2）

分部分项工程项目清单

工程名称：某商铺电气照明　　　　　　　　　　　　　　　　　　　　　　　　　标段：电气工程

序号	项目编码	项目名称	项目特征描述	计量单位	工程量	金额/元		其中：暂估价	
						综合单价	综合合价	暂估单价	暂估合价
1	030404017001	配电箱	成套照明配电箱 AL 高×宽＝600mm×400mm 嵌墙安装	台					
2	030411001001	配管	阻燃 PVC20 线管 沿墙、板暗敷	m					
3	030411001001	配管	阻燃 PVC25 线管 沿墙、地暗敷	m					
4	030411004001	配线	照明回路配线 铜芯，BV-2.5	m					
5	030411004002	配线	插座回路配线 铜芯，BV-4.0	m					
6	030408001001	电力电缆	室内电力电缆 铜芯，4 芯，2.5mm² 规格：YJV-4×2.5	m					
7	030412005001	荧光灯	格栅式双管荧光灯具 LED 光源 2×30W，吸顶式安装	套					
8	030404034001	照明开关	双联单控开关，10A、250V 暗装	个					
9	030404035001	插座	三相插座，25A、440V 暗装	个					
10	030404035002	插座	单相五孔，10A、250V 暗装	个					
11	030411006001	接线盒	暗装 86 型塑料方盒	个					

2.3.3　措施项目清单的编制

措施项目是为完成工程项目施工，发生于施工准备和施工过程中的技术、生活、安全、文明施工等方面的项目。措施项目清单应结合拟建工程的实际情况和完工交付要求，依据合理的施工方案及技术、生活、安全、文明施工等非实体方面的要求进行编制和复核。

（1）以单价计价的措施项目清单，应列出项目编码、项目名称、项目特征、计量单位、工程数量和工程量计算规则等。

（2）以总价计价的措施项目清单，应明确其包含的内容、要求及计算方式等。

（3）安全文明施工措施项目清单应根据各省市行业主管部门的管理要求和拟建工程的实际情况单独列项，其包含的单价计价的措施项目清单和总价计价的措施项目清单按上述规定列项编制。

（4）安装工程措施项目确定必须根据现行的《通用安装工程工程量计算规范》GB 50586—2013 的规定编制，所有的措施项目均以清单形式列项。对于能计算工程量的措施项目，采用单价项目的方式，列出项目编码、项目名称、项目特征、计量单位和工程量计算规则，填写"措施项目清单表"。对于不能计算出工程量的措施项目，则采用总价项目的方式。按照《通用安装工程工程量计算规范》GB 50586—2013 附录 N 规定的项目编码、项目名称确定清单项目，不必描述项目特征和确定计量单位。措施项目编码与名称见表 2-3-2 和表 2-3-3。

专业措施项目编码、名称一览表　　　　　　　　　　　　表 2-3-2

项目编码	项目名称	项目编码	项目名称	项目编码	项目名称
031301001	吊装加固	031301007	胎（模）具制作、安装、拆除	031301013	设备、管道施工的安全、防冻和焊接保护
031301002	金属抱杆安装、拆除、位移	031301008	防护棚制作、安装、拆除	031301014	焦炉烘炉、热态工程
031301003	平台铺设、拆除	031301009	特殊地区施工增加	031301015	管道安拆后的充气保护
031301004	顶升、提升装置	031301010	安装与生产同时施工增加	031301016	隧道内施工的通风、供水、供气、供电、照明及通信设施
031301005	大型设备专用机具	031301011	在有害身体健康环境中施工增加	031301017	脚手架搭拆
031301006	焊接工艺评定	031301012	工程系统检测、检验	031301018	其他措施

注：1. 由国家或地方检测部门进行的各种检测，指安装工程不包括的金属经营服务性项目，如通电测试、防雷装置检测、安全、消防工程检测、室内空气质量检测等。

2. 脚手架按各附录分别列项。

3. 其他措施项目必须根据实际措施项目名称确定项目名称，明确描述工作内容及包含范围。

安全文明施工及其他措施项目编码、名称一览表　　　　表 2-3-3

项目编码	项目名称	项目编码	项目名称	项目编码	项目名称
031302001	安全文明施工	031302004	二次搬运	03130207	高层建筑增加
031302002	夜间施工增加	031302005	冬雨期施工增加	—	—
031302003	非夜间施工增加	031302006	已完工程及设备保护	—	—

注：1. 本表所列项目应根据工程实际情况计算措施项目费，需分摊的应合理计算摊销费用。

2. 施工排水费是指为保证工程在正常条件下施工而采取的排水措施所发生的费用。

3. 施工降水费是指为保证工程在正常条件下施工而采取的降低地下水位的措施所发生的费用。

4. 高层建筑增加：

(1) 单层建筑物檐口高度超过 20m，多层建筑物超过 6 层时，按各附录分别列项；

(2) 突出主体建筑物顶的电梯机房、楼梯出水间、水箱间、瞭望塔、排烟机房等不计入檐口高度。计算层数时，地下室不计入层数。

2.3.4　其他项目清单的编制

其他项目清单应按照计日工、专业工程暂估价、总承包服务费、暂列金额，以及合同中约定的其他项目内容列项。其他项目清单见表 2-3-4。

其他项目清单　　　　表 2-3-4

工程名称：　　　　　　　　　　标段：　　　　　　　　第　页　共　页

序号	项目编码	项目名称	项目特征描述	计量单位	工程量	计算基础	费率（%）	金额/元	
								综合单价	综合合价
1		计日工							
2		专业工程暂估价							
3		总承包服务费							
4		暂列金额							
5		合同中约定的其他项目							
		合　计							

1. 计日工

计日工是承包人完成发包人提出的零星项目、零星工作时，依据经发包人确认的实际消耗人工、材料、施工机具台班数量，按约定单价计价的一种方式。计日工应列出项目名称、计量单位和暂估数量。

2. 专业工程暂估价

专业工程暂估价是发包人在招标工程量清单中提供的，用于支付在施工过程中必然发生，但在工程施工合同签订时暂不能确定价格的材料单价和专业工程的金额，包括材料暂估价和专业工程暂估价。专业工程暂估价应分不同专业估算，列出明细表及其包含内容等。

3. 暂列金额

暂列金额是发包人在招标工程量清单中暂定并包括在合同价格中用于工程施工合同签订时尚未确定或者不可预见的所需材料、服务采购，施工中可能发生工程变更、价款调整因素出现时合同价格调整以及发生工程索赔等的费用。暂列金额应根据工程特点按招标文件的要求列项并估算。

4. 总承包服务费

总承包服务费是总承包人对发包人自行采购的材料等进行保管，配合、协调发包人进行的专业工程发包以及对非承包范围工程提供配合协调、施工现场管理、已有临时设施使用、竣工资料汇总整理等服务所需的费用。总承包服务费应列出服务项目及其内容、要求、计算方式等。

5. 未列的其他项目

应根据招标文件要求结合工程实际情况补充列项。

第 4 节　计算机辅助工程量计算

2.4.1　计算机辅助工程量计算概述

在工程造价的确定和控制中，工程量计算是工程计价的前提，也是编制工程招投标文件的基础工作。工程量计算的快慢、精确程度会直接影响到整个工程计价工作的速度和质量。安装专业中的工程量计算，更是因设备材料种类繁多、计算项目复杂、计算数据量大、计算规则复杂、汇总表格要求多样等特性，极大增加工作难度和强度。

随着计算机及网络技术的发展，工程造价信息管理工作发生了巨大变化。工程造价人员从传统的纸笔、计算器和翻定额转变为借助计算机软件及网络平台来完成工程造价管理工作。工程量计算软件在工程造价的确定和控制中，起着举足轻重的作用。

工程量计算软件是指根据工程图纸，通过导入图形，定义构件属性的方法，按照软件内置的工程量计算规则计算工程用量的计算机软件。

现阶段的各类安装图形算量软件已通过多年发展，快速进入全面应用阶段。如针对民用建筑安装全专业研发的 BIM 安装计量软件，通过智能化的识别、可视化的三维显示、专业化的计算规则、灵活化的工程量统计、无缝化的计价导入，可全面解决安装专业各阶段手工计算效率低、难度大等问题，实现高效建模、快速提量。

2.4.2　BIM 的定义

在我国国家标准《建筑信息模型应用统一标准》GB/T 51212—2016 中，将 BIM 定义如下：建筑信息模型 Buiding Information Modeling 或 Buiding Information Model（BIM），是指在建设工程及设施全生命期内，对其物理和功能特性进行数字化表达，并依此设计、施工、运维的过程和结果的总称，简称模型。

BIM 是一种多维（三维空间、四维时间、五维成本、N 维更多应用）模型信息集成技术，可以使建设项目的所有参与方（包括政府主管部门、业主、设计、施工、监理、造价、运营管理、项目用户等）在项目从概念产生到完全拆除的整个生命周期内都能够在模型中操作信息和在信息中操作模型，从而从根本上改变从业人员单纯依靠符号文字形式图纸进行项目建设和运维管理的工作方式，实现在建设项目全生命周期内提高工作效率和质量以及减少错误和风险的目标。

BIM 技术的定义包含了四个方面的内容：

（1）BIM 是一个建筑设施物理和功能特性的数字表达，是工程项目设施实体和功能特性的完整描述。它基于三维几何数据模型，集成了建筑设施及其相关物理信息、功能要求和性能要求等参数化信息，并通过开放式标准实现信息的互用。

（2）BIM 是一个共享的知识资源，实现建筑全生命周期信息共享。基于这个共享的数字模型，工程的规划、设计、施工、运维各个阶段的相关人员都能从中获取他们所需的数据，这些数据是连续、即时、可靠、全面（或完整）、一致的，为该建筑从概念到拆除的全生命周期中所有工作和决策提供可靠依据。

（3）BIM 是一种应用于设计、建造、运维的数字化管理方法和协同工作过程。这种方法支持建筑工程的集成管理环境，可以使建筑工程在其整个进程中显著提高效率和大量减少风险。

（4）BIM 也是一种信息化技术，它的应用需要信息化软件支撑。在项目的不同阶段，不同利益相关方通过 BIM 软件在 BIM 模型中提取、应用、更新相关信息，并将修改后的信息赋予 BIM 模型，支持和反映各自职责的协同作业，以提高设计、建造和运维的效率和水平。

2.4.3　BIM 技术在我国的发展

2011 年 5 月，住房和城乡建设部发布的《2011—2015 年建筑业信息化发展纲要》（建质〔2011〕67 号）中，明确指出：在施工阶段开展 BIM 技术的研究与应用，推进 BIM 技术从设计阶段向施工阶段的应用延伸，降低信息在传递过程中的衰减；研究基于 BIM 技术的 4D 项目管理信息系统在大型复杂工程施工过程中的应用，实现对建筑工程有效的可视化管理等。加快建筑信息化建设及促进建筑业技术进步和管理水平提升的指导思想，达到普及 BIM 技术概念和应用的目标，使 BIM 技术初步应用到工程项目中去，并通过住房和城乡建设部和各行业协会的引导作用来保障 BIM 技术的推广。

2012 年 1 月，住房和城乡建设部《关于印发 2012 年工程建设标准规范制订修订计划的通知》（建标〔2012〕5 号）宣告了我国 BIM 标准制定工作的正式启动，其中包含五项 BIM 相关标准：《建筑工程信息模型应用统一标准》GB/T 5122《建筑工程信息模型存储标准》GB/T 51447《建筑工程设计信息模型交付标准》GB/T 51301《建筑工程设计信息模型分类和编码标准》GB/T 51269《制造工业工程设计信息模型应用标准》GB/T 51362。其中，《建筑工程信息模型应用统一标准》GB/T 5122 的编制采取"千人千标准"的模式，邀请行业内相关软件厂商、设计院、施工单位、科研院所等近百家单位参与标准研究项目、课题、子课题的研究。至此，工程建设行业的 BIM 热度日益高涨。

2013 年 8 月，住房和城乡建设部发布了《关于征求关于推荐 BIM 技术在建筑领域应用的指导意见（征求意见稿）意见的函》，首次提出了工程项目全生命期质量安全和工作效率的思想，并要求确保工程建设安全、优质、经济、环保，确立了近期（至 2016 年）和中长期（至 2020 年）的目标，明确指出：2016 年以前政府投资的 2 万平方米以上大型公共建筑以及申报绿色建筑项目的设计、施工采用 BIM 技术；截至 2020 年，完善 BIM 技术应用标准、实施指南，形成 BIM 技术应用标准和政策体系。

2014 年，《关于推进建筑业发展和改革的若干意见》（建市〔2014〕92 号）再次强调了 BIM 技术工程设计、施工和运行维护等全过程应用的重要性。各地方政府关于 BIM 的讨论与关注更加活跃，上海、北京、广东、山东、陕西等各地区相继出台了各类具体政策推动和指导 BIM 的应用与发展。

2015 年 6 月，住房和城乡建设部发布的《关于推进建筑信息模型应用的指导意见》（建质函〔2015〕159 号）中，明确发展目标：到 2020 年末，建筑行业甲级勘察、设计单位以及特级、一级房屋建筑工程施工企业应掌握并实现 BIM 与企业管理系统和其他信息技术的一体化集成应用。并首次引入全寿命期集成应用 BIM 的项目比率，要求以国有资金投资为主的大中型建筑、申报绿色建筑的公共建筑和绿色生态示范小区的比率达到 90%；保障措施方面添加了市场化应用 BIM 费用标准，搭建公共建筑构件资源数据中心及服务平台以及 BIM 应用水平考核评价机制，使得 BIM 技术的应用更加规范化，做到有据可依，不再是空泛的技术推广。

2016 年，住房和城乡建设部发布的"十三五"纲要——《2016—2020 年建筑业信息化发展纲要》（建质函〔2016〕183 号），相比于"十二五"纲要，引入了"互联网＋"概念，以 BIM 技术与建筑业发展深度融合，塑造建筑业新业态为指导思想，实现企业信息化、行业监管与服务信息化、专项信息技术应用及信息化标准体系的建立，达到基于"互联网＋"的建筑业信息化水平升级。

2022 年 1 月，住房和城乡建设部发布了《"十四五"建筑业发展规划》（建市〔2022〕11 号），在规划的主要任务《专栏 1　BIM 技术集成应用》中明确提出在 2025 年，基本形成 BIM 技术框架和标准体系。具体内容包括五个方面，推进自主可控 BIM 软件研发：积极引导培育一批 BIM 软件开发骨干企业和专业人才，保障信息安全；完善 BIM 标准体系：加快编制数据接口、信息交换等标准，推进 BIM 与生产管理系统、工程管理信息系统、建筑产业互联网平台的一体化应用；引导企业建立 BIM 云服务平台：推动信息传递云端化，实现设计、生产、施工环节数据共享；建立基于 BIM 的区域管理体系：研究利用 BIM 技术进行区域管理的标准、导则和平台建设要求，建立应用场景，在新建区域探索建立单个项目建设与区域管理融合的新模式，在既有建筑区域探索基于现状的快速建模技术；开展 BIM 报建审批试点：完善 BIM 报建审批标准，建立 BIM 辅助审查审批的信息系统，推进 BIM 与城市信息模型（CIM）平台融通联动，提高信息化监管能力。

2.4.4　BIM 的应用价值

1. BIM 在项目规划阶段的应用

是否能够帮助业主把握好产品和市场之间的关系是项目规划阶段至关重要的一点，BIM 则恰好能够为项目各方在项目策划阶段做出使市场收益最大化的工作。同时，在规划阶段，BIM 技术对建设项目在技术和经济上的可行性论证提供了帮助，提高了论证结果的准确性和可靠性。在项目规划阶段，业主需要确定出建设项目方案是否既具有技术与经济可行性，又能满足类型、质量、功能等要求。但是，只有花费大量的时间、金钱与精力，才能得到可靠性高的论证结果。BIM 技术可以为广大业主提供概要模型，针对建设项目方案进行分析、模拟，从而为整个项目的建设降低成本、缩短工期并提高质量。

2. BIM 在设计阶段的应用

与传统 CAD 时代相比，在建设项目设计阶段存在的诸如图纸冗繁、错误率高、变更频繁、协作沟通困难等问题都将被 BIM 所解决，BIM 所带来的价值优势是巨大的。

在项目的设计阶段，让建筑设计从二维真正走向三维的正是 BIM 技术，对于建筑设计方法而言这不得不说是一次重大变革。通过 BIM 技术的使用，建筑师们不再困惑于如何用传统的二维图纸表达复杂的三维形态这一难题，深刻地对复杂三维形态的可实施性进行了拓展。而 BIM 的重要特性之一可视化，使得设计师对于自己的设计思想既能够做到"所见即所得"，又能够让业主捅破技术壁垒的"窗户纸"，随时了解到自己的投资可以收获什么样的成果，并可实时进行优化。

3. BIM 在施工阶段的应用

正是由于 BIM 模型将反映完整的项目设计情况，因此 BIM 模型中构件模型可以与施工现场中的真实构件一一对应。我们可以通过 BIM 模型发现项目在施工现场中出现的错、漏、碰、缺的设计失误，从而达到提高设计质量，减少施工现场的变更，最终缩短工期、降低项目成本的预期目标。

对于传统 CAD 时代存在于建设项目施工阶段的图纸可施工性低、施工质量不能保证、工期进度拖延、工作效率低等劣势，BIM 技术针对这些缺陷体现出了巨大的价值优势：施工前改正设计错误与漏洞；4D 施工模拟、优化施工方案；使精益化施工成为可能。

在项目的施工阶段，施工单位通过对 BIM 建模和进度计划的数据集成，实现了 BIM 在时间维度基础上的 4D 应用。正因为 BIM 技术 4D 应用的实施，施工单位既能按天、周、月看到项目的施工进度，又可以根据现场实时状况进行实时调整，在对不同的施工方案进行优劣对比分析后得到最优的施工方案，同时也可以对项目的重难点部分按时、分，甚至精确到秒进行可建性模拟。例如对土建工程的施工顺序、材料的运输堆放安排、建筑机械的行进路线和操作空间、设备管线的安装顺序等施工安装方案的优化。

4. BIM 在运维阶段的应用

BIM 在建筑工程项目的运维阶段也起着非常重要的作用。建设项目中所有系统的信息对于业主实时掌握建筑物的使用情况，及时有效地对建筑物进行维修、管理起着至关重要的作用。那么是否有能够将建设项目中所有系统的信息提供给业主的平台呢？BIM 的参数模型给出了明确的答案。在 BIM 参数模型中，项目施工阶段做出的修改将全部实时更新并形成最终的 BIM 竣工模型，该竣工模型将作为各种设备管理的数据库，为系统的维护提供依据。

建筑物的结构设施（如墙、楼板、屋顶等）和设备设施（如设备、管道等）在建筑物使用寿命期间，都需要不断得到维护。BIM 模型则恰恰可以充分发挥数据记录和空间定位的优势，通过结合运营维护管理系统，制订合理的维护计划，依次分配专人做专项维护工作，从而使建筑物在使用过程中出现突发状况的概率大为降低。

2.4.5　BIM 安装算量软件应用概述

1. BIM 安装算量软件工作原理

BIM 安装算量软件快速从 CAD 图纸上拾取 CAD 信息，转化为算量软件的构件图元，并根据各图元之间的关系，自动生成附属图元及附属信息（如识别管线后会自动生成管件、计算支架数量、刷油面积等），然后依据内置的计算规则输出计算结果。

BIM 安装算量软件算量的效率受图纸的规范化程度和工作人员对软件熟悉程度的影响。图纸的规范程度主要指各类构件是否严格按照图层进行区分，同一点式构件是否为同一图块，CAD 线表示的管线图元画法是否满足制图要求等。

2. BIM 安装算量软件操作流程

目前，各类安装算量软件的流程和应用基本上是一致的，就整体的算量应用流程而言，可分为两大类，一类是数个数的数量类工程量，另一类是量长度的长度类工程量。以目前应用较广的一款 BIM 安装计量软件为例，算量整体操作流程大致分为以下几个方面：

新建工程→工程设置→绘制识别→复核→汇总计算→查看报表并输出数据至工程计价软件中。

第一步：启动软件

点击桌面快捷图标或是通过单击【开始】菜单对应程序即可。

第二步：新建工程

点击桌面 BIM 算量软件快捷图标，弹出软件开始界面，点击"新建"按钮，弹出"新建工程"窗口，如图 2-4-1 所示。

图 2-4-1　新建工程

点击"创建工程"后，进入到软件操作界面，进行下一步操作。

第三步：楼层设置

（1）在工程设置选项卡，点击"工程设置"功能包下的"楼层设置"命令，如图 2-4-2

所示。

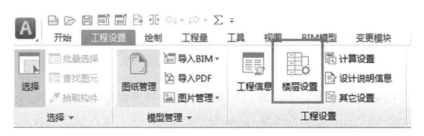

图 2-4-2　楼层设置

（2）点击"插入楼层"按钮，进行添加楼层，如图 2-4-3 所示。

首层	编码	楼层名称	层高(m)	底标高(m)	相同层数	板厚(mm)	建筑面积(m2)	备注
☐	12	屋面层	3	33.4	1	120		
☐	11	第11层	2.9	30.5	1	120		
☐	10	第10层	2.9	27.6	1	120		
☐	9	第9层	2.9	24.7	1	120		
☐	8	第8层	2.9	21.8	1	120		
☐	7	第7层	3	18.8	1	120		
☐	6	第6层	3	15.8	1	120		
☐	2~5	第2~5层	2.9	4.2	4	120		
☑	1	首层	4.2	0	1	120		
☐	-1	第-1层	1.5	-1.5	1	120		
☐	0	基础层	1.5	-3	1	120		

1.如果标记为首层，则标记层为首层，相邻楼层的编码自动变化，基础层的编码不变；
2.基础层和标准层不能设置为首层；设置首层标志后，楼层编码自动变化。编码为正数的为地上层，编码为负数的为地下层，基础层编码为0，不可改变。

图 2-4-3　添加楼层信息

第四步：识别图元

BIM 安装计量软件中，六个专业中识别管道的方法类似，识别设备方法也相同，下面就给排水专业识别管道为例进行演示。

（1）在已导入 CAD 图的情况下，切换到绘制选项卡，选择导航栏"给排水"→"管道（水）"，然后左键点击识别功能包中"选择识别"，如图 2-4-4 所示。

（2）移动光标到绘图区 $DN100$ 管道上，点击左键，此时 $DN100$ 被选中为蓝色，然后点击右键确认，此时弹出"选择要识别成的构件"对话框，如图 2-4-5 所示。

（3）点击"新建"按钮，然后按图纸要求输入相关属性，如图 2-4-6 所示，点击"确认"按钮，此管道生成完毕。

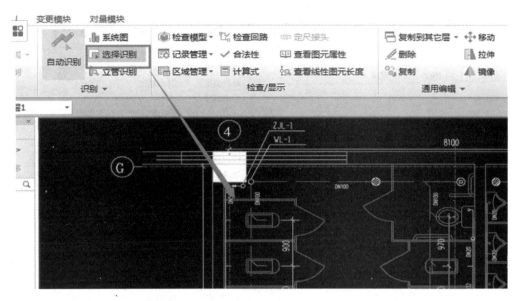

图 2-4-4　选择识别

图 2-4-5　选择识别成的构件

第五步：汇总计算

点击"汇总计算"功能，弹出"汇总计算"界面，点击"计算"按钮，如图 2-4-7 所示。

第六步：套做法

触发工程量界面下的集中套做法命令，自动套用清单，匹配项目特征，如图 2-4-8 所示。

图 2-4-6　生成管道

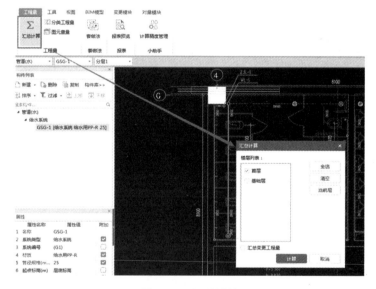

图 2-4-7　汇总计算

第七步：打印报表

（1）在工程量选项卡选择"报表"功能；

（2）在左侧导航栏中选择相应的报表，在右侧就会出现报表预览界面；

（3）点击"打印"按钮则可打印该张报表，如图 2-4-9 所示。

第八步：保存工程

点击软件窗口上方快速启动栏→"保存"，如图 2-4-10 所示。

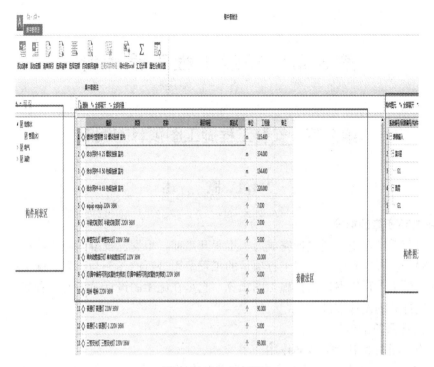

图 2-4-8　集中套做法

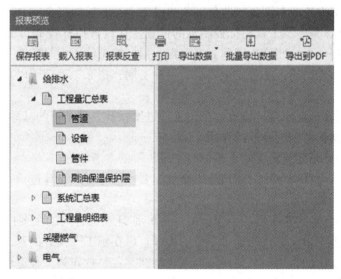

图 2-4-9　打印报表

图 2-4-10　工程保存

第3章 安装工程工程计价

第1节 安装工程施工图预算的编制

3.1.1 概　　述

1. 施工图预算的概念

施工图预算是在施工图设计完成后，工程开工前，根据已批准的施工图设计文件，按照规定的程序、方法和依据，对工程项目的工程费用进行的预测与计算。施工图预算的成果文件称为施工图预算书，简称施工图预算，它是在施工图设计阶段对工程建设所需资金做出较精确计算的设计文件。

2. 施工图预算的作用

（1）施工图预算对投资方的作用

1）施工图预算是控制造价及资金合理使用的依据。施工图预算确定的预算造价是工程计划成本，投资方按施工图预算造价筹集建设资金，并控制资金的合理使用。

2）施工图预算是确定工程招标控制价的依据。在设置招标控制价的情况下，建筑安装工程的招标控制价可按照施工图预算来确定。招标控制价通常是在施工图预算的基础上考虑工程的特殊施工措施、工程质量要求、目标工期、招标工程范围以及自然条件等因素进行编制的。

3）施工图预算是确定合同价款、拨付工程进度款及办理结算的基础。

（2）施工图预算对施工企业的作用

1）施工图预算是建筑施工企业投标时"报价"的参考依据。

在激烈的建筑市场竞争中，建筑施工企业需要根据施工图预算造价，结合企业的投标策略，确定投标报价。

2）施工图预算是建筑工程预算包干的依据和签订施工合同的主要内容。在采用总价合同的情况下，施工单位通过与建设单位的协商，可在施工图预算的基础上，考虑设计或施工变更后可能发生的费用与其他风险因素，增加一定系数作为工程造价一次性包干。同样，施工单位与建设单位签订施工合同时，其中的工程价款的相关条款也必须以施工图预算为依据。

3）施工图预算是施工企业安排调配施工力量，组织材料供应的依据。施工单位各职能部门可根据施工图预算编制劳动力供应计划和材料供应计划，并由此做好施工前的准备工作。

4）施工图预算是施工企业控制工程成本的依据。根据施工图预算确定的中标价格是施工企业收取工程款的依据，企业只有合理利用各项资源，采用先进技术和管理方法，将成本控制在施工图预算价格以内，企业才会获得良好的经济效益。

5）施工图预算是"两算"对比的依据。施工企业可以通过施工图预算和施工预算的对比分析，找出差距，采取必要的措施。

（3）施工图预算对其他方面的作用

1）对于工程咨询单位来说，可以客观、准确地为委托方做施工图预算，以强化投资方对工程造价的控制，有利于节省投资，提高建设项目的投资效益。

2）对于工程造价管理部门来说，施工图预算对其监督检查执行定额标准、合理确定工程造价，测算造价指数等的重要依据。

3. 施工图预算的内容

施工图预算有单位工程预算、单项工程预算和建设项目总预算。本节主要介绍单位工程施工图预算。单位工程预算根据施工图设计文件、现行预算定额、单位估价表、费用定额以及人工、材料、设备、机械台班等价格资料，编制单位工程的施工图预算；然后汇总所有各单位工程施工图预算，成为单项工程施工图预算；再汇总所有单项工程施工图预算，形成最终的建设项目建筑安装工程的总预算。

单位工程预算包括建筑工程预算和设备及安装工程预算。建筑工程预算按其工程性质分为一般土建工程预算、给排水工程预算、采暖通风工程预算、煤气工程预算、电气照明工程预算、弱电工程预算、特殊构筑物如炉窑等工程预算和工业管道工程预算等。安装工程预算按其工程性质可分为机械设备安装工程预算、电气设备安装工程预算、工业管道工程预算和热力设备安装工程预算等。

3.1.2　施工图预算常用的编制方法

单位工程施工图预算由建筑安装工程费和设备及工器具购置费组成。其中建筑安装工程费主要编制方法有单价法和实物量法，单价法分为工料单价法和全费用综合单价法。工料单价法使用的单价一般为地区统一单位估价表中的工料单价，即定额基价，而全费用综合单价法是分项工程定额中综合了人材机及以外的各项费用的编制方法。

1. 工料单价法

在单价法中，使用较多的还是工料单价法。工料单价法是以分项工程量乘以对应分项工程单价后的合计为单位人、材、机费，再根据规定的计算方法计取企业管理费、利润、规费和税金，将上述费用汇总后得到该单位工程的施工图预算造价。计算公式如3-1-1所示：

$$建筑安装工程预算造价 = \Sigma（分项工程量 \times 分项工程工料单价）+$$
$$企业管理费 + 利润 + 规费 + 税金 \qquad (3\text{-}1\text{-}1)$$

工料单价法编制施工图预算的基本步骤如下：

（1）准备工作。包括：收集资料、熟悉图纸、了解施工组织设计和施工现场情况。

（2）列项并计算工程量

1）划分工程项目。将单位工程划分为若干分项工程，划分的工程项目必须和定额规定的项目一致，这样才能正确地套用定额，不能重复列项计算，也不能漏项少算。

2）计算并整理工程量。工程量应严格按照定额规定的工程量计算规则进行计算，该扣除的部分要扣除，不扣除的部分不能扣除，计算时根据一定的计算顺序和计算规则，列出计算式，按照施工图纸上的有关数据代入数值计算，全部工程量计算完成后，对各分项工程量进行整理，合并同类项和按序排列，最后对工程量计算结果的计量单位进行调整，使之与定额中相应的分项工程的计量单位保持一致。

（3）套预算单价，计算直接费

核对工程量计算结果后，将定额子目中的基价填在预算表单价栏中，并将单价乘以相应子目的工程量得出合价，将结果填入合价栏中，汇总所有子目合价得出单位工程直接费。单位工程直接费表如表 3-1-1 所示，计算直接费时需要注意以下几个问题：

1）分项工程的名称、规格与预算单价或单位估价表中所列内容完全一致时，可以直接套用预算单价。

2）分项工程的主要材料品种与预算单价或单位估价表中规定材料不一致时，不可以直接套用预算单价，需要按实际使用材料价格换算预算单价。

3）分项工程施工工艺条件与预算单价或单位估价表不一致而造成人工、机具的数量增减时，一般调量不调价。

单位工程直接费表（工料单价法）　　　　　　　　　表 3-1-1

序号	编号	定额名称	单位	工程量	单价（元）	其中			合价	其中		
						人工费单价	材料费单价	机械费单价		人工费合价	材料费合价	机械费合价

（4）编制工料分析表

工料分析是依据定额或单位估价表，按照各分项工程项目，计算人工、各种材料的实物消耗量，并将各类人工、材料消耗量汇总成表。工料分析的方法是：首先从定额项目表中分别将各分项工程消耗的每项人工和材料的定额消耗量查出；再分别乘以该分项工程项目的工程量，得到分项工程工料消耗量，最后将各分项工程工料消耗量加以汇总，得出单位工程人工、材料消耗数量。即：

$$人工消耗量 = 某工种定额用工量 \times 某分项工程量 \tag{3-1-2}$$
$$材料消耗量 = 某种材料定额用工量 \times 某分项工程量 \tag{3-1-3}$$

分部分项工料分析汇总表如表 3-1-2 所示。

分项工程工料分析表　　　　　　　　　表 3-1-2

项目名称：

序号	定额编号	工程名称	单位	工程量	人工（工日）	主要材料			其他材料费（元）
						材料 1	材料 2	……	

（5）计算主材费（未计价材料费）并调整工料价差

许多定额项目基价为不完全价格，即基价中含有未计价材料的消耗量，没有未计价材料的价格，未计价材料的价格按当时当地的市场价格计算，计算出的主材费并入直接费中。

另外，计算直接费时采用的单价是预算定额或单位估价表中的基价，反映的定额编制年份的价格水平，为了让工料价格更真实反映当时当地的工程价格水平，需要在计算其他费用前，进行工料价差的计算。工料价差的计算方法是：将需要调整的人工、材料的市场价格与定额价格的差值乘以工料分析汇总表中相应人工、材料的消耗数量，得到该项人工、材料的价差，再将各项人工、材料的价差进行汇总，得出工料价差。单位工程工料价差调整如表 3-1-3 所示。

单位工程工料价差调整表　　　　　　　　　　　　　　表 3-1-3

序号	材料名称	单位	数量	预算价	市场价	除税预算价	除税市场价	价差	价差合计	除税价差	除税价差合计

（6）按计价程序计取其他费用，并汇总工程造价

根据当地规定的税率、费率和相应的计取基数，分别计算企业管理费、利润、规费和税金。将上述费用与直接费汇总后，即可求出单位工程施工图预算造价。

（7）填写封面、编制说明

施工图预算封面应写明工程编号、工程名称、预算总造价和单方造价等。

编制说明一般包括工程概况、施工图预算的编制依据、其他需要说明的问题。

最后将封面、编制说明、预算费用汇总表、材料汇总表、工程预算分析表等，按顺序编排并装订成册，便完成了单位施工图预算的编制工作。

单位工程施工图预算封面如表 3-1-4 所示。

单位工程施工图预算封面　　　　　　　　　　　　　　表 3-1-4

工程名称：_____
施工图预算编制书
建设单位：_____
编制单位：_____
编制人：_____　　　编制人证号：_____
审核人：_____　　　审核人证号：_____
工程总造价（小写）：_____　　　单方造价：_____
工程总造价（大写）：_____

2. 实物量法

实物量法是依据施工图纸计算的各分项工程工程量分别乘以地区定额中人工、材料、施工机械台班的定额消耗量，分类汇总得出该单位工程所需的全部人工、材料、机械台班消耗量，然后再乘以当时当地人工工日单价、各种材料单价、施工机械台班单价，求出相应的人工费、材料费、机械使用费。企业管理费、利润、规费和税金等费用计取方法与工

料单价法相同。实物量法编制施工图预算的计算思路如公式 3-1-4、公式 3-1-5 所示。

$$单位工程人、材、机费用 = \Sigma(工日消耗量 \times 工日单价) +$$
$$\Sigma(各种材料消耗量 \times 相应材料单价) +$$
$$\Sigma(各种施工机械消耗量 \times$$
$$相应施工机械台班单价) \tag{3-1-4}$$
$$建筑安装工程预算造价 = 单位工程人材机费用 + 企业管理费 +$$
$$利润 + 规费 + 税金 \tag{3-1-5}$$

实物量法编制施工图预算的基本步骤如下：

（1）准备工作

具体工作内容与工料单价法同步骤内容相同，但此时实物量法还要全面收集各种人工、材料、机械台班的当时当地市场价格，包括不同品种、规格的材料预算单价；不同工种、等级的人工工日单价；不同种类、型号的施工机械台班单价等。要求获得的各种价格应全面、真实、可靠。

（2）列项并计算工程量

本步骤的内容同工料单价法相同。

（3）套用定额消耗量，计算人工、材料、机械台班消耗量

根据定额所列出的人工、材料、机械台班数量，乘以各分项工程的工程量，计算出各分项工程所需人材机的消耗数量。

（4）计算并汇总单位工程的人工费、材料费和施工机具使用费

计算出各分项工程的各类人工工日数量、材料消耗数量和施工机械台班的数量后，按类别统计汇总出该单位工程所需的各类人工、材料、机械台班消耗量，再分别乘以当时当地相应人工、材料、机械台班的实际市场单价，即可求出单位工程的人工费、材料费、施工机具使用费。

（5）计算其他费用，汇总工程造价。本步骤内容与工料单价法相应步骤内容相同。

（6）填写封面、编制说明。本步骤内容与工料单价法相应步骤内容相同。

实物量法下人材机费用汇总表如表 3-1-5 所示。

人材机费用汇总表（实物量法）　　　　　　表 3-1-5

序号	人工、材料、机具名称	计量单位	实物工程数量	价值（元）	
				当时当地单价	合价
一	人工				
	…				
	小计				
二	材料				
	…				
	小计				
三	机械				
	…				
	小计				
	人、材、机费合计				

3. 实物量法和工料单价法的异同及优缺点

实物量法和工料单价法主要不同是中间的两个步骤：

（1）采用实物量法计算工程量后，套用相应人工、材料、施工机械台班的定额消耗量，求出各分项工程人工、材料、施工机械台班消耗数量并汇总成单位工程所需各类人工工日、材料和施工机械台班的消耗量。工料单价法计算工程量后，套用预算定额基价，计算人工费、材料费和机械费。

（2）实物量法采用的是当时当地的人工、材料、机械的实际市场单价计算单位工程直接费，工料单价法采用的是预算定额或单位估价表的定额基价，计算单位工程直接费。

工料单价法具有计算简单、工作量较小、编制速度较快、便于管理的优点。但其价格水平只能反映定额年份的价格水平，虽然可调价但计算也较繁琐。实物量法的优点是能较及时反映各种人工、材料、机械的当时当地市场价格，不需调价，但计算过程较单价法繁琐。

4. 全费用综合单价法

全费用综合单价即单价中综合了分项工程的人工费、材料费、机械费、管理费、利润、规费、税金及一定范围的风险等全部费用。依据《湖北省建筑安装工程费用定额》（2018 版），全费用综合单价的内容包括人工费、材料费、机械费、费用和增值税。其中费用包括总价措施项目费、企业管理费、利润和规费。单位工程施工图预算以全费用基价表中的全费用为基础，全费用综合单价法计算单位工程预算造价思路为：各分项工程量乘以全费用单价的合价汇总后，再加上其他项目费的完全价格。表达公式如下 3-1-6 所示。

$$建筑安装工程施工图预算造价 = \Sigma(分项工程量 \times 分项工程全费用综合单价) + 其他项目费 \tag{3-1-6}$$

第 2 节　安装工程预算定额的分类、适用范围、调整与应用

3.2.1　概　述

1. 预算定额的概念

预算定额是指在正常合理的施工条件下，规定完成一定计量单位分项工程或结构构件所必需的人工、材料、机械台班的消耗数量及相应费用的标准。

预算定额由国家主管机关或被授权单位组织编制并颁发执行的一种技术经济指标，预算定额作为一种施工图设计阶段采用的计价定额，除了规定完成一定计量单位的分项工程或结构构件所需人工、材料、机械台班数量外，还必须规定完成的工作内容和相应的质量标准及安全要求等内容。

2. 预算定额的分类

（1）按专业性质分

建设工程预算定额按专业分类有建筑工程预算定额、装饰装修预算定额、安装工程预算定额、市政工程预算定额、铁路工程预算定额、公路工程预算定额、房屋修缮工程预算定额、矿山井巷预算定额等。

1）建筑工程预算定额是从狭义角度讲的，适用于工业与民用临时性和永久性的建筑物和构筑物。包括各种房屋设备基础、钢筋混凝土、砌筑、钢结构、烟囱、水塔、化粪池等工程。

2）装饰装修工程预算定额是指建筑装饰装修工程人工、材料及机械的消耗量标准。其内容包括：楼地面工程、墙柱面工程、天棚工程、门窗工程、油漆、涂料、裱糊工程和其他工程。

3）安装工程预算定额按专业对象分为电气设备安装工程预算定额、机械设备安装工程预算定额、通信设备安装工程预算定额、化学工业设备安装工程预算定额、工业管道安装工程预算定额、工艺金属结构安装工程预算定额、热力设备安装工程预算定额等。

4）市政工程预算定额是指城镇管辖范围内的道路、桥涵和市政官网、地铁工程等公共设施及公用设施的建设工程人工、材料及机械的消耗量标准。

5）铁路工程预算定额是指铁路工程人工、材料及机械的消耗量标准。

（2）按管理权限和执行范围划分

预算定额按管理权限和执行范围划分可以分为全国统一预算定额、行业统一预算定额和地区统一预算定额等。

（3）按生产要素分

预算定额按生产要素分为劳动定额、机械定额和材料消耗定额。生产活动是指劳动者利用劳动手段对劳动对象进行加工的过程此活动包括劳动者、劳动对象、劳动手段三个不可缺少的要素。劳动定额、机械定额和材料消耗定额作为编制预算定额依据，它们相互依存形成一个整体各自不具有独立性。

3. 预算定额的用途

（1）预算定额是编制施工图预算，合理确定建筑安装工程造价的依据。施工图设计一经确定，工程预算造价就取决于预算定额水平和人工、材料及机械台班的价格。预算定额起着控制劳动消耗、材料消耗和机械台班使用的作用进而起着控制建筑产品价格的作用。

（2）预算定额是编制施工组织设计的依据。合理确定施工中所需人力、物力的供求量是施工组织设计的重要任务之一。施工单位在缺乏本企业的施工定额的情况下，根据预算定额，也能够比较精确地计算出施工中各项资源的需要量，为有计划地安排材料采购和预制件加工、劳动力和施工机械的调配，提供了可靠的依据。

（3）预算定额是工程结算的依据。工程结算是建设单位和施工单位按照工程进度对已完成的分部分项工程实现货币支付的行为。按进度支付工程款，需要根据预算定额将已完分项工程的造价算出。单位工程验收后，再按竣工工程量、预算定额和施工合同规定进行结算，以保证建设单位资金的合理使用和施工单位的经济收入。

（4）预算定额是施工单位进行经济核算的依据。预算定额规定的物化劳动和活化劳动消耗指标，是施工单位在生产经营中允许消耗的最高标准。施工单位必须以预算定额作为评价企业工作的重要标准，作为努力实现的目标。施工单位可根据预算定额对施工中的劳动、材料、机械的消耗情况进行具体的分析，以便找出并克服低工效、高消耗的薄弱环节，提高竞争力。只有在施工中尽量降低劳动消耗，采用新技术，提高劳动者素质，提高劳动生产率，才能取得较好的经济效益。

（5）预算定额是编制概算定额的基础资料。概算定额是在预算定额基础上综合扩大编制的。利用预算定额作为编制依据，不但可以节省编制工作的大量人力、物力和时间，收到事半功倍的效果，还可以使概算定额在水平上与预算定额保持一致，以免造成执行中的不一致。

（6）预算定额是合理编制招标控制价、投标报价的基础。在深化改革中，预算定额的指令性作用将日益削弱，而对施工单位按照工程个别成本报价的指导性作用仍然存在，因此预算定额作为编制招标控制价的依据和施工企业报价的基础性作用仍将存在，这也是由于预算定额本身的科学性和指导性决定的。

总之，预算定额在建筑安装工程造价中极为重要，预算定额对于控制和节约建设资金，降低建筑安装工程中的人工、材料、机械消耗量，加强施工企业的计划管理和经济核算都有重要意义。

3.2.2 安装工程预算定额的分类和适用范围

1. 《湖北省通用安装工程消耗量定额及全费用基价表》（2018）的分类

《湖北省通用安装工程消耗量定额及全费用基价表》（2018）（以下简称本定额）是按照国家标准《建设工程工程量清单计价规范》GB 50500—2013 的有关要求，在住房和城乡建设部印发的《通用安装工程消耗量定额》TY02—31—2015 及《湖北省通用安装工程消耗量定额及单位估价表》（2013 年）的基础上，结合本省实际情况进行修编的。本定额共分十二册，包括：

第一册　机械设备安装工程
第二册　热力设备安装工程
第三册　静置设备与工艺金属结构制作安装工程
第四册　电气设备安装工程
第五册　建筑智能化工程
第六册　自动化控制仪表安装工程
第七册　通风空调工程
第八册　工业管道工程
第九册　消防工程
第十册　给排水、采暖、燃气工程
第十一册　通信设备及线路工程
第十二册　刷油、防腐蚀、绝热工程

2. 《湖北省通用安装工程消耗量定额及全费用基价表》（2018）的适用范围

本定额适用于湖北省境内工业与民用建筑的新建、扩建通用安装工程。本定额既是实行工程量清单计价时配套的消耗量定额，也是实行定额计价时的全费用基价表。本定额是编制招标控制价、施工图预算、工程竣工结算、设计概算及投资估算的依据；是企业投标报价、内部管理和核算的重要参考。

其中，第四册《电气设备安装工程》适用于工业与民用电压等级小于或等于 10kV 变配电设备及线路安装、车间动力电气设备及电气照明器具、防雷及接地装置安装、配管配线、电气调整试验等安装工程。内容包括：变压器、配电装置、母线、绝缘子、配电控制与保护及直流装置、蓄电池、发电机与电动机检查接线、金属构件、穿墙套板、滑触线、配电及输电电缆敷设、防雷及接地装置、电压等级小于或等于10kV架空输电线路、配管、配线、照明器具、低压电器设备、运输设备电器装置等安装及电气设备调试内容。本册定额不包括电压等级大于10kV配电、输电、用电设备及装置安装，工程应用时，应执行电力行业相关定额；电气设备及装置配合机械设备进行单体试运和联合试运的工作内容；发电、输电、配电、用电分系统调试、整套启动调试、特殊项目测试与性能试验应单独执行本册定额第十七章"电气设备调试工程"相应定额。

第七册《通风空调工程》适用于通风空调设备及部件制作安装，通风管道制作安装，通风管道部件制作安装工程。本册定额不包括其他工业用风机（如热力设备用风机）及除尘设备安装执行第一册《机械设备安装工程》、第二册《热力设备安装工程》相应项目；空调系统中管道配管执行第十册《给排水、采暖、燃气工程》相应项目，制冷机机房、锅炉房管道配管执行第八册《工业管道工程》相应项目；管道及支架的除锈、油漆，管道的防腐蚀、绝热等内容，执行第十二册《刷油、防腐蚀、绝热工程》相应项目。

第九册《消防工程》适用于工业与民用建筑工程中的消防工程。本册定额不包括阀门、气压罐安装，消防水箱、套管、支架制作安装（注明者除外），执行第十册《给排水、采暖及燃气工程》相应项目；各种消防泵、稳压泵安装，执行第一册《机械设备安装工程》相应项目；不锈钢管、铜管管道安装，执行第八册《工业管道工程》相应项目；刷油、绝热、防腐蚀、衬里，执行第十二册《刷油、防腐蚀、绝热工程》相应项目；电缆敷设、桥架安装、配管配线、接线盒、电动机检查接线、防雷接地装置等安装，执行第四册《电气设备安装工程》相应项目；各种仪表的安装及带电讯号的阀门、水流指示器、压力开关、驱动装置及泄露报警开关的接线、校线等执行第六册《自动化控制仪表安装工程》相应项目；剔槽打洞及恢复执行第十册《给排水、采暖、燃气工程》相应项目；凡设计管沟、基坑及井类的土方开挖、回填、运输、垫层、基础、砌筑、地沟盖板预制安装、路面开挖及修复、管道混凝土支墩的项目，执行我省市政工程消耗量定额或公用专业消耗量定额。

第十册《给排水、采暖及燃气工程》适用于工业与民用建筑的生活用给排水、采暖、空调水、燃气系统中的管道、附件、器具及附属设备等安装工程。本册定额不包括工业管道、生产生活共用的管道，锅炉房、泵房、站类管道以及建筑物内加压泵房、空调制冷机房、消防泵房的管道，管道焊缝热处理、无损探伤，医疗气体管道执行第八册《工业管道工程》相应项目；本册定额未包括的采暖、给排水设备安装执行第一册《机械设备安装工程》、第三册《静置设备与工艺金属结构制作安装工程》等相应项目；给排水、采暖设备、器具等电气检查、接线工作，执行第四册《电气设备安装工程》相应项目；刷油、防腐蚀、绝热工程执行第十二册《刷油、防腐蚀、绝热工程》相应项目；本册凡涉及管沟、工作坑及井类的土方开挖、回填、运输、垫层、基础、砌筑、地沟盖板预制安装、路面开挖及修复、管道混凝土支墩的项目，以及混凝土管道、水泥管道安装执行我省相关专业定额项目。

3.2.3　安装工程预算定额的调整与应用方法

1. 现行安装工程预算定额

为合理确定和有效控制工程造价，更好地适应建筑业"营改增"后全省建设工程计价需要，根据国家有关规范、标准，结合湖北省实际，湖北省住房和城乡建设厅以简明适用原则、定额水平适当原则、先进性原则及贴近工程实际计价需求的原则组织编制了《湖北省通用安装工程消耗量定额及全费用基价表》，自 2018 年 4 月 1 日起施行。

2. 现行安装工程预算定额的组成

《湖北省通用安装工程消耗量定额及全费用基价表》（2018）是由定额总说明、册说明、目录、各章（节）说明、工程量计算规则、定额子目、附录六大部分组成。其中，分项工程定额子目是核心内容，它包括分项工程的工作内容、计量单位、定额编号、项目名称、全费用、人工、材料、机械的消耗量及其对应的单价以及附注组成。其结构形式如下表 3-2-1 所示。

其中消耗量定额只规定完成单位分项工程或结构构件的人工、材料、机械台班消耗的数量标准，理论上讲不以货币形式来表现；而全费用基价表是将预算定额中的消耗量在本地区用货币形式来表示。为了方便预算编制，湖北省将消耗量定额和基价表合并，不仅列出工料机消耗数量，同时也列出工、料、机预算价格、费用及增值税汇总值。

室内塑料给水管（热熔连接）

表 3-2-1

工作内容：切管、组对、预热、熔接，管道及管件安装，水压试验及水冲洗。　　　　单位：10m

定额编号			C10-1-345	C10-1-346
项　　目			公称外径（mm 以内）	
			20	25
全费用（元）			124.66	138.30
其中	人工费（元）		71.97	79.88
	材料费（元）		1.53	1.70
	机械费（元）		0.32	0.32
	费用（元）		40.55	44.98
	增值税（元）		10.29	11.42
	名称	单位	单价（元）	数量
人工	普工	工日	92.00	0.293	0.325
	技工	工日	142.00	0.317	0.352
材料	塑料给水管	M	—	(10.160)	(10.160)
	室内塑料给水管热熔管件	个	—	(15.200)	(12.250)
	锯条综合	根	0.66	0.120	0.144
	电	kW·h	0.75	1.017	1.146
	热轧厚钢板 $\delta8.0\sim15$	kg	2.77	0.030	0.032
	低碳钢焊条 J422ϕ3.2	kg	3.68	0.002	0.002
	氧气	m^3	3.27	0.003	0.003
	乙炔气	kg	22.58	0.001	0.001
	铁砂布	张	1.02	0.053	0.066
	橡胶板 $\delta1\sim3$	kg	7.79	0.007	0.008
	六角螺栓	kg	5.92	0.004	0.004

续表

定额编号			C10-1-345	C10-1-346
项　　目			公称外径（mm 以内）	
			20	25
名称	单位	单价（元）	数量	
材料	螺纹阀门 DN20	个	21.39	0.004	0.004

	名称	单位	单价（元）	数量	
材料	螺纹阀门 DN20	个	21.39	0.004	0.004
	焊接钢管 DN20	m	5.13	0.013	0.014
	橡胶软管 DN20	m	7.70	0.006	0.006
	弹簧压力表 Y-1000～1.6MPa	块	55.61	0.002	0.002
	压力表弯管 DN15	个	13.13	0.002	0.002
	水	m³	3.39	0.008	0.014
	其他材料费	%	—	2.000	2.000
	电【机械】	kW·h	0.75	0.057	0.057
机械	电焊机综合	台班	17.30	0.001	0.001
	试压泵 30MPa	台班	151.85	0.001	0.001
	电动单级离心清水泵 100	台班	155.21	0.001	0.001

注：表格中的增值税税率按 9%计算。

3. 安装工程预算定额单价的确定

（1）定额人工工资单价的确定

人工工资单价是指一个建筑安装生产工人一个工作日（按我国劳动法的规定，一个工作日的工作时间为 8 小时，简称"工日"）在计价时应计入的全部人工费用。它基本上反映了建筑安装生产工人的工资水平和一个工人在一个工作日中可以得到的报酬。合理确定人工工日单价是正确计算人工费和工程造价的前提和基础。

计算公式如下：

定额人工工资单价＝基本工资＋奖金＋津贴、补贴＋加班加点工资＋特殊情况下支付的工资（工伤、产假、婚丧假等）　　　　　　　　　　　　　　　　　　　　　　（3-2-1）

定额人工单价的测算与发布工作由省建设工程造价管理机构统一负责实施。人工单价动态调整的原理是对定期收集的劳务分包合同进行筛选，剔除人工因素，取定分项工程劳务分包合同纯人工价格，并通过有关参数计算得到各专业分项工程定额人工单价，用各专业工程在整个建筑业所占的权重和各分项工程占各专业工程的比例，复合成一个综合的定额人工单价，通过计算，最终等到普工、技工、高级技工的定额人工单价。湖北省 2018 版定额编制期的人工发布价为：普工 92 元/工日，技工 142 元/工日，高级技工 212 元/工日。

湖北省建设工程定额人工单价实行动态管理办法，根据湖北省住房和城乡建设厅最新人工单价调整文件，现行 2018 版各专业定额人工单价调整为：普工 104 元/工日、技工 160 元/工日、高级技工 241 元/工日。施工机械台班费用定额中的人工单价按技工标准调整。无论采用工程量清单计价模式还是定额计价模式，调整后的人工费与原人工费之间的差额，计取增值税后单独列项，计入含税工程造价。在建工程，2022 年 1 月 1 日前已完成的工程量，定额人工单价不再进行调整。2022 年 1 月 1 日起完成的工程量按新的规定执行。

（2）定额材料预算单价的确定

材料价格是指材料（包括构件、成品或半成品）从其来源地（或交货地点）到达施工现场工地仓库出库的价格。材料预算价格组成如图3-2-1所示。

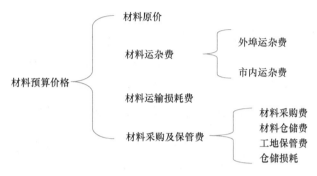

图 3-2-1　材料预算价格组成示意图

施工机械台班价格中的燃料动力费并入消耗量定额的材料费中。

（3）定额施工机械台班单价的确定

定额的施工机械台班单价是以"台班"为计量单位，机械工作 8h 称为"一个台班"。施工机械台班单价是指一个施工机械，在正常运转条件下一个台班中所支出和分摊的各种费用之和。

施工机械台班单价由下列七项费用组成：

1）机械折旧费

2）机械检修费

3）维护费

4）安拆费及场外运输费

5）人工费（指机上司机和其他操作人员的人工费）

6）燃料动力费

7）其他费

全费用基价表中的机械费，包含施工机械与仪器仪表使用费。

4. 安装工程预算定额全费用基价的组成

全费用是完成规定计量单位的分部分项工程所需人工费、材料费、机械费、费用、增值税之和。人工费、材料费、机械费是以定额编制期确定的人工、材料、机械台班单价和对应的定额消耗量计算的；费用包括总价措施项目费、企业管理费、利润、规费；增值税是在一般计税法下按规定计算的销项税。

计算公式如下：

分项工程定额全费用基价 ＝ 人工费＋材料费＋机械费＋费用＋增值税（3-2-2）

其中　　　　　人工费 ＝ Σ（人工工日用量×人工日工资单价）

材料费 ＝ Σ（各种材料消耗量×相应材料单价）

机械费 ＝ Σ（机械台班消耗量×相应机械台班单价）

说明：上式材料费中的定额材料消耗量，是指辅助材料消耗量，不包括主要材料。主要材料（未计价材料）费，应另行计算。

$$费用 = 总价措施项目费 + 企业管理费 + 利润 + 规费 \tag{3-2-3}$$

其中：总价措施项目费 =（人工费＋机械费）×费率（查费用定额知：安装工程总价措施项目费费率为9.95%）

企业管理费 =（人工费＋机械费）×费率（查费用定额知：安装工程企业管理费费率为18.86%）

利润 =（人工费＋机械费）×费率（查费用定额知：安装工程利润率为15.31%）

规费 =（人工费＋机械费）×费率（查费用定额知：安装工程规费费率为11.97%）

增值税 = 不含税工程造价×税率 =（人工费＋材料费＋机械费＋费用）×税率（9%）

【例3-2-1】

查表3-2-1，计算安装单位10m的 $De20$ 室内塑料给水管（热熔连接）所需的人工费、材料费、机械费及全费用基价。

【解】 经查上表3-2-1可知：

人工费 $= 92 \times 0.293 + 142 \times 0.317 = 71.97$ 元/10m

材料费 $= 0.66 \times 0.12 + 0.75 \times 1.017 + 2.77 \times 0.03 + 3.68 \times 0.002 + 3.27 \times 0.003 + 22.58 \times 0.001 + 1.02 \times 0.053 + 7.79 \times 0.007 + 5.92 \times 0.004 + 21.39 \times 0.004 + 5.13 \times 0.013 + 7.7 \times 0.006 + 55.61 \times 0.002 + 13.13 \times 0.002 + 3.39 \times 0.008 + 0.75 \times 0.057 = 1.53$ 元/10m（辅助材料）

机械费 $= 17.3 \times 0.001 + 151.85 \times 0.001 + 155.21 \times 0.001 = 0.32$ 元/10m

费用 $=（71.97 + 0.32）\times（9.95\% + 18.86\% + 15.31\% + 11.97\%）= 72.29 \times 56.09\%$（总价措施项目费费率、企业管理费费率、利润率、规费费率之和）$= 40.55$ 元/10m

增值税 $=（71.97 + 1.53 + 0.32 + 40.55）\times 9\% = 10.29$ 元/10m

$De20$ 室内塑料给水管全费用基价 $= 71.97 + 1.53 + 0.32 + 40.55 + 10.29 = 124.66$ 元/10m

5. 安装工程未计价主材

在安装工程预算定额的应用中未计价材料费（主材费）计算是重要内容。

（1）未计价材料费

在定额制定中，将消耗的辅助或次要材料价值，计入定额基价中，称为计价材料。而将构成工程实体的主要材料，因全国各地价格差异较大，如果主材也进入统一基价，势必增加材料价差调整难度。所以，在价目表中，只规定了它的名称、规格、品种和消耗数量，定额基价中，未计算它的价值，其价值可根据市场或实际购买的除税价格确定材料单价，该项材料费用计入材料费，然后进入工程造价，故称为未计价材料费。

另外，某些安装工程子目中没列出某种材料，在章说明中进行说明或某些项目用不同品种、不同规格和型号的材料加工制作安装后达到设计目的和要求，这时定额不可能一一列全，所以也需要将其作为未计价材料，按实计算。例如，第十册《给排水、采暖及燃气工程》第一章给排水管道章说明中说到排水管道不包括止水环、透气帽本体材料，发生时按实际数量另计材料费。

（2）未计价材料费的计算

本定额材料消耗量带"（）"的为未计价材料，可根据市场或实际购买的除税价格确定材料单价，如表 3-2-2 所示。

室内塑料给水管（热熔连接）　　　　　　　　　　　　表 3-2-2

工作内容：切管、组对、预热、熔接，管道及管件安装，水压试验及水冲洗。　　　　　单位：10m

定额编号			C10-1-345	C10-1-346
项　目			公称外径（mm 以内）	
			20	25
全费用（元）			124.66	138.30
其中	人工费（元）		71.97	79.88
	材料费（元）		1.53	1.70
	机械费（元）		0.32	0.32
	费用（元）		40.55	44.98
	增值税（元）		10.29	11.42
名称		单位	单价（元）	数量	
人工	普工	工日	92.00	0.293	0.325
	技工	工日	142.00	0.317	0.352
材料	塑料给水管	m	—	(10.160)	(10.160)
	室内塑料给水管热熔管件	个	—	(15.200)	(12.250)
	锯条综合	根	0.66	0.120	0.144
	电	kW·h	0.75	1.017	1.146
	热轧厚钢板 δ8.0~15	kg	2.77	0.030	0.032
	低碳钢焊条 J422φ3.2	kg	3.68	0.002	0.002
	氧气	m³	3.27	0.003	0.003
	乙炔气	kg	22.58	0.001	0.001
	铁砂布	张	1.02	0.053	0.066
	橡胶板 δ1~3	kg	7.79	0.007	0.008
	六角螺栓	kg	5.92	0.004	0.004
	螺纹阀门 DN20	个	21.39	0.004	0.004
	焊接钢管 DN20	m	5.13	0.013	0.014
	橡胶软管 DN20	m	7.70	0.006	0.006
	弹簧压力表 Y-1000~1.6MPa	块	55.61	0.002	0.002
	压力表弯管 DN15	个	13.13	0.002	0.002
	水	m³	3.39	0.008	0.014
	其他材料费	%	—	2.000	2.000
	电［机械］	kW·h	0.75	0.057	0.057
机械	电焊机综合	台班	17.30	0.001	0.001
	试压泵 30MPa	台班	151.85	0.001	0.001
	电动单级离心清水泵 100	台班	155.21	0.001	0.001

上表中把其定额消耗量用括号括起来的材料有两个分别为：塑料给水管、室内塑料给水管热熔管件，其价值未计入全费用基价，这两种材料为未计价材料。

未计价材料费的计算公式为：

$$未计价材料数量 = 按施工图算出的工程量 \times 括号内的材料消耗量 \qquad (3\text{-}2\text{-}4)$$

$$未计价材料费 = 未计价材料数量 \times 材料市场单价 \qquad (3\text{-}2\text{-}5)$$

【例 3-2-2】

某住宅给水安装工程，经计算共用 $De25$ 的聚丙烯塑料给水管 160m（工程量），$De25$ 的聚丙烯塑料管除税市场信息价为 3.55 元/m，其接头零件的市场信息价为 7.12 元/个，试求聚丙烯塑料管及其管件的费用？

【解】

查消耗量定额（表 3-2-1）知，应套用 C10-1-346 子目，

则该规格的管材数量为：

$$160 \times 1.016 = 162.56m$$

管材费用为：

$$162.56 \times 3.55 = 577.1 元$$

则该规格的管件数量为：

$$160 \times 1.225 = 196 个$$

其管件费用为：

$$196 \times 7.12 = 1395.5 元$$

6. 安装工程预算定额的调整

（1）定额系数

预算定额是在正常施工条件下编制的，而实际施工条件复杂、多变，当实际施工条件与定额条件不符时，为了既满足工程实际计价的需要，又使定额简明实用，便于操作，在安装工程中我们引入了定额系数，定额系数是定额的重要组成部分，《湖北省通用安装工程消耗量定额及全费用基价表》（2018）把定额系数按其实质内容分为：子目系数、工程系统系数和综合系数。

子目系数是指当分项工程内容与定额子目考虑的编制环境不同时，所需进行的定额调整内容，如各章节规定的定额子目调整系数、操作高度增加费系数、暗室施工系数等，原则上来讲，如各章节规定的定额子目调整系数可作为操作高度增加费系数、暗室施工系数的计算基数，而操作高度增加费系数、暗室施工系数则是平行关系。

工程系统系数是与工程建筑形式或工程系统调试有关的费用。如：建筑物超高增加费系数，通风工程检测、调试系数、采暖工程系统调试费系数等均为此类系数类型。

综合系数是与工程本体形态无直接关系，而与施工方法和施工环境有关的系数。如脚手架搭拆系数、安装于生产同时进行增加系数，有害环境影响增加的系数等。

子目系数是计取工程系统系数的基础，子目系数和工程系统系数是计算综合系数的基础。

（2）有关系数使用说明

1）各章节规定的子目调整系数

各章节规定的子目调整系数见各册章节说明。例如，电气设备安装工程在第九章说明中，电力电缆敷设定额与接头定额是按照三芯（包括三芯连地）编制的，电缆每增加一芯

相应定额增加 15%。单芯电力电缆敷设与接头定额按照同截面电缆相应定额人工、材料、机械乘以系数 0.7，两芯电缆按照同截面电缆相应定额人工、材料、机械乘以系数 0.85。再例如，给排水、采暖、燃气工程第五章说明中，水表安装定额是按与钢管连接编制的，若与塑料管连接时其人工乘以系数 0.6，材料、机械消耗量可按实调整等。

2）操作高度增加费

安装工程预算定额是按操作物高度在定额高度以下施工条件编制的，定额工效也是在这个施工条件下测定的，如果实际操作物高度超高定额高度，那工效肯定会降低，为了弥补因操作物高度超过定额编制要求的高度而造成的人工降效，因此要计取操作高度增加费。

操作高度增加费的安装高度的计算，有楼地面的按楼地面至安装物底的高度，无楼地面的按操作地面（或安装地点的设计地面）至安装工作物底的高度确定。操作高度增加费的高度各册规定高度不同，如，给排水、采暖、燃气工程定额中操作物高度以距离楼地面 3.6m 为限，超过 3.6m 时，计取操作高度增加费；电气设备安装工程及消防工程安装高度按 5m 及以下编制，安装高度超过 5m 时，计取操作高度增加费。

操作高度增加费的计取方法是以超过规定高度以上部分的工程人工费为基数乘以相应系数计算。规定高度以下部分的工程人工费不作为计算基数，操作高度增加费全部为人工费。

3）建筑物超高增加费

建筑物超高增加费，是指高度在 6 层或 20m 以上的工业与民用建筑物上进行安装时增加的费用。

建筑物超高增加费的计取方法是以全部工程的人工费（含子目系数人工费）为基数乘以规定的系数计算。注意全部工程是指含 6 层或 20m 以下工程部分，也包括地下室工程。建筑物超过增加费中人工费占 65%。

建筑物超高增加费各册定额规定的增加费系数不相同，但都是根据建筑的层数和建筑物檐高为指标设置的，选择系数时，应按照层数和高度两者中的高值确定。

4）脚手架搭拆费

脚手架搭拆费指的是施工需要的各种脚手架搭、拆、运输费用及脚手架的摊销费用。

定额中的脚手架搭拆费，均采用系数计算、各册测算系数时已考虑了各专业交叉作业施工时，可以互相利用已搭建的脚手架；如施工部分使用或者全部使用土建的脚手架时，按有偿考虑，无论现场是否发生或者搭建数量的多少，包干使用。如：一个洗脸盆洁具供货商，安装洗脸盆也需要计取脚手架搭拆费，脚手架搭拆费分章节计算。

安装工程脚手架搭拆费用的计取方法是以全部工程人工费（含子目系数、工程系数系数人工费用）为计算基数乘以脚手架搭拆费系数计算。计算所得脚手架搭拆费中人工费占 35%。

各册定额规定的脚手架搭拆费系数不相同。如电气设备安装工程、给排水、采暖、燃气工程规定：脚手架搭拆费按人工费 5% 计算，其中人工工资占 35%。通风空调工程脚手架搭拆费按定额人工费的 4% 计算，其费用中人工费占 35%。

【例 3-2-3】

设某工程共 12 层（总高度 48.6m），其中底层层高 6.6m，其余层高均为 3m，经计算该楼电气照明工程的分部分项工程费（不含各项调整系数）为 120000 元，其中人工费 20000 元，底层照明分部分项工程费用 30000 元，其中人工费 8000 元，底层安装高度超过 5m 的分部分项工程费用 6000 元，其中人工费 2500 元（不包括装饰灯具安装的分部分项工程费用和人工费），试计算各项系数增加费。

【解】

1. 计算操作高度增加费

计算条件：该工程底层层高 6.6m，超过 5m 以上部分有照明工程，符合电气照明工程计算操作高度增加费的条件。

计算基数：底层超过 5m 以上的工程人工费 2500 元，其余各层未超高，不计算此项费用。

计算系数：按照电气安装工程定额分册的规定：操作物高度离楼地面 5m 以上电气安装工程，按超高部分人工费的 10% 计算（已考虑了超高作业因素的项目除外）。

即：操作高度增加费 = 2500×10% = 250 元，其中，250 元全部为因降效增加的人工费。

2. 计算建筑物超高增加费

计算条件：该工程共 12 层，超过 6 层；或总高度 48.6m，超过 40m，符合计算建筑物超高增加费的条件。

按照子目系数是计算工程系统系数建筑物超高增加费的基础为依据，计算基数为：工程全部人工费 20000 元另加操作高度增加费 250 元（全部为人工费），

计算系数：电气照明工程 12 层（总高度 48.6m），两者取较大值，高层建筑增加费系数为 5%。

即：建筑物超高增加费：（20000＋250）×5% = 1012.5（元），其中 1012.5 元中人工费：1012.5×65% = 658.1 元

3. 计算脚手架搭拆费

计算条件：电气安装工程中的脚手架搭拆费计算，除了定额内已考虑了此项因素的项目外，其他项目可以综合计取。

计算基数：（1）工程全部人工费 20000 元

（2）操作高度增加费中的人工费为 250 元

（3）建筑物超高增加费中的人工费为 658.1 元

计算系数：电气照明工程脚手架搭拆费按人工费的 5% 计算，其中人工工资占 35%。

即：脚手架搭拆费；（20000＋250＋658.1）×5% = 1045.4（元）

其中人工费：1045.4×35% = 365.9（元）

第 3 节　安装工程费用定额的适用范围及应用

3.3.1　概　　述

1. 费用定额的概念

费用定额是指除了耗用在工程实体上的人工费、材料费、施工机械费等之外，还有在工程施工生产管理及企业生产经营管理活动中所必需发生的各项费用开支的标准。

在建设工程施工过程中，除了直接耗用在工程实体上的人工、材料、施工机械等费用之外，还会发生一些虽然没有包括在预算定额项目之内，但又与工程施工生产和维持企业的生产经营管理活动有关的费用，例如夜间施工增加费、安全文明施工措施费、生产企业管理人员工资、劳动保险费等，这些费用内容多，性质复杂，对工程造价的影响也很大。为了理顺参建各方的经济关系，保证建设资金的合理使用，也为了方便计算，在全面深入的调查研究基础上，经过认真的分析测算，按照一定的计算基础，以百分比的形式，分别制定出上述各项费用的取费标准。

2. 建筑安装工程费用定额的组成

建筑安装工程费用定额主要包括分部分项工程费、措施项目费、其他项目费、规费、和增值税。

（1）分部分项工程费是指各专业工程的分部分项工程应予列支的各项费用。分部分项工程是指按现行国家计量规范对各专业工程划分的项目，是分部工程和分项工程的总称。如电气设备安装工程划分为变压器安装工程、配电装置安装工程、电缆工程、照明器具工程等。

（2）措施项目费定额是指为完成建设工程项目施工，发生于该工程施工期和施工过程中技术、生活、安全、环境保护等方面的费用。它同人工费、材料费、施工机械使用费相比，具有较大的弹性。对于某一个具体的单位工程来讲，措施项目费中的有些费用需要根据施工现场具体的情况加以确定，可能发生，也可能不发生，如二次搬运费、已完工程及设备保护费、冬雨期施工增加费等。

（3）其他项目费一般包括暂列金额、暂估价、计日工、总承包服务费等。

（4）规费是指政府建设行政主管部门，为确保工程造价的管理、工程安全生产的监督和施工企业职工的劳动保障而规定必需计入工程造价的费用。

（5）增值税按税前造价乘以增值税税率确定。

3. 湖北省建筑安装工程费用组成

《湖北省建筑安装工程费用定额》（2018），是根据现行国家标准《建设工程工程量清单计价规范》GB 50500—2013、《房屋建筑与装饰工程工程量计算规范》等专业工程量计算规范、《中华人民共和国增值税暂行条例》（国务院令第 538 号）、《建筑安装工程费用项目组成》（建标〔2013〕44 号）、《建筑工程安全防护、文明施工措施费用及使用管理规定》（建办〔2005〕89 号）等文件规定，结合湖北省实际情况编制的。该费用定额考虑了营改增税制改革的要求，制定了与全费用基价表配套使用的计价程序，缩小了定额人工单价与市场人工价格的距离。

湖北省建筑安装工程费由分部分项工程费、措施项目费、其他项目费、规费和增值税组成。

其中，分部分项工程费、措施项目费、其他项目费都包含人工费、材料费、施工机具使用费、企业管理费和利润。

具体划分如图 3-3-1 所示。

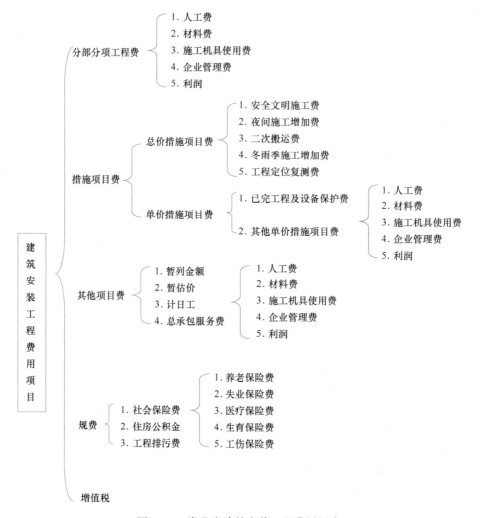

图 3-3-1　湖北省建筑安装工程费用组成

（1）分部分项工程费

分部分项工程费是指各专业工程的分部分项工程应予列支的各项费用。分部分项工程是指按现行国家计量规范对各专业工程划分的项目，是分部工程和分项工程的总称。如给电气设备安装工程划分为变压器安装工程、配电装置安装工程、电缆工程、照明器具工程等。

1）人工费

人工费是指直接从事建筑安装工程施工的生产工人开支的各项费用，内容包括：

① 计时工资或计件工资：是指按计时工资标准和工作时间或对已做工作按计件单价支付给个人的劳动报酬。

② 奖金：是指对超额劳动和增收节支支付的劳动报酬，如节约奖、劳动竞赛奖等。

③ 津贴、补贴：是指为了补偿职工特殊或额外的劳动消耗和因其他特殊原因支付给个人的津贴，以及为了保证职工工资水平不受物价影响支付给个人的物价补贴。

④ 加班加点工资：是指按规定支付的在法定节假日工作的加班工资和在法定工作时间外延时工作的加点工资。

⑤ 特殊情况下支付的工资：是指根据国家法律、法规和政策规定，因病、工伤、产假、计划生育假、婚丧假、事假、探亲假、定期休假、停工学习、执行国家或社会义务等原因按计时工资标准或计时工资标准的一定比例支付的工资。

2）材料费

是指施工过程中耗费的构成工程实体的原材料、辅助材料、构配件、零件、半成品及成品、工程设备的费用。内容包括：

① 材料原件：或供应价格。

② 材料运杂费：是指材料自来源地运至工地仓库或指定堆放地点所发生的全部费用。

③ 运输损耗费：是指材料在运输装卸过程中不可避免的损耗。

④ 采购及保管费：是指为组织采购、供应和保管材料过程中所需要的各种费用。包括采购费、仓储费、工地保管费、仓储损耗。

3）施工机具使用费

施工机具使用费是指施工作业所发生的施工机械、仪器仪表使用费或租赁费。其中，施工机械台班单价应由下列七项费用组成：

① 折旧费：指施工机械在规定的使用年限内，陆续收回其原值及购置资金的时间价值。

② 检修费：指施工机械在规定的耐用总台班内，按规定的检修间隔进行的必要的检修，以恢复其正常功能所需的费用。

③ 维护费：是施工机械在规定的耐用总台班内，按规定的维护间隔进行各级维护和临时故障排除所需的费用。保障机械正常运转所需替换设备与随机配备工具附具的摊销费用，机械运转中日常保养所需润滑与擦拭的材料费用及机械停滞期间的维护费用等。

④ 安拆费及场外运输费：安拆费指施工机械在现场进行安装与拆卸所需的人工、材料、机械和试运转费用以及机械辅助设施的折旧、搭设、拆除等费用；场外运费指施工机械整体或分体自停放地点运至施工现场或由一施工地点运至另一施工地点的运输、装卸、辅助材料等费用。工地间移动较为频繁的小型机械及部分机械的安拆费及外运费，已包含在机械台班单价中。

⑤ 人工费：指机上司机（司炉）和其他操作人员的人工费。

⑥ 燃料动力费：指施工机械在运转作业中所消耗的各种燃料及水、电等的费用。

各专业定额中施工机械台班价格不含燃料动力费，燃料动力费并入各专业定额的材料费中。

⑦ 其他费：指施工机械按照国家规定和有关部门规定应缴纳的车船税、保险费及检测费等。

仪器仪表使用费是指工程施工所需使用的仪器仪表的折旧费、维护费、校验费、动力费。

施工机具使用费是指全费用基价表中机械费，包含施工机械与仪器仪表使用费。

4）企业管理费

企业管理费是指建筑安装企业组织施工生产和经营管理所需费用。内容包括：

① 管理人员工资：是指支付管理人员的工资、奖金、津贴补贴、加班加点工资及特殊情况下支付的工资等。

② 办公费：是指企业管理办公用的文具、纸张、账表、印刷、邮电、书报、会议、水电、烧水和集体取暖（包括现场临时宿舍取暖）用煤用电等费用。

③ 差旅交通费：是指职工因公出差、调动工作的差旅费、住勤补助费，室内交通费和误餐补助费，职工探亲路费，劳动招募费，职工离休费、退职一次性路费，工伤人员就医路费，工地转移费以及管理部门使用的交通工具的油料、燃料、养路费及牌照费。

④ 固定资产使用费：是指管理和试验部门及附属生产单位使用的属于固定资产的房屋、设备仪器等的折旧、大修、维修或租赁费。

⑤ 工具用具使用费：是指企业施工生产所需的价值低于 2000 元或管理使用的不属于固定资产的生产工具、器具、家具、交通工具和检验、试验、测绘、消防用具等的购置、维修和摊销费。

⑥ 劳动保险费和职工福利费：是指由企业支付的职工退职金、按规定支付给离休干部的经费、集体福利费、夏季防暑降温、冬季取暖补贴、上下班交通补贴等。

⑦ 劳动保护费：是指企业按规定发放的劳动保护用品的支出。如工作服、手套以及在有害身体健康的环境中施工的保健费用等。

⑧ 检验试验费：是指企业按照有关标准规定，对建筑以及材料、构件和建筑安装物进行一般鉴定、检查所发生的费用，包括自设试验室进行试验所耗用的材料等费用。

新结构、新材料的试验费，对构件做破坏性试验及其他特殊要求检验试验的费用和按有关规定由发包人委托检测机构进行检测的费用，对此类检测发生的费用，由发包人在工程建设其他费用中列支。

⑨ 工会经费：是指企业按《工会法》规定的全部职工工资总额比例计提的工会经费。

⑩ 职工教育经费：是指企业职工为学习先进技术和提高文化水平，按职工工资总额计提的费用。

⑪ 财产保险费：是指施工管理用财产、车辆等保险费用。

⑫ 财务费：是指企业为筹集资金或提供预付款担保、履约担保、职工工资支付担保等发生的各种费用。

⑬ 税金：是指企业按规定缴纳的房产税、车船使用税、土地使用税、印花税、城市维护建设税、教育费附加以及地方教育附加等。

⑭ 其他包括技术转让费、技术开发费、业务招待费、绿化费、广告费、公证费、法律顾问费、审计费、咨询费等。

企业管理费中未考虑塔吊监控设施，发生时另行计算。

5）利润

利润是指施工企业完成所承包工程获得的盈利。

（2）措施项目费

措施项目费定额是指为完成建设工程项目施工，发生于该工程施工期和施工过程中技术、生活、安全、环境保护等方面的费用。措施项目费分为总价措施项目费和单价措施项目费。

1）总价措施项目费

① 安全文明施工费：指按照国家现行的施工安全、施工现场环境与卫生标准和有关规定，购置、更新和安装施工安全防护用具及设施、改善安全生产条件和作业环境，以及施工企业为进行建筑工程施工所必须搭设的生活和生产用的临时建筑物、构筑物和其他临时设施的搭设、维修、拆除费或摊销的费用等。该费用包括：

安全施工费：指按照国家现行的建筑施工安全、施工现场环境与卫生标准和有关规定，购置和更新施工安全防护用具及设施、改善安全生产条件所需的各项费用。

文明施工费：是指施工现场文明施工所需的各项费用。

环境保护费：是指施工现场为达到国家环保部门要求的环境和卫生标准，改善生产条件和作业环境所需要的各项费用。

临时设施费：指施工企业为进行建筑工程施工所必须搭设的生活和生产用的临时建筑物、构筑物和其他临时设施的搭设、维修、拆除、清理费或摊销的费用等。

安全文明施工费内容包含：安全警示标志牌、现场围挡、五板一图、企业标志、场容场貌、材料堆放、垃圾清运（指至场内指定地点）、现场防火等。楼板、屋面、阳台等临边防护、通道口防护、预留洞口防护、电梯井口防护、楼梯边防护、垂直方向交叉作业防护、高层作业防护费。现场办公生活设施、施工现场临时用电的配电线路、配电箱开关箱、接地保护装置。

不含《建设工程施工现场消防安全技术规范》GB 50720—2011 规定的临时消防设施内容，发生时另行计算。

② 夜间施工费：是指因夜间施工所发生的夜班补助费；夜间施工降效、夜间施工照明设备摊销及照明用电等费用。

③ 二次搬运费是指因施工场地狭小等特殊情况而发生的二次搬运费用。

④ 冬雨期施工增加费是指建筑安装工程在冬雨期施工需增加的临时设施、防滑、排除雨雪、人工及施工机械降效等费用。

⑤ 工程定位复测费是指工程施工过程中进行全部施工测量放线和复测工作的费用。

2）单价措施项目费

① 已完工程及设备保护费是指竣工验收前对已完工程及设备采取的必要保护措施所发生的费用。

② 其他单价措施项目费用内容详见现行国家各专业工程工程量计算规范。

（3）其他项目费

其他项目费一般包括暂列金额、暂估价、计日工、总承包服务费等，

1）暂列金额：是指建设单位在工程量清单中暂定并包括在工程合同价款中的一笔款项。用于施工合同签订时尚未确定或者不可预见的所需材料、设备、服务的采购，施工中可能发生的工程变更、合同约定调整因素出现时的工程价款调整以及发生的索赔、现场签证确认等的费用。

2）暂估价：是指招标人在工程量清单中提供的用于支付必然发生但暂时不能确定价格的材料的单价以及专业工程的金额，暂估价包括材料暂估价和专业工程暂估价。

3）计日工：是指施工过程中，承包人完成发包人提出的工程合同范围以外的零星项目或工作，按合同中约定单价计算的费用。

4）总承包服务费：是指总承包人为配合、协调发包人进行的专业工程发包，对发包

人自行采购的设备、材料等进行保管以及施工现场管理、竣工资料汇总整理等服务所需的费用。

（4）规费

规费是按国家法律、法规规定，由省级政府和省级有关权力部门规定必须缴纳或计取的费用。内容包括：

1）工程排污费：是指按照规定缴纳的施工现场工程排污费。

2）社会保险费

① 养老保险费：指企业按规定标准为职工缴纳的基本养老保险费。

② 失业保险费：指企业按照规定标准为职工缴纳的失业保险费。

③ 医疗保险费：指企业按照规定标准为职工缴纳的基本医疗保险费。

④ 工伤保险费：指企业按照规定标准为职工缴纳的工伤保险费。

⑤ 生育保险费：指企业按照规定标准为职工缴纳的生育保险费。

3）住房公积金是指企业按规定标准为职工缴纳的住房公积金。

其他应列而未列入的规费按实际发生计取。

（5）税金

税金是指国家税法规定的应计入建筑安装工程造价内的增值税。

3.3.2　费用定额的适用范围

1. 湖北省建筑安装工程费用定额的一般性规定及说明

（1）定额适用于湖北省境内新建、扩建和改建工程的房屋建筑与装饰工程、通用安装工程、市政工程、园林绿化工程、土石方工程施工发承包及实施阶段的计价活动，定额适用于工程量清单计价和定额计价。

（2）各专业工程的适用范围

1）房屋建筑工程：适用于工业与民用临时性和永久性的建筑物（含构筑物）。包括各种房屋、设备基础、钢筋混凝土、砖石砌筑、木结构、钢结构、门窗工程及零星金属构件、烟囱、水塔、水池、围墙、挡土墙、化粪池、窖井、室内外管道沟砌筑等。装配式建筑适用于房屋建筑工程。

2）装饰工程：适用于楼地面工程、墙柱面装饰工程、顶棚装饰工程和玻璃幕墙工程及油漆、涂料、裱糊工程等。

3）通用安装工程：适用于机械设备安装工程、热力设备安装工程、静置设备与工艺金属结构制作安装工程、电气设备安装工程、建筑智能化工程、自动化控制仪表安装工程、通风空调工程、工业管道工程、消防工程、给排水、采暖、燃气工程、通信设备及线路工程、刷油、防腐蚀、绝热工程等。

4）市政工程：适用于城镇管辖范围内的道路工程、桥涵工程、隧道工程、管网工程、水处理工程、生活垃圾处理工程，钢筋工程、拆除工程、路灯工程。

5）园林绿化工程：适用于园林建筑及绿化工程。内容包括：绿化工程、园建工程（园路、园桥、园林景观）。

6）土石方工程：适用于各专业工程的土石方工程。

桩基工程、地基处理与边坡支护工程适用于各专业工程。

（3）各专业工程的计费基数：以人工费与施工机具使用费之和为计费基数。

（4）人工单价：见表 3-3-1（人工单价按相应规定动态调整）。

人工单价表（单位：元/工日）　　　　　　　　　　　表 3-3-1

人工级别	普工	技工	高级技工
工日单价	92	142	212

注：1. 此价格为 2018 定额编制期的人工发布价。

　　2. 普工为技术等级 1～3 级的技工，技工为技术等级 4～7 级的技工，高级技工为技术等级 7 级以上的技工。

（5）本定额是编制投资估算、设计概算的基础，是编制招标控制价、施工图预算的依据，供投标报价、工程结算时参考。

（6）总价措施项目费中的安全文明施工费、规费和税金是不可竞争性费用，应按规定计取。

（7）工程排污费指承包人按环境保护部门的规定，对施工现场超标准排放的噪音污染缴纳的费用，编制招标控制价或投标报价时按费率计取，结算时按实际缴纳金额计算。

（8）费率实行动态管理。本定额费率是根据湖北省各专业消耗量定额及全费用基价表编制期人工、材料、机械价格水平进行测算的，省造价管理机构应根据人工、机械台班市场价格的变化，适时调整总价措施项目费、企业管理费、利润、规费等费率。

（9）总承包服务费。总承包服务费应依据招标人在招标文件中列出的分包专业工程内容和供应材料、设备情况，按照招标人提出协调、配合和服务要求和施工现场管理需要自主确定，也可参照下列标准计算。

1）招标人仅要求对分包的专业工程进行总承包管理和协调时，按分包的专业工程造价的 1.5％计算。

2）招标人要求对分包的专业工程进行总承包管理和协调，并同时要求提供配合服务时，根据招标文件中列出的配合服务内容和提出的要求，按分包的专业工程造价的 3％～5％计算。配合服务的内容包括：对分包单位的管理、协调和施工配合等费用；施工现场水电设施、管线敷设的摊销费用；共用脚手架搭拆的摊销费用；共用垂直运输设备，加压设备的使用、折旧、维修费用等。

3）招标人自行供应材料、工程设备的，按招标人供应材料、工程设备价值的 1％计算。

（10）甲供材。发包人提供的材料和工程设备（简称"甲供材"）不计入综合单价和工程造价中。

（11）暂列金额和暂估价。一般计税法时，暂列金额和专业工程暂估价为不含进项税额的费用。简易计税法时，暂列金额和专业工程暂估价为含进项税额的费用。

（12）施工过程中发生的索赔与现场签证费，发承包双方办理竣工结算时：

以实物量形式表示的索赔与现场签证，列入分部分项工程和单价措施项目费中。

以费用形式表示的索赔与现场签证费，不含增值税，列入其他项目费中，另有说明的除外。

（13）增值税。本定额根据增值税的性质，分为一般计税法和简易计税法。

1）一般计税法

一般计税法下的增值税指国家税法规定的应计入建筑安装工程造价内的增值税销项税。

一般计税法下，分部分项工程费、措施项目费、其他项目费等的组成内容为不含进项税的价格，计税基础为不含进项税额的不含税工程造价。应纳税额＝当期销项税额－当期进项税额；当期销项税额＝销售额×增值税税率（9%）；销售额：是指纳税人发生应税行为取得的全部价款和价外费用。

2）简易计税法

简易计税法下的增值税指国家税法规定的应计入建筑安装工程造价内的应交增值税。

简易计税法下，分部分项工程费、措施项目费、其他项目费等的组成内容均为含进项税的价格，计税基础为含进项税额的不含税工程造价。应纳税额＝销售额×征收率（3%）；销售额：指纳税人发生应税行为取得的全部价款和价外费用，扣除支付的分包款后的余额为销售额。应纳税额的计税基础是含进项税额的工程造价。

《湖北省通用安装工程消耗量定额及全费用基价表》（2018）中增值税是在一般计税法下按规定计算的销项税。其定额子目是除税价格，建设工程材料市场信息价采用除税价形式。

（14）湖北省各专业消耗量定额及全费用基价表中的全费用由人工费、材料费、施工机具使用费、费用、增值税组成。

（15）费用的内容包括总价措施项目费、企业管理费、利润、规费。各项费用是以人工费加施工机具使用费之和为计费基数，按相应费率计取。

（16）湖北省各专业消耗量定额及全费用基价表中的增值税指按一般计税方法的税率（9%）计算。

在工程造价活动中，符合简易计税方法规定，且承发包双方采用了简易计税方法的，计价时可根据《湖北省建设工程公共专业消耗量定额及全费用基价表》（2018）的附录中材料与机械台班的含税价和各专业消耗量定额、本费用定额计算工程造价。

2. 一般计税法的费率标准

（1）总价措施项目费

1）安全文明施工费见表3-3-2

安全文明施工费（单位：%）　　　　　　　　　　　　　表3-3-2

专业		房屋建筑工程	装饰工程	通用安装工程	市政工程	园建工程	绿化工程	土石方工程
计费基数		人工费＋施工机具使用费						
费率		13.64	5.39	9.29	12.44	4.30	1.76	6.58
其中	安全施工费	7.72	3.05	3.67	3.97	2.33	0.95	2.01
	文明施工费	3.15	1.20	2.02	5.41	1.19	0.49	2.74
	环境保护费							
	临时设施费	2.77	1.14	3.60	3.06	0.78	0.32	1.83

2）其他总价措施项目费见表 3-3-3

其他总价措施项目费（单位：%）　　　　　　　　　　　　　表 3-3-3

专业		房屋建筑工程	装饰工程	通用安装工程	市政工程	园建工程	绿化工程	土石方工程
计费基数		人工费＋施工机具使用费						
费率		0.70	0.60	0.66	0.90	0.49	0.49	1.29
其中	夜间施工增加费	0.16	0.14	0.15	0.18	0.13	0.13	0.32
	二次搬运费	按施工组织设计						
	冬雨期施工增加费	0.40	0.34	0.38	0.54	0.26	0.26	0.71
	工程定位复测费	0.14	0.12	0.13	0.18	0.10	0.10	0.26

（2）企业管理费见表 3-3-4

企业管理费（单位：%）　　　　　　　　　　　　　表 3-3-4

专业	房屋建筑工程	装饰工程	通用安装工程	市政工程	园建工程	绿化工程	土石方工程
计费基数	人工费＋施工机具使用费						
费率	28.27	14.19	18.86	25.61	17.89	6.58	15.42

（3）利润见表 3-3-5

利润（单位：%）　　　　　　　　　　　　　表 3-3-5

专业	房屋建筑工程	装饰工程	通用安装工程	市政工程	园建工程	绿化工程	土石方工程
计费基数	人工费＋施工机具使用费						
费率	19.73	14.64	15.31	19.32	18.15	3.57	9.42

（4）规费见表 3-3-6

规费（单位：%）　　　　　　　　　　　　　表 3-3-6

专业		房屋建筑工程	装饰工程	通用安装工程	市政工程	园建工程	绿化工程	土石方工程
计费基数		人工费＋施工机具使用费						
费率		26.85	10.15	11.97	26.34	11.78	10.67	11.57
其中	社会保险费	20.08	7.58	8.94	19.70	8.78	8.50	8.65
	养老保险金	12.68	4.87	5.75	12.45	5.65	5.55	5.49
	失业保险金	1.27	0.48	0.57	1.24	0.56	0.55	0.55
	医疗保险金	4.02	1.43	1.68	3.94	1.65	1.62	1.73
	工伤保险金	1.48	0.57	0.67	1.45	0.66	0.52	0.61
	生育保险金	0.63	0.23	0.27	0.62	0.26	0.26	0.27
	住房公积金	5.29	1.91	2.26	5.19	2.21	2.17	2.28
	工程排污费	1.48	0.66	0.77	1.45	0.79	—	0.64

注：绿化工程规费中不含工程排污费。

（5）增值税见表 3-3-7

增值税（单位：%）　　　　　　　　　　表 3-3-7

增值税计税基数	不含税工程造价
税率	9

注：该税率为浮动税率，现行税率为 9%。

3. 简易计税法的费率标准

（1）总价措施项目费

1）安全文明施工费见表 3-3-8

安全文明施工费（单位：%）　　　　　　　表 3-3-8

专业		房屋建筑工程	装饰工程	通用安装工程	市政工程	园建工程	绿化工程	土石方工程
计费基数		人工费＋施工机具使用费						
费率		13.63	5.38	9.28	12.37	4.30	1.74	6.19
其中	安全施工费	7.71	3.05	3.66	3.94	2.33	0.94	1.89
	文明施工费	3.15	1.19	2.02	5.38	1.19	0.48	2.58
	环境保护费							
	临时设施费	2.77	1.14	3.60	3.05	0.78	0.32	1.72

2）其他总价措施项目费见表 3-3-9

其他总价措施项目费（单位：%）　　　　　表 3-3-9

专业		房屋建筑工程	装饰工程	通用安装工程	市政工程	园建工程	绿化工程	土石方工程
计费基数		人工费＋施工机具使用费						
费率		0.70	0.60	0.66	0.90	0.49	0.49	1.21
其中	夜间施工增加费	0.16	0.14	0.15	0.18	0.13	0.13	0.30
	二次搬运费	按施工组织设计						
	冬雨期施工增加费	0.40	0.34.	0.38	0.54	0.26	0.26	0.67
	工程定位复测费	0.14	0.12	0.13	0.18	0.10	0.10	0.24

（2）企业管理费见表 3-3-10

企业管理费（单位：%）　　　　　　　　表 3-3-10

专业	房屋建筑工程	装饰工程	通用安装工程	市政工程	园建工程	绿化工程	土石方工程
计费基数	人工费＋施工机具使用费						
费率	28.22	14.18	18.83	25.46	17.88	6.55	14.51

（3）利润见表 3-3-11

利润（单位：%）　　　　　　　　　表 3-3-11

专业	房屋建筑工程	装饰工程	通用安装工程	市政工程	园建工程	绿化工程	土石方工程
计费基数	人工费＋施工机具使用费						
费率	19.70	14.63	1.5.29	19.21	18.14	3.55	8.87

（4）规费见表 3-3-12

规费（单位：%）　　　　　　　　　表 3-3-12

专业		房屋建筑工程	装饰工程	通用安装工程	市政工程	园建工程	绿化工程	土石方工程
计费基数		人工费＋施工机具使用费						
费率		26.79	10.14	11.96	26.20	11.77	10.62	10.90
其中	社会保险费	20.04	7.57	8.93	19.60	8.77	8.46	8.14
	养老保险金	12.66	4.87	5.74	12.38	5.64	5.52	5.17
	失业保险金	1.27	0.48	0.57	1.24	0.56	0.55	0.52
	医疗保险金	4.01	1.43	1.68	3.92	1.65	1.61	1.63
	工伤保险金	1.47	0.56	0.67	1.44	0.66	0.52	0.57
	生育保险金	0.63	0.23	0.27	0.62	0.26	0.26	0.25
	住房公积金	5.28	1.91	2.26	5.16	2.21	2.16	2.15
	工程排污费	1.47	0.66	0.77	1.44	0.79	—	0.61

注：绿化工程规费中不含工程排污费。

（5）增值税见表 3-3-13

增值税（单位：%）　　　　　　　　　表 3-3-13

计税基数	不含税工程造价
征收率	3

注：除市政工程、土石方工程简易计税费率有调整外，其他专业费率不调整。

3.3.3　费用定额的应用

1. 工程量清单计价相关说明

（1）工程量清单指载明建设工程分部分项工程项目、措施项目、其他项目的名称和相应数量以及规费、税金项目等内容的明细清单。

（2）工程量清单计价指投标人完成由招标人提供的工程量清单所需的全部费用，包括分部分项工程费、措施项目费、其他项目费和规费、税金。

（3）综合单价指完成一个规定清单项目所需的人工费、材料和工程设备费、施工机具使用费和企业管理费、利润以及一定范围内的风险费用。

（4）措施项目清单包括总价措施项目清单和单价措施项目清单。单价措施项目清单计价的综合单价，按消耗量定额，结合工程的施工组织设计或施工方案计算。

总价措施项目清单计价按本定额中规定的费率和计算方法计算。

（5）采用工程量清单计价招投标的工程，在编制招标控制价时，应按本定额规定的费率计算各项费用。

（6）暂列金额、专业工程暂估价、总包服务费、结算价和以费用形式表示的索赔与现场签证费均不含增值税。

2. 工程量清单计价计算程序

（1）分部分项工程及单价措施项目综合单价计算程序见表 3-3-14。

分部分项工程及单价措施项目综合单价计算程序　　　　表 3-3-14

序号	费用项目	计算方法
1	人工费	Σ（人工费）
2	材料费	Σ（材料费）
3	施工机具使用费	Σ（施工机具使用费）
4	企业管理费	（1＋3）×费率
5	利润	（1＋3）×费率
6	风险因素	按招标文件或约定
7	综合单价	1＋2＋3＋4＋5＋6

（2）总价措施项目费计算程序见表 3-3-15。

总价措施项目费计算程序　　　　表 3-3-15

序号	费用项目		计算方法
1	分部分项工程和单价措施项目费		Σ（分部分项工程和单价措施项目费）
1.1	其中	人工费	Σ（人工费）
1.2		施工机具使用费	Σ（施工机具使用费）
2	总价措施项目费		2.1＋2.2
2.1	安全文明施工费		（1.1＋1.2）×费率
2.2	其他总价措施项目费		（1.1＋1.2）×费率

（3）其他项目费计算程序见表 3-3-16。

其他项目费计算程序　　　　表 3-3-16

序号	费用项目		计算方法
1	暂列金额		按招标文件
2	专业工程暂估价/结算价		按招标文件/结算价
3	计日工		3.1＋3.2＋3.3＋3.4＋3.5
3.1	其中	人工费	Σ（人工价格×暂定数量）
3.2		材料费	Σ（材料价格×暂定数量）
3.3		施工机具使用费	Σ（机械台班价格×暂定数量）
3.4		企业管理费	（3.1＋3.3）×费率
3.5		利润	（3.1＋3.3）×费率
4	总包服务费		4.1＋4.2

续表

序号		费用项目	计算方法
4.1	其中	发包人发包专业工程	∑(项目价值×费率)
4.2		发包人提供材料	∑(材料价值×费率)
5		索赔与现场签证费	∑(价格×数量)/∑费用
6		其他项目费	1+2+3+4+5

（4）单位工程造价计算程序见表 3-3-17。

单位工程造价计算程序　　　　　　　　　　　　　表 3-3-17

序号		费用项目	计算方法
1		分部分项工程和单价措施项目费	∑(分部分项工程和单价措施项目费)
1.1	其中	人工费	∑(人工费)
1.2		施工机具使用费	∑(施工机具使用费)
2		总价措施项目费	∑(总价措施项目费)
3		其他项目费	∑(其他项目费)
3.1	其中	人工费	∑(人工费)
3.2		施工机具使用费	∑(施工机具使用费)
4		规费	(1.1+1.2+3.1+3.2)×费率
5		增值税	(1+2+3+4)×税率
6		含税工程造价	1+2+3+4+5

3. 定额计价相关说明

（1）定额计价以全费用基价表中的全费用为基础，依据本定额的计算程序计算工程造价。

（2）材料市场价格指发、承包人双方认定的价格，也可以是当地建设工程造价管理机构发布的市场信息价格。双方应在相关文件上约定。

（3）人工发布价、材料市场价格、机械台班价格进入全费用。

（4）包工不包料工程、计时工按定额计算出的人工费的 25% 计取综合费用。综合费用包括总价措施项目费、企业管理费、利润和规费。施工用的特殊工具，如手推车等，由发包人解决。综合费用中不包括税金，由总包单位统一支付。

（5）总包服务费和以费用形式表示的索赔与现场签证费均不含增值税。

（6）二次搬运费按施工组织设计计取。

4. 定额计价计算程序

见表 3-3-18。

定额计价计算程序　　　　　　　　　　　　　表 3-3-18

序号		费用项目	计算方法
1		分部分项工程和单价措施项目费	1.1+1.2+1.3+1.4+1.5
1.1	其中	人工费	∑(人工费)
1.2		材料费	∑(材料费)
1.3		施工机具使用费	∑(施工机具使用费)
1.4		费用	∑(费用)
1.5		增值税	∑(增值税)

续表

序号	费用项目	计算方法
2	其他项目费	2.1+2.2+2.3
2.1	总包服务费	项目价值×费率
2.2	索赔与现场签证费	Σ(价格×数量)/Σ费用
2.3	增值税	(2.1+2.2)×税率
3	含税工程造价	1+2

5. 全费用基价表清单计价说明

(1) 工程造价计价活动中，可以根据需要选择全费用清单计价方式。全费用计价依据下面的计算程序，需要明示相关费用的，可根据全费用基价表中的人工费、材料费、施工机具使用费和本定额的费率进行计算。

(2) 选择全费用清单计价方式，可根据投标文件或实际的需求，修改或重新设计适合全费用清单计价方式的工程量清单计价表格。

(3) 暂列金额、专业工程暂估价、结算价和以费用形式表示的索赔与现场签证费均不含增值税。

6. 全费用基价表清单计价的计算程序

(1) 分部分项工程及单价措施项目综合单价计算程序见表 3-3-19。

分部分项工程及单价措施项目综合单价计算程序   表 3-3-19

序号	费用名称	计算方法
1	人工费	Σ(人工费)
2	材料费	Σ(材料费)
3	施工机具使用费	Σ(施工机具使用费)
4	费用	Σ(费用)
5	增值税	Σ(增值税)
6	综合单价	1+2+3+4+5

(2) 其他项目费计算程序见表 3-3-20。

其他项目费计算程序   表 3-3-20

序号	费用名称		计算方法
1	暂列金额		按招标文件
2	专业工程暂估价		按招标文件
3	计日工		3.1+3.2+3.3+3.4
3.1	其中	人工费	Σ(人工单价×暂定数量)
3.2		材料费	Σ(材料价格×暂定数量)
3.3		施工机具使用费	Σ(机械台班价格×暂定数量)
3.4		费用	(3.1+3.3)×费率
4	总包服务费		4.1+4.2

续表

序号	费用名称		计算方法
4.1	其中	发包人发包专业工程	Σ(项目价值×费率)
4.2		发包人提供的材料	Σ(材料价值×费率)
5	索赔与现场签证费		Σ(价格×数量)/Σ费用
6	增值税		(1+2+3+4+5)×税率
7	其他项目费		1+2+3+4+5+6

注：3.4 中费用包含企业管理费、利润、规费。

（3）单位工程造价计算程序见表 3-3-21。

单位工程造价计算程序　　　　　　　　　　表 3-3-21

序号	费用名称	计算方法
1	分部分项工程和单价措施项目费	Σ(全费用单价×工程量)
2	其他项目费	Σ(其他项目费)
3	单位工程造价	1+2

7. 安装工程费用定额应用实例

【例】某工程项目建设地点位于湖北省某市内，经计算该项目电气照明工程有关费用如下：

（1）分部分项工程费中人工费 20 万元，主材与辅材费共 58 万，机械费 6 万元；

（2）单价措施项目费中仅考虑脚手架搭拆费；

（3）其他项目费中，暂列金额为 8 万元，计日工中考虑 2.5 个普工，人工单价为 92 元。

按照《湖北省建筑安装工程费用定额》（2018）为依据，暂不考虑风险在一般计税法下计算：

（1）工程量清单计价方式下该电气照明工程的含税工程造价。

（2）全费用清单计价方式下该电气照明工程的含税工程造价。

【解】

依据《电气设备安装工程消耗量定额》（2018）脚手架搭拆费按定额人工费 5% 计算，其费用中人工费占 35%，材料费占 65%。

脚手架搭拆费＝20×5%＝1 万元

其中人工费＝1×35%＝0.35 万元

材料费＝1×65%＝0.65 万元

（1）在清单计价方式下，该项目电气照明工程的含税工程造价如下：

序号	费用项目	计算方法	金额(万元)
1	分部分项工程费	1.1+1.2+1.3+1.4+1.5	92.88
1.1	人工费		20
1.2	材料费		58
1.3	施工机具使用费		6
1.4	企业管理费	(1.1+1.3)×费率	4.9036

续表

序号	费用项目	计算方法	金额(万元)
1.5	利润	(1.1+1.3)×费率	3.9806
2	单价措施项目费	2.1+2.2+2.3+2.4+2.5	1.12
2.1	人工费		0.35
2.2	材料费		0.65
2.3	施工机具使用费		0
2.4	企业管理费	(2.1+2.3)×费率	0.066
2.5	利润	(2.1+2.3)×费率	0.0536
3	总价措施项目费	3.1+3.2	2.6218
3.1	安全文明施工费	(1.1+1.3+2.1+2.3)×费率	2.4479
3.2	其他总价措施项目费	(1.1+1.3+2.1+2.3)×费率	0.1739
4	其他项目费	4.1+4.2+4.3+4.4+4.5	8.0308
4.1	暂列金额		8
4.2	专业工程暂估价		0
4.3	计日工	4.3.1+4.3.2+4.3.3+4.3.4+4.3.5	0.0308
4.3.1	人工费	人工工日×单价	0.023
4.3.2	材料费		0
4.3.3	施工机具使用费		0
4.3.4	企业管理费	(4.3.1+4.3.3)×费率	0.0043
4.3.5	利润	(4.3.1+4.3.3)×费率	0.0035
4.4	总承包服务费		0
4.5	索赔与现场签证费		0
5	规费	(1.1+1.3+2.1+2.3+4.3.1+4.3.3)×费率	3.1568
6	增值税	(1+2+3+4+5)×税率	9.7028
7	含税工程造价	1+2+3+4+5+6	117.5122

（2）在全费用基价清单计价方式下，该项目电气照明工程的含税工程造价如下：

序号	费用项目	计算方法	金额(万元)
1	分部分项工程费	1.1+1.2+1.3+1.4+1.5	107.4559
1.1	人工费		20
1.2	材料费		58
1.3	施工机具使用费		6
1.4	费用	(1.1+1.3)×综合费率	14.5834
1.5	增值税	(1.1+1.2+1.3+1.4)×税率	8.8725
2	单价措施项目费	2.1+2.2+2.3+2.4+2.5	1.304

序号	费用项目	计算方法	金额（万元）
2.1	人工费		0.35
2.2	材料费		0.65
2.3	施工机具使用费		0
2.4	费用	(2.1+2.3)×综合费率	0.1963
2.5	增值税	(2.1+2.2+2.3+2.4)×税率	0.1077
3	其他项目费	3.1+3.2+3.3+3.4+3.5+3.6	8.7541
3.1	暂列金额		8
3.2	专业工程暂估价		0
3.3	计日工	3.3.1+3.3.2+3.3.3+3.3.4	0.0273
3.3.1	人工费	人工工日×单价	0.023
3.3.2	材料费		0
3.3.3	施工机具使用费		0
3.3.4	费用	(3.3.1+3.3.3)×费率	0.0043
3.4	总承包服务费		0
3.5	索赔与现场签证费		0
3.6	增值税	(3.1+3.2+3.3+3.4+3.5)×税率	0.7225
4	含税工程造价	1+2+3	117.514

注：综合费率包含总价措施项目费费率、企业管理费费率、利润率规费费率。

经计算可知，同一项目清单综合单价计价、清单全费用计价、定额计价三种计价方式只是表现形式不同，但其编制方法基本一致。

第4节 安装工程最高投标限价的编制

3.4.1 概 述

工程最高投标限价是指根据国家或省级建设行政主管部门颁发的有关计价依据和方法，依据项目拟订的招标文件和招标工程量清单，结合工程具体情况市场价格编制的限制投标人有效投标报价的最高价格，亦称招标控制价。

工程最高投标限价应由具有编制能力的招标人，或受其委托具有相应资质的工程造价咨询人编制。

3.4.2 安装工程最高投标限价的编制

1. 最高投标限价编制依据

最高投标限价编制依据《建设工程工程量清单计价标准》（征求意见稿）GB/T 50500—202×，国家或省级、行业建设主管部门颁发的计价办法，国家或省级、行业建设主管部门颁发的计价定额等等，具体内容大致如下：

（1）国家或省级建设行政主管部门颁发的有关计价依据和方法；

（2）招标文件；

（3）设计施工图纸、招标答疑及标前会议；

（4）招标工程量清单、清单编制说明；

（5）国家及省市的相关规范、标准；

（6）当地工程造价主管部门发布的造价信息；

（7）市场价格信息；

（8）工期、质量要求及其他规定及要求。

在已确认的工程量清单的前提下，招标文件是编制工程最高投标限价的指导性文件，编制时应研究、熟悉招标文件的全部内容，其次，工程最高投标限价编制准确程度与清单项目特征描述施工工艺及施工做法是否规范、清晰、合理有直接的因果关系，若清单项目特征描述的施工工艺及施工做法交代不清，会使工程结算时争议较大。

2. 最高投标限价编制方法及步骤

（1）依据经最终确认的工程量清单，按清单描述的项目特征结合施工图、国家及省市的相关规范、标准及招标文件约定的预算定额标准逐条套项，如湖北省现行的安装工程预算定额标准为《湖北省通用安装工程消耗量定额及全费用基价表》（2018年）；

（2）招标文件要求的编制期造价信息（俗称信息价），未公布的信息价应按工程所在地编制期的市场价计算安装工程主材及设备价格，如不能确定主材价格，可以设置材料暂估价；

（3）招标文件约定或当地主管部门颁布的取费标准，计算项目各项费用（取费）；

（4）按国家及各省、市、自治区、直辖市相关部门颁布的税金执行标准，计算项目税金；

（5）最后汇总含税工程造价。

3. 最高投标限价编制内容

以湖北省现行预算定额为例，最高投标限价是由分部分项工程费、措施项目费、其他项目费用、规费、税金五部分组成。

（1）最高投标限价分部分项工程费编制，由最终确定的工程量清单中的清单工程量乘以其相应的综合单价汇总而成，综合单价应按工程量清单中的项目名称、项目特征描述、工程量，套用招标文件约定的定额标准中人工、材料、机械台班价格，再加主材及设备价格等进行组价而成，如湖北省现行的安装工程定额标准为《湖北省通用安装工程消耗量定额及全费用基价表》（2018年）。其中，按清单项目特征描述，部分子目在定额套项时定额工程量与清单工程量有所区别或清单项目特征描述有该项内容，但未提供工程量，为此，定额工程量需要二次计算，造价工作人员应熟悉清单工程量计算方法与各省、市、自治区、直辖市颁布的预算定额工程量计算方法的区别。清单综合单价包含人工费、材料费、工程设备费、企业管理费、利润及风险因素。

（2）措施项目费，措施项目费分单价措施项目费、总价措施项目费，其中，单价措施项目费主要指技术措施费，包括脚手架搭拆费、超高增加费等，该项清单工程量通常是以"项"为计量单位；总价措施项目费包含安全文明施工费、夜间施工增加费、二次搬运、冬雨期施工增加费、工程定位复测费、工程定位、点交、场地清理费等费用，计费方法为安装工程人工费加施工机具使用费乘以相应的费率。

（3）其他项目费用，包括暂列金额、暂估价（包括材料暂估价、专业工程暂估价）、计日工、总承包服务费，通常，上述费用在确定工程量清单时，已予明确，该部分费用在编制最高投标限价时为不可竞争费用。

（4）规费，规费包含社会保险费、住房公积金、工程排污费等费用，安装工程规费计费基础为（式 3-4-1）：

$$规费 ＝（安装工程人工费＋施工机具使用费＋其他项目安装工程人工费$$
$$＋其他项目施工机具使用费）×相应费率$$

$$(3-4-1)$$

（5）税金，税金必须按国家或省、市、自治区、直辖市建设主管部门相关规定计算，为不可竞争费用。

4. 最高投标限价编制时需注意的问题

（1）风险因素。最高投标限价编制时应考虑项目综合单价中的风险因素，根据招标文件要求及项目具体情况，适当考虑项目的风险费用，并入项目综合单价中，风险费用一般按招标文件约定或按本地区关于工程量计价规范实施的相关文件执行。如：对于抢工期的项目、施工质量要求高的项目、技术难度大的项目、有特殊要求的项目，编制最高投标限价时可以考虑招标文件中要求的投标人所承担的风险内容产生的风险费用。

对于施工工期较长的项目，因设备、主材、材料价格的市场涨、跌风险，通常在招标文件或施工合同中，已明确风险的承担范围。

（2）以费率为计算依据的费用，如企业管理费、利润、总价措施项目费等应按现行的定额费率及相关文件规定执行。

（3）规费、税金为不可竞争费用，其费率编制时应按国家或省、市、自治区、直辖市相关规定计算。

第 5 节　安装工程投标报价的编制

3.5.1　概　　述

投标报价是投标人采取投标方式承揽工程项目时，响应招标文件要求所报出的总价及综合单价等。业主通常把投标人的投标报价作为主要标准来选择中标者或承包商，投标报价过高，将使投标人有可能失去承包工程的机会，投标价过低，虽然可能中标，但会给工程带来亏损的风险，因此合理的投标报价既能中标承包项目工程，又能产生较好的经济效益。

投标报价编制依据：

（1）有关法律、法规；

（2）招标文件；

（3）招标文件中合同文本，尤其重要的是工期要求（施工进度），材料、主材、设备执行时效，工程款支付等条件；

（4）清单编制说明、工程量清单；

（5）建设工程设计文件及相关资料；

（6）企业管理水平及施工技术水平；

（7）施工组织设计、施工方案；

（8）企业现有条件、企业定额；

（9）市场劳务工资标准，当地生活物资价格水平；

（10）材料、主材、设备运输费用，市场价格波动范围预判；

（11）相关间接费用等。

工程投标报价不得高于招标人在招标文件中设定的最高投标限价（招标控制价），工程投标报价高于招标人设定的招标控制价，作废标处理。

投标报价中包括招标文件中约定由投标人承担的一定范围与幅度的风险费用，招标文件没有明确的，可提请招标人明确。

3.5.2　投标报价的编制

投标报价的编制与招标控制价编制方法基本相同，分为分部分项工程费、措施项目费、其他项目费用、规费、税金五部分，但套项、取费等方法有所不同。

1. 投标报价编制时注意的事项

（1）已发布的工程量清单中清单工程量、计量单位、项目特征描述等全部文件、文字不能更改或修改；

（2）不可竞争费用不能下浮或上浮；

（3）其他项目费中暂列金额、暂估价需按清单提供的金额计算；

（4）投标报价不得高于招标人设定的最高投标限价；

（5）投标人投标报价下浮（让利）不能在总价中直接下浮（让利）；

（6）其他招标文件约定的其他响应性文件等。

若违背上述情况，其投标报价作废标处理。

2. 分部分项工程和单价措施项目清单与计价表的编制

综合单价是完成一个清单项目特征描述的内容规定清单项目所需的人工费、材料费（含主材费、设备费）、施工机具使用费、企业管理费、利润。投标时应合理考虑风险因素及价格竞争因素。

综合单价＝人工费＋材料费（含主材费、设备费）＋施工机具使用费＋企业管理费＋利润，将五项相加后合理考虑风险因素及价格竞争因素，则为完成该项目的综合单价，按此编制分部分项工程和单价措施项目清单与计价表，综合单价是编制分部分项工程和单价措施项目清单与计价表的主要内容。

投标人投标报价下浮或让利反映在综合单价中。

通过对投标报价编制依据条款进行研究，在掌握全部投标报价资料的基础上，适当运用不平衡报价技巧，可使中标人中标后施工利益最大化。

人工费：要考虑施工进度要求、市场劳务工资标准、当地生活物资价格水平、企业管理水平及施工技术水平、劳动力熟练程度等，对于抢工期项目、施工工作面较小等情况，因人工降效等因素，可以适当提高人工费。

材料费（含主材费、设备费）：投标时对材料应充分进行市场调研，特别是对材料使用量较大的，主材、设备价格较高的材料进行市场询价，结合自身企业定额消耗量、材料运输费、存放条件，对施工期间市场材料价格涨跌进行预判，研究清单项目特征描述的合理性、准确性，对施工图进行研究，是否有设计变更可能性，考虑材料资金支付财务成本等，综合这些因素，使用不平衡报价技巧，合理确定投标报价材料费。

施工机具使用费：投标人应考虑企业现有的施工机械条件、外部租赁条件、费用、租期等情况进行报价。若自有机械设备较多，可适当下浮投标报价机械使用费，租赁机械较多，可适当上浮投标报价施工机具使用费。

企业管理费、利润：投标人应考虑企业管理水平、施工技术水平、施工组织设计、施工方案、施工现场实际情况、拟投入项目的人、材、物投入规模，上浮或下浮该费用。

3. 总价措施项目清单与计价表编制

总价措施项目清单与计价表包括安全文明施工费、夜间施工增加费、二次搬运、冬雨期施工增加费、工程定位复测费、工程定位、点交、场地清理费等。

从目前《建设工程工程量清单计价规范》（征求意见稿）GB/T 50500—202×及湖北省〔2018〕27 号文《湖北省建筑安装工程费用定额》规定，该费用使用费率的形式。

安全文明施工费属于不可竞争费用，该费率不允许浮动。

夜间施工增加费、二次搬运、冬雨期施工增加费、工程定位复测费、工程定位、点交、场地清理费，投标人依据施工组织设计、施工方案、工期、现场条件等情况自主确定。

4. 其他项目清单与计价汇总表编制

其他项目清单与计价汇总表包括暂列金额、暂估价（包括材料暂估价、专业工程暂估价）、计日工、总承包服务费。

暂列金额：暂列金额应按投标人提供的金额填写，不得变更，通常暂列金额在清单中以预留金的形式表现，由建设单位掌握和使用，属于不可竞争费用。

暂估价（包括材料暂估价、专业工程暂估价）：属于不可竞争费用，必须按招标人提供的工程量、价格填写。

材料暂估价主要是工程中部分材料、主材、设备价格使用质量要求不同、价格相差或波动较大，或业主需要二次招标、多方共同询价或业主集中采购的材料、主材、设备，如配电箱、电缆、水泵等。

专业工程暂估价，通常是指单位工程中，某分部分项工程、单项工程设计不完善、施工标准提高或降低、增加或减少使用功能、需要二次深化设计、专业工程分包等情况，如弱电设备、消防机房、电梯等项目设备等。

暂估价（包括材料暂估价、专业工程暂估价）总价不宜过高，暂估价金额过大，需要二次公开招标，影响项目施工进度，增加劳动强度，继而影响项目工期。暂估价金额，需要二次公开招标的标准由各省、市、自治区、直辖市及各单位要求不同而不同。

计日工：按招标人工程量清单提供的计日工工程量，结合企业自身条件、用工价格水平、本地劳动力市场用工成本等因素计算。

总承包服务费：招标人在招标文件或工程量清单中列出分包专业内容、材料、主材、设备供应情况（甲供材、甲指乙供材），投标人按招标人提出的协调、服务、配合、施工现场管理的要求自行报价。

5. 规费、税金项目计价表

规费、税金应按国家或省、市、自治区、直辖市、行业主管部门颁布的规定计算，属于不可竞争费，属于强制条款，以费率的形式反映。

6. 单位工程投标报价汇总表

单位工程投标报价汇总表由上述分部分项工程和单价措施项目清单与计价表、总价措施项目清单与计价表、其他项目清单与计价汇总表、规费、税金项目计价表中内容汇总而成。

当前，在电算化比较普遍的情况下，编制投标文件前可直接在网站上下载计价软件安装后经授权使用，除分部分项工程和单价措施项目清单与计价表中预算定额需要逐项上机输入，及其他项目清单与计价汇总表中计日工需要另外输入外，其他均在投标清单中已列出，总价措施项目清单与计价表、规费、税金项目计价表均用费率形式在预算软件中予以反映。投标报价时，除不可竞争费用外，其他费率按自行条件自主报价，电算化预算软件中，分工程量清单（招标方）、投标方（投标报价）、招标控制价（编制人）、其他等预算表格，使用中提供极大的便利，为此分部分项工程和单价措施项目清单与计价表套用预算定额是投标报价的重中之重。

第6节　安装工程价款结算和合同价款的调整

3.6.1　概　　述

合同价是指承包人按合同约定完成了包括质量缺陷期在内的全部承包工作后，发包人应付给承包人的金额。

合同价格的形式包括固定总价合同、固定单价合同和成本加酬金合同。

1. 总价合同

总价合同是发承包双方约定主要以招标时的设计文件（非招标工程为签约时的设计文件）、已标价工程量清单及相关条件进行总价计算、调整和确认的建设工程施工合同。

该合同的特点是适用于施工周期短，一般在一年内，设计图纸完整、设计深度与施工规范结合很好，能准确地计算工程量的工程。该合同的优点是结算方式简单、明了，只要是按合同和设计图纸约定的内容完成，结算价就是合同价。

2. 单价合同

单价合同是发承包双方约定主要以工程量清单及其综合单价进行合同价格计算、调整和确认的建设工程施工合同。

单价合同大多用于工期长、技术复杂，实施过程中发生不可预见因素较多的大型复杂工程，以及业主为缩短工期，在完成初步设计后就进行施工招标的工程，单价合同中的工程量一般为相对准确。

3. 成本加酬金合同

该合同是发承包双方约定以施工成本再加约定酬金进行合同价格计算调整和确认的建设工程施工合同。该合同形式大多用于边设计、边施工的紧急工程或灾后修复工程。

3.6.2　工程竣工结算的内容

工程结算是发承包双方根据国家有关法律、法规规定和合同约定，对合同工程在实施中、终止时、已完工后的工程项目进行的合同价款计算、调整和确认，包括工程预付款、进度款、竣工结算、终止结清等活动。

竣工结算的主要内容：工程变更的费用、施工签证的费用、索赔的费用、工期、质量奖励费用，政策性调整（如造价管理部门发布的人工单价调整）、合同约定风险范围之外的材料差价、剩余暂列金额的扣除、材料暂估价的确认、计日工、措施费用的调整，按实际完成验收合格的工程量计算分部分项费用。

在工程施工阶段，由于项目实际情况的变化，发承包双方在施工合同中约定的合同价款可能会出现变动。为合理分配双方的合同价款变动风险，有效地控制工程造价，发承包双方应当在施工合同中明确约定合同价款的调整事件、调整方法及调整程序。

1. 预付款的支付

工程预付款是由发包人按照合同约定，在正式开工前由发包人预先支付给承包人，用于购买工程施工所需的材料和组织施工机械和人员进场的价款。

（1）预付款的支付

工程预付款额度一般是根据施工工期、建筑安装工程量、主要材料和构件费用占建筑安装工程费的比例以及材料储备周期等因素经测算确定。

1）百分比法。发包人根据工程的特点、工期长短、市场行情、供求规律等因素，招标时在合同条件中约定工程预付款的百分比。包工包料工程的预付款的支付比例原则上不低于合同价（扣除暂列金额）的10%，不宜高于签约合同价（扣除暂列金额）的30%。

2）公式计算法。公式计算法是根据主要材料（含结构件等）占年度承包工程总价的比例，材料储备定额天数和年度施工天数等因素，通过公式计算预付款额度的一种方法。其计算公式为：

工程预付款数额＝年度工程总价×材料比例（％）/年度施工天数×材料储备定额天数

$$(3\text{-}6\text{-}1)$$

式中，年度施工天数按365天日历天计算；材料储备定额天数由当地材料供应的在途天数、加工天数、整理天数、供应间隔天数、保险天数等因素决定。

2. 预付款的扣回

发包人支付给承包人的工程预付款属于预支性质，随着工程的逐步实施。原已支付的预付款应以充抵工程价款的方式陆续扣回，抵扣方式应当由双方当事人在合同中明确约定。扣款的方法主要有以下两种：

（1）按合同约定扣款。预付款的扣款方法由发包人和承包人通过洽商后在合同中予以确定，一般是在承包人完成金额累计达到合同总价的一定比例后，由承包人开始向发包人还款。发包方从每次应付给承包人的金额中扣回工程预付款，发包人至少在合同规定的完工前期将工程预付款的总金额逐次扣回。

（2）起扣点计算法。从未施工工程尚需的主要材料及构件的价值相当于工程预付款数额时起扣，此后每次结算工程价款时，按材料所占比例扣减工程价款，至工程竣工前全部扣清。起扣点的计算公式如下：

$$T = P - N/M \tag{3-6-2}$$

式中　T——起扣点（即工程预付款开始扣回时的）累计完成工程金额；

　　　P——承包工程合同总额；

　　　M——工程预付款数额；

　　　N——主要材料构件所占比例。

该方法对承包人比较有利，最大限度地占用了发包人的流动资金，但是，显然不利于发包人的资金使用。

3.6.3　工程竣工结算的编制依据

工程竣工结算编制与工程竣工结算资料提供有不可分割的关系，了解工程竣工结算的编制依据，对施工过程中的施工管理有极大的推进作用，为此要求在施工过程中，不断收集项目的结算资料，为工程竣工结算提供可靠的编制依据，其主要的编制依据如下：

1）立项批复、重大变更的批复；

2）设计图纸、设计图纸审查记录；

3）招标文件、招标答疑、招标工程量清单及招标控制价；

4）投标文件，包括商务标及技术标；

5）开工报告；

6）图纸会审记录；

7）隐蔽工程记录；

8）现场签证单；

9）涉及经济方面的工作联系单；

10）设计变更单；

11）设备、材料价格确认单；

12）施工合同、补充协议、相关的会议纪要；

13）竣工图纸；

14）索赔事件审批单及相关记录；

15）地基、基础验槽记录；

16）桩基验收记录单；

17）经监理及业主审批后的施工组织设计；

18）材料检验报告：

19）材料出厂合格证；

20）施工日志；

21）监理例会记录；

22）竣工验收报告；

23）合同约定价格调整的材料施工期间的价格；

24）甲供材料及设备明细清单；

25）甲方分包工程清单及分包结算价格；

26）提前竣工确认的每日历天补偿标准及具体提前竣工日历天的签证资料；

27）不可抗力事件发生后双方确认损失补偿标准的资料；

28）其他与结算相关的资料。

3.6.4　合同价格的调整

合同价款调整因素主要包括清单工程量的缺陷、工程变更、计日工、暂估价、暂列金额、物价及政策和法律的变化、工程造价管理机构发布的造价调整文件、现场签证、工程索赔、合同专用条款约定的其他调整因素。

1. 合同价格调整的一般规定

（1）下列事项（包括但不限于）发生，发承包双方可调整合同价格：

1）工程变更；

2）工程量清单缺陷；

3）计日工；

4）物价变化；

5）暂估价；

6）工程索赔；

7）暂列金额；

8）发承包双方约定的其他调整事项。

（2）出现合同价格调增事项（不含工程量清单缺陷、计日工、索赔）后的 14 天内，承包人应向发包人提交合同价格调增报告并附上相关资料；承包人在 14 天内未提交合同价格调增报告的，应视为承包人对该事项不存在调整价格请求。

（3）出现合同价格调减事项（不含工程量清单缺陷、索赔）后的 14 天内，发包人应向承包人提交合同价格调减报告并附相关资料；发包人在 14 天内未提交合同价格调减报告的，应视为发包人对该事项不存在调整价格请求。

（4）发（承）包人在收到承（发）包人合同价格调增（减）报告及相关资料之日起 14 天内对其核实，予以确认的书面通知承（发）包人，未确认也未提出协商意见的，应视为承（发）包人提交的合同价格调增（减）报告已被发（承）包人认可。发（承）包人提出协商意见的，承（发）包人应在收到协商意见后的 14 天内对其核实。

（5）发包人与承包人对合同价格调整不能达成一致意见的，可由总监理工程师或造价工程师在其职权范围内作出暂定结果，双方可继续履行合同义务，直到争议得到处理。

（6）经发承包双方确认调整的合同价格，作为追加（减）合同价格，应与工程进度款和施工过程结算款同期支付。因发包人原因延期支付的，发包人应从应付之日起向承包人支付应付款的利息［利率按全国银行间同业拆借中心公布的贷款市场报价利率（LPR）计］，并承担违约责任。

（7）合同价格调整事项引起工期变化的，发承包人可要求调整合同工期。发承包双方可结合工程实际情况参照类似工程协商调整工期天数。

2. 工程变更

（1）因工程变更引起工程量清单项目或其工程数量发生变化时，可按照下列规定调整：

1）已标价工程量清单中有适用于变更工程项目的，采用该项目的单价；当工程变更导致该清单项目的工程数量发生变化，且工程量变化超过 15% 时，15% 以内部分按照清单项目原有的综合单价计算，15％以外部分由发承包双方根据实施工程的合理成本和投标报价利润协商确定单价。

2）已标价工程量清单中没有适用但有类似于变更工程项目的，可在合理范围内参照类似项目的单价。

3）已标价工程量清单中没有适用也没有类似变更工程项目的，由发承包双方根据实施工程的合理成本和投标报价利润协商确定单价。

（2）工程变更引起施工方案改变并使措施项目发生工程范围、建设工期、工程质量、技术标准等实质性内容变化时，合同不利一方提出调整措施项目费的，可事先将拟实施的方案提交合同另一方确认，并应详细说明与原方案措施项目相比的变化情况。拟实施的方案经发承包双方确认后执行，并按照下列规定计量并调整措施项目费：

1）单价计价的措施项目费，按照工程变更引起的实际发生且应予计量的工程数量乘以标准相关规定确定的单价计算；

2）总价计价的措施项目费，已有的总价计价的措施项目按投标时计算公式的计算基础增减比例计算，新增的总价计价的措施项目根据实施工程的合理成本和投标报价利润协商计算。

（3）如果合同不利一方未事先将拟实施的施工方案提交给合同另一方确认，则视为工程变更不引起措施项目费的变化或合同不利一方放弃调整措施项目费的权利。

（4）当发包人提出的工程变更因非承包人原因删减了合同中的某项原定工作或工程，致使承包人发生的费用或（和）得到的收益不能被包括在其他已支付或应支付的项目中，也未被包含在任何替代的工作或工程中时，承包人有权提出并应得到合理的费用及利润补偿。

承包人报价浮动率的计算公式如下：

① 招标工程：

$$承包人报价浮动率 L＝（1－中标价/招标控制价）×100\%　\text{(3-6-3)}$$

② 非招标工程：

$$承包人报价浮动率 L＝（1－报价/施工图预算）×100\%　\text{(3-6-4)}$$

【例 3-6-1】

某招标工程，业主请造价咨询公司计算的工程预算为 3060 万元，业主以经过当地财政各部门评审后的 3000 万元作为招标控制价，某建筑公司 A 结合当地的市场和自己的技术水平分析后认为，如果报价 2900 万就有 200 万的利润，最终 A 公司以 2700 万元投标并中标，计算 A 公司的报价浮动率。

$$报价浮动率 L＝（1－中标价/招标控制价）×100\%$$
$$＝（1－2700/3000）×100\%$$
$$＝10\%$$

3. 工程量清单缺陷

（1）采用单价合同的工程，若工程实施过程中没有发生变更，承包人应按照发包人提供的招标时的设计文件和工程量清单等实施合同工程。

采用总价合同的工程，已标价工程量清单只是用作参考，与实际施工要求并不一定相符合，承包人应按照发包人提供的招标时的设计文件和相关标准规范实施合同工程。

（2）总价合同履行期间，合同对应的工程范围、建设工期、工程质量、技术标准等实质性内容未发生变化的，合同价格不因招标工程量清单缺陷而调整。

（3）单价合同履行期间，招标工程量清单缺陷经发承包双方确认后，按标准的相关规定调整合同价格。

4. 计日工

（1）发包人通知承包人以计日工方式实施的零星项目、零星工作或需要采用计工日单价方式计价的事项，承包人应予执行。

（2）采用计日工计价的任何一项工作，在该项工作实施过程中，承包人应按合同约定提交下列报表和有关凭证报送发包人核实：

1）工作名称、内容和数量；

2）投入该工作所有人员的姓名、工种、级别和耗用工时；

3）投入该工作的材料名称、类别和数量；

4）投入该工作的施工设备型号、台数和耗用台时；

5）发包人要求提交的其他资料和凭证。

（3）任一计日工项目持续进行时，承包人应在该项工作实施结束后的 24 小时内向发包人提交有计日工记录汇总的计日工签证报告一式三份。发包人在收到承包人提交计日工签证报告后的 2 天内予以确认并将其中一份返还给承包人，作为计日工计价和支付的依据。

（4）任一计日工项目实施结束后，承包人应按照确认的计日工签证报告核实该类项目的工程数量，并根据核实的工程数量和已标价工程量清单中的计日工单价计算，提出应付价款。

已标价工程量清单中没有该类计日工单价的，由发承包双方按标准的规定商定计日工单价计算。

5. 物价变化

（1）因人工、材料价格波动影响合同价格时，可按下列方法之一调整合同价格。

（2）承包人采购材料的，其价格波动超过 5% 或约定幅度时，超过部分的价格可按照下列方法计算调整材料费。

（3）当承包人采购的主要材料的市场价格出现异常变动，且是发承包双方在合同签订时无法预见的情况下，应按风险合理分担原则，由发承包双方再行协商合同风险幅度或据实调整合同价格。

（4）发生合同工程工期延误的，按照下列规定确定合同履行期的价格调整：

1）因非承包人原因导致工期延误的，计划进度日期后续工程的价格，采用计划进度日期与实际进度日期两者的较高者；

2）因承包人原因导致工期延误的，计划进度日期后续工程的价格，采用计划进度日期与实际进度日期两者的较低者。

（5）发包人供应材料的，不适用标准相关条款规定，由发包人按照实际变化调整，但不列入合同价格内。

（6）施工机具使用费允许调整的，其中允许调整的内容，当价格波动超过 5% 时，超过部分的价格可按下列方法之一计算调整。

6. 暂估价

（1）发包人在招标工程量清单中给定材料暂估价和专业工程暂估价属于依法必须招标的，应以招标确定的价格为依据取代暂估价，调整合同价格。

（2）发包人在招标工程量清单中给定材料暂估价不属于依法必须招标的，应由承包人进行采购定价或自主报价（承包人自产自供的），经发包人确认单价后取代暂估价，调整合同价格。

（3）发包人在招标工程量清单中给定暂估价的专业工程不属于依法必须招标的，按照标准相关规定确定专业工程价款，并以此为依据取代专业工程暂估价，调整合同价格。

（4）进行材料、专业工程暂估价招标，由承包人作为招标人时，其组织招标工作有关的费用应当被认为已经包括在承包人的签约合同价（投标总报价）中，需要发包人配合的费用由发包人自行承担。由发包人作为招标人时，与组织招标工作有关的费用由发包人承担，需要承包人配合的，应在总承包服务费中计列支付给承包人。

（5）承包人参加暂估专业工程的投标并中标的，对专业工程提供施工管理、协调配合、工程照管、成品半成品保护、竣工资料汇总整理等服务所需的费用应包含在中标价格中，已经计列在总承包服务费总额中的暂估专业工程的单项总承包服务费应予扣减。

7. 工程索赔

（1）工程索赔事件主要包括法律法规与政策变化、不可抗力、提前竣工（赶工）、工期延误等。

（2）因法律法规与政策变化事件导致的工程索赔，发承包双方按下列原则分别承担并调整合同价格：

1）招标工程以投标截止日前 28 天、非招标工程以合同签订前 28 天为基准日，其后因法律法规与政策发生变化引起工程造价增减变化的，发承包双方按照省级或行业建设主管部门或其授权的工程造价管理机构据此发布的规定调整合同价格；

2）因承包人原因导致工期延误的，按上述第 1 款规定的调整时间，在工期延误期间出现法律法规与政策变化的，合同价格调增的不予调整，合同价格调减的予以调整；

3）因非承包人原因导致工期延误的，按上述第 1 款规定的调整时间，在工期延误期间出现法律法规与政策变化的，合同价格调减的不予调整，合同价格调增的予以调整。

（3）因不可抗力事件导致的工程索赔，发承包双方按下列原则分别承担并调整合同价格和工期：

1）永久工程、已运至施工现场的材料的损坏，以及因工程损坏造成的第三方人员伤亡和财产损失由发包人承担；

2）承包人施工设备的损坏由承包人承担；

3）发包人和承包人承担各自人员伤亡和财产的损失；

4）因不可抗力影响承包人履行合同约定的义务，已经引起或将引起工期延误的，应当顺延工期，由此导致承包人停工的费用损失由发包人和承包人合理分担，但停工期间必须支付的施工场地必要的人员工资由发包人承担；

5）因不可抗力引起或将引起工期延误，发包人要求赶工的，由此增加的赶工费用由发包人承担；

6）承包人在停工期间按照发包人要求照管、清理和修复工程的费用由发包人承担；

　7）其他情形按法律法规规定执行。

　（4）因发承包一方原因导致工期延误，且在延长的工期内遭遇不可抗力的，不可抗力事件产生的损失由责任方负责。发承包双方对工期延误均有责任的，且在延长的工期内遭遇不可抗力的，按双方过错比例另行协商承担责任。合同工期内会遭遇不可抗力的，按照标准相关条款调整合同价格和工期。

　（5）因提前竣工（赶工）事件导致的工程索赔，发承包双方按下列原则分别承担并调整合同价格和工期：

　　1）发承包双方应约定提前竣工费用的计算方法或金额和补偿费用上限；

　　2）发包人要求合同工程提前竣工的，应征得承包人同意后与承包人商定采取加快工程进度的措施，并应修订合同工程进度计划。发包人应承担承包人由此增加的提前竣工（赶工补偿）费用。

　（6）当发生工期延误事件时，应判断该事件是否发生在关键线路上，按以下方式计算索赔的工期：

　　1）延误的工作为关键工作，则延误的时间为索赔的工期；

　　2）延误的工作为非关键工作，当该工作由于延误超过时差限制而成为关键工作时，可索赔延误时间与时差的差值；

　　3）工作延误后仍为非关键工作，则不存在工期索赔。

　（7）因承包人原因延误工期导致的工程索赔，发承包双方按下列原则分别承担并调整合同价格和工期：

　　1）发承包双方应约定误期赔偿费的计算方法或金额和赔偿费用上限；

　　2）合同工程发生误期，承包人应赔偿发包人由此造成的损失，并应向发包人支付误期赔偿费。即使承包人支付误期赔偿费，也不能免除承包人应承担的责任和应履行的义务；

　　3）在工程竣工之前，合同工程内的某单项（位）工程已通过了竣工验收，且该单项（位）工程接收证书中表明的竣工日期并未延误，而是合同工程的其他部分产生了工期延误时，误期赔偿费按照已颁发工程接收证书的单项（位）工程造价占合同价格的比例幅度予以扣减。

　（8）因非承包人原因延误工期导致的工程索赔，除工期可以顺延外，承包人可根据费用损失情况向发包人提出以下费用索赔：

　　1）已进场人员无法进行施工的人员窝工费用；

　　2）已进场无法投入使用的材料损失费用；

　　3）已进场无法进行施工的机械设备停滞费用；

　　4）由于工期延长增加的措施项目费；

　　5）由于工期延长增加的管理费用。

　（9）因发生工程索赔事件导致合同解除的，按标准相关规定进行处理。

　（10）当合同一方向另一方提出工程索赔时，应有正当的工程索赔理由和有效证据。

　（11）发生工程索赔事件后，合同当事人均应采取措施尽量避免和减少损失的扩大，任何一方当事人没有采取有效措施导致损失扩大的，应对扩大的损失承担责任。

　（12）非承包人原因发生的事件造成承包人损失时，承包人可按下列程序向发包人提出工程索赔：

1）承包人应在知道或应当知道工程索赔事件发生后 28 天内，向发包人提交工程索赔意向通知书，说明发生工程索赔事件的事由。承包人逾期未发出工程索赔意向通知书的，丧失索赔的权利；

2）承包人应在发出工程索赔意向通知书后 28 天内，向发包人正式提交工程索赔报告。工程索赔报告应详细说明索赔理由和要求，并附必要的记录和证明材料；

3）工程索赔事件具有连续影响的，承包人应按合理时间间隔继续提交延续工程索赔通知，说明连续影响的实际情况和记录以及要求；

4）在工程索赔事件影响结束后的 28 天内，承包人应向发包人提交最终工程索赔报告，说明最终工程索赔要求，并附必要的记录和证明材料。

（13）对承包人的工程索赔应按下列程序处理：

1）发包人收到承包人的工程索赔报告后，应及时查验承包人的记录和证明材料；

2）发包人应在收到工程索赔报告或有关工程索赔的进一步证明材料后的 28 天内，将工程索赔处理结果答复承包人，如果发包人逾期答复或逾期未作出答复，视为承包人工程索赔要求已被发包人认可；

3）承包人接受工程索赔处理结果的，工程索赔款项应作为增加合同价款，在当期进度款、施工过程结算款、竣工结算款中进行支付；承包人不接受工程索赔处理结果的，应按本标准规定的争议解决方式办理。

（14）承包人要求赔偿时，可以选择下列一项或几项方式获得赔偿：

1）延长工期；

2）要求发包人支付实际发生的额外费用；

3）要求发包人支付合理的预期利润；

4）要求发包人按合同的约定支付违约金。

（15）当承包人的费用索赔与工期索赔要求相关联时，发包人在作出费用索赔的批准决定时，应结合工程延期，综合作出费用赔偿和工程延期的决定。

（16）发承包双方在办理了竣工结算后，应被认为承包人已无权再提出竣工结算前所发生的任何工程索赔。承包人在提交的最终结清申请中，只限于提出竣工结算后的工程索赔，提出工程索赔的期限应自发承包双方最终结清时终止。

（17）发包人认为由于承包人的原因造成发包人的损失，应按承包人索赔和处理的程序进行索赔和处理。发包人不接受工程索赔处理结果的，应按本标准规定的争议解决方式办理。

（18）发包人要求赔偿时，可以选择下列一项或几项方式获得赔偿：

1）延长质量缺陷修复期限；

2）要求承包人支付实际发生的额外费用；

3）要求承包人按合同的约定支付违约金。

（19）承包人应付给发包人的工程索赔金额可从拟支付给承包人的合同价款中扣除，或由承包人以其他方式支付给发包人。

8. 暂列金额

（1）已签约合同价中的暂列金额应由发包人掌握使用。

（2）发包人按照标准的规定支付后，暂列金额余额应归发包人所有。

9. 物价变化合同价格调整方法

（1）价格指数调差法

1）价格指数调差公式。因人工、材料价格波动影响合同价格时，根据招标人提供的约定标准，并在投标函附录中的价格指数和权重表约定的数据，应按下式计算差额并调整合同价格：

$$\Delta P = P_0\left[A+\left(B_1\times\frac{F_{t3}}{F_{03}}+B_2\times\frac{F_{t2}}{F_{03}}+B_3\times\frac{F_{t3}}{F_{03}}+\cdots+B_n\times\frac{F_{tn}}{F_{0n}}\right)-1\right] \quad (3\text{-}6\text{-}5)$$

式中　　　ΔP——需调整的价格差额；

P_0——约定的付款证书中承包人应得到的已完成工程量的金额；此项金额应不包括价格调整、不计质量保证金的扣留和支付、预付款的支付和扣回；约定的变更及其他金额已按现行价格计价的，也不计在内；

A——定值权重（即不调部分的权重）；

B_1、B_2、B_3、$\cdots$、B_n——各可调因子的变值权重（即可调部分的权重），为各可调因子在投标函投标总报价中所占的比例；

F_{t1}、F_{t2}、F_{t3}、$\cdots$、F_{tn}——各可调因子的现行价格指数，指约定的付款证书相关周期最后一天的前42天的各可调因子的价格指数；

F_{01}、F_{02}、F_{03}、$\cdots$、F_{0n}——各可调因子的基本价格指数，指基准日期的各可调因子的价格指数。如合同约定允许价格波动幅度的，基本价格指数应予以考虑此波动幅度系数。

以上价格指数调差公式中的各可调因子、定值和变值权重，以及基本价格指数及其来源由发包人根据工程情况测算确定其范围，并在投标函附录价格指数和权重表中约定，承包人有异议的，应在投标前提请发包人澄清或修正。价格指数的来源或确定方式方法由发承包双方约定。

2）暂时确定调整差额。在计算调整差额时得不到现行价格指数的，可暂用上一次价格指数计算，并在以后的付款中再按实际价格指数进行调整。

3）权重的调整。约定的变更导致原定合同中的权重不合理时，由承包人和发包人协商后进行调整。

4）承包人工期延误后的价格调整。由于承包人原因未在约定的工期内竣工的，对原约定竣工日期后继续施工的工程，在使用价格指数调差公式时，应采用原约定竣工日期与实际竣工日期的两个价格指数中较低的一个作为现行价格指数。

5）当变值权重未约定时，人工费、可调主要材料的变值权重宜采用最高投标限价的相应权重比例。

6）施工期间因市场价格波动形成多次价格指数的，可采用允许调整的期间内的价格指数平均值，或价格指数与相应已完工程量的加权平均值，或主要用量施工期间的价格指数作为调整公式使用的价格指数。发承包应约定采用何种方法，或不同情况下采用方法的优先顺序。

7）单独计算人工费调整价格差额时，应将除人工费以外的费用均列入定值权重的方式计算。单独计算材料费调整价格差额时，应将可调差材料以外的费用列入定值权重的方式计算。

【例 3-6-2】

某工程合同价为 1000 万元，根据招标人提供的人工、材料价格波动影响合同价格时采用价格指数调差法，数据如下表。工程开工后双方经过协商同意人工调差采用政府部门颁布的政策执行，另行按 20 万结算，工程款及调价款竣工后一次性支付，施工期间主要材料价格指数如下表。

(1) 该工程最终结算价为多少？

(2) 合同约定质保金为合同价的 3%，工程结算时应支付的结算款为多少？

价格指数	人工	材料 1	材料 2	材料 3	其他
权重	0.25	0.22	0.15	0.12	0.08
基期价格指数	100	102	96	106	105
施工期价格指数	—	108	98	98	110

解：(1) 最终结算价为

固定权重$=1-0.22-0.15-0.12-0.08=0.43$

$\Delta P = P_0[0.43+(0.22\times108/102-0.15\times98/96-0.12\times98/106-0.08\times110/105)-1]+20$

$=1000\times[0.43+0.084-1]+20$

$=1000\times0.011+20$

$=31$ 万元

结算价为 $1000+31=1031$ 万元

应该支付的结算款为 $1031-1000\times3\%=1001$ 万元

(2) 价格信息调差法

1) 价格信息调差公式。因材料价格波动影响合同价格时，根据招标人提供的约定标准，并在投标函附录中的价格指数和权重表约定的数据，应按下式计算差额并调整合同价格：

$$\Delta P = (\Delta C - C_o \times r) \times Q, 其中 \mid \Delta C \mid > \mid C_o \times r \mid$$
$$\Delta C = C_i(i=1,\cdots,n)-C_o \qquad (3-6-6)$$

式中　ΔP——价差调整费用，系按调价周期计算的当次费用；

ΔC——材料价格差；

C_o——基准价，指发包人确定最高投标限价时所采用的市场价格或者工程造价管理机构发布的当季（月）度信息价，或同类项目、同期（前 1 个月内）同条件、项目所在地级市以上交易中心公布的招标中标价。招标人应在招标文件中明确基准价（C_o）采用的价格、发布机构和具体季（月）等信息；

C_i——价格信息，指经发承包双方确认的采购价格，或工程造价管理机构发布的当季（月）度信息价，或同类项目、同期（前 1 个月内）同条件、项目所在地级市以上交易中心公布的招标中标价；

Q——调整材料的数量，指可调差的材料数量，可按图示尺寸确定，施工损耗与预留用量不予考虑。可调差材料数量采用其他计算方法的，应在招标文件和合同专用条款中细化明确；

r——风险幅度系数，当 $\Delta C>0$ 时，r 为正值，当 $\Delta C<0$ 时，r 为负值；

i——指采购时间。

以上价格信息调差公式中的基准价（C_o）采用的价格、价格信息的来源及其确认、可调差的材料数量的确认、风险幅度系数的确认等由发包人根据工程情况测算确定，并在招标文件中明确，承包人有异议的，应在投标前提请发包人澄清或修正。价格信息（C_i）应首先采用经发包人核实的，有相应的合法支撑依据的实际采购材料价格，分批采购时按权重取平均值计算。

2）暂时确定调整差额。在计算调整差额时，得不到价格信息或者发承包双方争议较大的，可暂用工程造价管理机构发布的价格信息计算，并在以后的付款中再按实际价格信息进行调整。

3）材料价格变化按照发包人提供的约定标准，由发承包双方约定的风险范围按下列规定调整合同价格：

① 承包人投标报价中材料单价低于基准单价：施工期间材料单价涨幅以基准单价为基础超过合同约定的风险幅度值，或材料单价跌幅以投标报价为基础超过合同约定的风险幅度值时，其超过部分按实调整；

② 承包人投标报价中材料单价高于基准单价：施工期间材料单价跌幅以基准单价为基础超过合同约定的风险幅度值，或材料单价涨幅以投标报价为基础超过合同约定的风险幅度值时，其超过部分按实调整；

③ 承包人投标报价中材料单价等于基准单价：施工期间材料单价涨、跌幅以基准单价为基础超过合同约定的风险幅度值时，其超过部分按实调整；

④ 承包人应在采购材料前将采购数量和新的材料单价报送发包人核对，确认用于本合同工程时，发包人应确认采购材料的数量和单价。发包人在收到承包人报送的确认资料后 3 个工作日不予答复的视为已经认可，作为调整合同价格的依据。如果承包人未报经发包人核对即自行采购材料，再报发包人确认调整合同价格的，如发包人不同意，则不作调整。

【例 3-6-3】

某工程发承包方合同约定，水泥作为主要的材料，其价格采取价格指数调差法调整，当单价变化超过 5% 时，其超过部分按规定调整，调价周期为月。该工程招标时，当地造价管理部门发布的市场基准价为 410 元/t，承包方中标时的报价为 400 元/t。施工期间价格变化如下表，计算 5、6、7 月份水泥的调价费用，其中原计划 5、6 月完成的任务，由于承包人自身的原因导致部分工作推迟到 7 月份完成。

施工期	水泥用量（t）	当期市场价格（元/t）
5月份	320	385
6月份	200	430
7月份	100	450

解:

1. 承包人投标报价中材料单价低于基准单价：施工期间材料单价涨幅以基准单价为基础超过合同约定的风险幅度值，或材料单价跌幅以投标报价为基础超过合同约定的风险幅度值时，其超过部分按实调整；

2. 承包人投标报价中材料单价高于基准单价：施工期间材料单价跌幅以基准单价为基础超过合同约定的风险幅度值，或材料单价涨幅以投标报价为基础超过合同约定的风险幅度值时，其超过部分按实调整；

3. 因承包人原因导致工期延误的，计划进度日期后续工程的价格，采用计划进度日期与实际进度日期两者的较低者。

5月份水泥价格调整：385元＜410元，材料下跌，由于报价低于基准价，所以以投标报价计算 400×(1−5%)=380元，故不需调整。

6月份水泥价格调整：385元＜410元，材料上涨，由于报价低于基准价，所以以基准价计算 410×(1+5%)=430.5元，430.5−430=0.5元　故需调整0.5元/t。

7月份水泥价格调整：385元＜410元，材料上涨，由于报价低于基准价，所以以基准价计算但由于7月份承包人原因导致的延期，以6月份和7月份两者的较低者作为调价价格 410×(1+5%)=430.5元，430.5−430=0.5元，故需调整0.5元/t。

第7节　安装工程竣工决算的编制

3.7.1　概　述

建设项目竣工决算是指所有建设项目竣工后，建设单位按照国家有关规定在新建、改建和扩建工程建设项目竣工验收后编制的竣工决算报告。项目竣工财务决算是正确核定项目资产价值、反映竣工项目建设成果的文件，是办理资产移交和产权登记的依据，包括竣工财务决算报表、竣工财务决算说明书以及相关材料。

竣工决算的作用如下：

(1) 可作为正确核定固定资产价值，办理交付使用、考核和分析投资效果的依据。

(2) 及时办理竣工决算，并据此办理新增固定资产移交转账手续，可缩短工程建设周期，节约建设投资。对已完并具备交付使用条件或验收并投产使用的工程项目，如不及时办理移交手续，不仅不能提取固定资产折旧，而且发生的维修费和职工的工资等，都要在建设投资中支付，这样既增加了建设投资支出，也利于生产管理。

(3) 对完工并验收的工程项目，及时办理竣工决算及交付手续，可使建设单位对各类固定资产做到心中有数。工程移交后，建设单位掌握所有工程竣工图，便于对地下管线进行维护与管理。

(4) 办理竣工决算后，建设单位可以正确地计算已投入使用的固定资产折旧费，合理计算生产成本和利润，便于经济核算。

(5) 通过编制竣工决算，可以全面清理建设项目财务，做到工完账清。便于及时总结经验，几类各项技术经济资料，提高建设项目管理水平和投资效果。

(6) 正确编制竣工决算，有利于正确地进行"三算"对比，即设计概算、施工图预算和竣工决算的对比。

3.7.2　工程竣工决算的内容和编制及审查

1. 工程竣工决算的内容

基本建设项目（以下简称项目）完工可投入使用或者试运行合格后，应当在 3 个月内编报竣工财务决算，特殊情况确需延长的，中小型项目不得超过 2 个月，大型项目不得超过 6 个月。

主管部门收到竣工财务决算报告后，对于按规定由主管部门审批的项目，应及时审核批复，并报财政部备案；对于按规定报财政部审批的项目，一般应在收到决算报告后一个月内完成审核工作，并将经其审核后的决算报告报财政部审批。以前年度已竣工但尚未编报竣工财务决算的基建项目，主管部门应督促项目建设单位尽快编报。

项目竣工财务决算的内容主要包括：项目竣工财务决算报表、竣工财务决算说明书、竣工财务决算审核情况及相关资料。前两部分又称建设项目竣工财务决算，是竣工决算的核心内容。

（1）竣工财务决算报表

大型、中型建设项目竣工决算报表包括：建设项目竣工财务决算审批表；大型、中型建设项目概况表；大型、中型建设项目竣工财务决算表；大型、中型建设项目交付使用资产总表；建设项目交付使用资产明细表。小型建设项目竣工财务决算报表包括建设项目竣工财务决算审批表、竣工财务决算总表、建设项目交付使用资产明细表。

（2）竣工财务决算说明书

竣工财务决算说明书主要包括以下内容：

1）项目概况；

2）会计账务处理、财产物资清理及债权债务的清偿情况；

3）项目建设资金计划及到位情况，财政资金支出预算、投资计划及到位情况；

4）项目建设资金使用、项目结余资金分配情况；

5）项目概（预）算执行情况及分析，竣工实际完成投资与概算差异及原因分析；

6）尾工工程情况；

7）历次审计、检查、审核、稽查意见及整改落实情况；

8）主要技术经济指标的分析、计算情况；

9）项目管理经验、主要问题和建议；

10）预备费动用情况；

11）项目建设管理制度执行情况、政府采购情况、合同履行情况；

12）征地拆迁补偿情况、移民安置情况；

13）需说明的其他事项。

（3）项目竣工决算

经有关部门或单位进行项目竣工决算审核的，需附完整的审核报告及审核表，审核报告内容应当详实，主要包括：审核说明、审核依据、审核结果、意见、建议。

（4）相关资料，主要包括：

1）项目立项、可行性研究报告、初步设计报告及概算、概算调整批复文件的复印件；

2）项目历年投资计划及财政资金预算下达文件的复印件；

3）审计、检查意见或文件的复印件；

4）其他与项目决算相关资料。

2. 竣工决算的重点审查内容

财政部门和项目主管部门审核批复项目竣工财务决算时，应当重点审查以下内容：

（1）工程价款结算是否准确，是否按照合同约定和国家有关规定进行，有无多算和重复计算工程量、高估冒算建筑材料价格现象；

（2）待摊费用支出及其分摊是否合理、正确；

（3）项目是否按照批准的概算（预）算内容实施，有无超标准、超规模、超概（预）算建设现象；

（4）项目资金是否全部到位，核算是否规范，资金使用是否合理，有无挤占、挪用现象；

（5）项目形成资产是否全面反映，计价是否准确，资产接受单位是否落实；

（6）项目在建设过程中历次检查和审计所提的重大问题是否已经整改落实；

（7）待核销基建支出和转出投资有无依据，是否合理；

（8）竣工财务决算报表所填列的数据是否完整，表间勾稽关系是否清晰、正确；

（9）尾工工程及预留费用是否控制在概算确定的范围内，预留的金额和比例是否合理；

（10）项目建设是否履行基本建设程序，是否符合国家有关建设管理制度要求等；

（11）决算的内容和格式是否符合国家有关规定；

（12）决算资料报送是否完整、决算数据间是否存在错误；

（13）相关主管部门或者第三方专业机构是否出具审核意见。

3. 竣工决算的编制依据

项目竣工财务决算的编制依据主要包括：国家有关法律法规；经批准的可行性研究报告、初步设计、概算及概算调整文件；招标文件及招标投标书，施工、代建、勘察设计、监理及设备采购等合同，政府采购审批文件、采购合同；历年下达的项目年度财政资金投资计划、预算；工程结算资料；有关的会计及财务管理资料；其他有关资料。

4. 建设单位项目竣工决算的组成

建设单位项目竣工决算文件主要由文字说明和一系列报表组成。

（1）文字说明，主要包括以下内容：

1）建设工程概况。

2）建设工程概算和计划的执行情况。

3）各项技术经济指标完成情况和各项拨款的使用情况。

4）建设成本和投资效果分析，以及建设中的主要经验。

5）存在的问题和解决的建议。

（2）建设单位项目竣工决算的主要表格

建设单位项目竣工决算的主要内容是通过表格形式表达的，如表 3-7-1、表 3-7-2 等。根据建设项目的规模和竣工决算内容繁简的不同，表的数量和格式也不同。

封面　　　　　　　　　　　　　　　表 3-7-1

项目单位：						建设项目名称：				
主管部门：						建设性质：				
基本建设项目竣工财务决算报表										
项目单位负责人：						项目单位财务负责人：				
						项目单位联系人及电话：				
编报日期：						决算基准日：				

项目概况　　　　　　　　　　　　表 3-7-2

建设项目 （单项工程） 名称			建设地址				项目	概算批 准金额	实际完 成金额	备注
主要设计 单位			主要施工 企业				建筑安装工程			
占地面积 （m²）	设计	实际	总投资 （万元）	设计	实际	基建 支出	设备、工具、器具			
							待摊投资			
新增生产 能力	能力（效益）名称			设计	实际		其中：项目建设管理			
							其他投资			
建设起止 时间	设计		自 年 月 日至 年 月 日				待核销基建支出			
	实际		自 年 月 日至 年 月 日				转出投资			
概算批准部 门及文号							合计			
完成主要 工程量	建设规模				设备（台、套、吨）					
	设计		实际		设计			实际		
尾工工程	单项工程项目、内容		批准概算		预计未完部分投资额			已完成 投资额	预计完成时间	
	小计									

5. 建设单位项目竣工决算编制的程序与方法

(1) 收集、整理和分析有关依据资料

在编制建设单位项目竣工决算文件前，必须准备一套完整、齐全的资料。尤其在工程的竣工验收阶段，应注意收集资料，系统地整理所有的技术资料、工程结算的经济文件、施工图纸和各种变更与签证资料，并分析它们的准确性。这样做能准确、迅速地编制出建设单位项目竣工决算文件。

(2) 清理各项账务，债务和结余物资

在收集、整理和分析有关资料中，要特别注意建设工程从筹建到竣工投产（或使用）的全部费用的各项账务、债权和债务的清理，做到工完账清。对结余的各种材料、工器具和设备，要逐项清点核实、妥善管理，并按规定及时处理、收回资金，对各种往来款项要及时进行全面清理，为编制竣工决算提供准确的数据和结果。

(3) 填写竣工决算报表

按照竣工决算有关表格中的内容和有关依据资料，进行统计或计算各个项目的数量，并将其结果填到相应表格的栏目内，完成所有的报表填写。这是编制建设单位项目竣工决算的主要工作。

(4) 编写建设工程竣工决算书说明

根据编制依据材料和填写在报表中的结果，按照文字说明的内容要求，编写竣工决算文字说明。

(5) 上报主管部门审查

将上述编写的文字说明和填写的表格经核对无误后，装订成册，即为建设单位项目竣工决算文件，将其上报主管部门审查，并把其中财务成本部分送交开户银行签证。大中型建设项目的竣工决算应抄送财政部、建设银行总行、省（市、自治区）的财政局和建设银行分行各一份。在上报主管部门的同时，还应抄送有关设计单位。

6. 建设工程质量保证（保修）金的处理

(1) 建设工程质量保证（保修）金

1) 保证金的含义

建设工程质量保证（保修）金是指发包人与承包人在建设工程承包合同中约定，从应付工程款中预留，用以保证承包人在缺陷责任期（即质量保修期）内对建设工程出现的缺陷进行维修的资金。

缺陷是指建设工程质量不符合工程建设强制标准、设计文件，以及承包合同的约定。

2) 缺陷责任期及其计算

发包人与承包人应该在工程竣工之前（一般在签订合同的同时）签订质量保修书，作为合同的附件。保修书中应该明确约定缺陷责任期的期限。

缺陷责任期从工程通过竣（交）工验收之日起计算。由于承包人原因导致工程无法按规定期限进行竣工验收的，期限责任期从实际通过竣（交）工验收之日起计算。由于发包人原因导致工程无法按规定期限竣（交）工验收的，在承包人提交竣（交）工验收报告90天后，工程自动进入缺陷责任期。

3) 保证金预留比例及管理

① 保证金预留比例。全部或者部分使用政府投资的建设项目，按工程价款结算总额

5%左右的比例预留保证金。《建设工程质量保证金管理办法》（建质〔2017〕138 号）第七条规定发包人应按照合同约定方式预留保证金，保证金总预留比例不得高于工程价款结算总额的 3%。合同约定由承包人以银行保函替代预留保证金的，保函金额不得高于工程价款结算总额的 3%。社会投资项目采用预留保证金方式的，预留保证金的比例可以参照执行。发包人与承包人应该在合同中约定保证金的预留方式及预留比例。

② 保证金预留。建设工程竣工结算后，发包人应按照合同约定及时间向承包人支付工程结算借款并预留保证金。

③ 保证金管理。缺陷责任期内，实行国库集中支付的政策投资项目，保证金的管理应按国库集中支付的有关规定执行。其他政府投资项目，保证金可以预留在财政部门或发包方。缺陷责任期内，如发包方被撤销，保证金随交付使用资产一并移交使用单位，由使用单位代行发包人职责。

社会投资项目采用预留保证金方式，发、承包双方可以约定将保证金交由金融机构托管；采用工程质量保证担保、工程质量保险等其他方式的，发包人不得再预留保证金，并按照有关规定执行。

（2）工程质量保修内容和责任期

1）工程质量保修范围和内容

发、承包双方在工程质量保修书中约定的建设工程的保修范围包括：地基基础工程、主体结构工程、屋面防水工程、有防水要求的卫生间、房间和外墙的防渗漏，供热与供冷系统，电气管线、给排水管道、设备安装和装修工程，以及双方约定的其他项目。具体保修的内容，双方在工程质量保修书中约定。

由于用户使用不当或自行装饰装修、改动结构、擅自添置设施或设备而造成建筑功能不良或损坏者，以及对因自然灾害等不可抵抗力造成的质量损害，不属于保修范围。

2）缺陷责任期

缺陷责任期为发、承包双方在工程质量保修书中约定的期限。但不能低于《建设工程质量管理条例》要求的最低保修期限。

《建设工程质量管理条例》对建设工程在正常使用条件下的最低保修期限的要求为：

① 地基基础工程和主体结构工程，为设计文件规定的该工程的合理使用年限。

② 屋面防水工程、有防水要求的卫生间、房间和外墙面的防漏为 5 年。

③ 供热与供冷系统为 2 个采暖期和供热期。

④ 电气管线、给排水管道、设备安装和装修工程为 2 年。

（3）缺陷责任期内的维修及费用承担

1）保修责任

缺陷责任期内，属于保修范围、内容的项目，承包人应当在接到保修通知之日起 7 天内派人保修。发生紧急抢修事故的，承包人在接到事故通知后，应当立即到达事故现场抢修。对于涉及结构安全的质量问题，应当按照《房屋建设工程质量保修办法》的规定，立即向当地建设行政主管部门报告，采取安全防范措施；由原设计单位或者具有相应资质等级的设计单位提出保修的方案，承包人实施保修。质量保修完成后，由发包人组织验收。

2）费用承担

缺陷责任期内，由承包人原因造成的缺陷，承包人应负责维修，并承担鉴定及维修费用。如承包人不维修也不承担费用，发包人可按合同约定扣除保证金，并由承包人承担违约责任。承包人维修并承担相应的费用后，不免除对工程的一半损失赔偿责任。

由他人及不可抗力原因造成的缺陷，发包人责任维修，承包人不承担费用，且发包人不得从保证金中扣除费用。如发包人委托承包人维修的，发包人应该支付相应的维修费用。

发、承包双方就缺陷责任有争议时，可以请有资质的单位进行鉴定，责任方承担鉴定费用并承担维修费用。

3）保证金返还

缺陷责任期内，承包人认真履行合同约定的责任，到期后，承包人向发包人申请返还保证金。

发包人在接到承包人返还保证金申请后，应于14日内合同承包人按照合同约定的内容进行核实。如无异议，发包人应当在核实后14日内将保证金返还承包人，逾期支付的，从逾期之日起，按照同期银行贷款利率计付利息，并承担违约责任。发包人在接到承包人返还保证金申请后14日内不予答复，经催告后14日内仍不予答复，视同认可承包人的返还保证金申请。

如果承包人没有认真履行合同约定的保修责任，则发包人可以按照合同约定扣除保证金并要求承包人赔偿相应的损失。

（4）其他

发包人和承包人对保证金预留、返还以及工程维修质量、费用有争议，按照合同约定的争议和纠纷解决程序处理。

涉外工程的保修问题，除参照上述办法进行处理外，还应依照原合同条款的有关规定执行。

主 要 参 考 文 献

[1] 中华人民共和国住房和城乡建设部. 建设工程工程量清单计价规范 GB 50500—2013[J]. 北京：中国计划出版社，2013.

[2] 中华人民共和国住房和城乡建设部. 通用安装工程工程量计算规范 GB 50586—2013[J]. 北京：中国计划出版社，2013.

[3] 中华人民共和国住房和城乡建设部.《建设工程工程量清单计价标准》(征求意见稿)GB/T 50500—202×，2022.

[4] 湖北省建设工程标准定额管理总站. 湖北省通用安装工程消耗量定额及全费用基价表[J]. 武汉：长江出版社，2013.

[5] 湖北省建设工程标准定额管理总站. 湖北省建筑安装工程费用定额 [J]. 武汉：长江出版社，2013.

[6] 全国造价工程师执业资格考试培训教材编审委员会. 建设工程技术与计量[M]. 北京：中国计划出版社，2017.

[7] 全国造价工程师执业资格考试培训教材编审委员会. 建设工程计价[M]. 北京：中国计划出版社，2017.

[8] 全国造价工程师执业资格考试培训教材编审委员会. 建设工程造价管理[M]. 北京：中国计划出版社，2017.

[9] 全国二级造价工程师执业资格考试用书编审委员会. 建设工程计量与计价与实务(安装工程)[M]. 北京：中国建筑工业出版社，2019.

[10] 危道军. 建筑施工组织(第四版). 北京：中国建筑工业出版社，2021.

[11] 景巧玲. 建筑安装工程计量与计价. 北京：北京大学出版社，2020.

[12] 全国二级造价工程师执业资格考试用书编写委员会. 建设工程计量与计价与实务(安装工程)[M]. 北京：中国建筑工业出版社，中国城市出版社，2019.

[13] 北京市建设工程招标投标和造价管理协会. 建设工程计量与计价与实务(安装工程)[M]. 北京：机械工业出版社，2019.

[14] 全国二级造价工程师执业资格考试广西培训教材. 建设工程计量与计价与实务(安装工程)[M]. 北京：中国建筑工业出版社，2019.